U0111994

大展好書　好書大展

品嘗好書　冠群可期

大展好書　好書大展
品嘗好書　冠群可期

休閒娛樂　15

一年花事早知道

大展出版社有限公司

國家圖書館出版品預行編目資料

一年花事早知道／劉宏濤　等編著
——初版，——臺北市，大展，2005〔民94〕
面；21公分，——（休閒娛樂；15）
ISBN　957-468-407-5（平裝）
1.花卉—栽培
435.4　　　　94014902

【版權所有．翻印必究】

一年花事早知道

ISBN　957-468-407-5

編 著 者／劉宏濤　胡一民　徐玉秀　張豔芳　傅強　張立新
責任編輯／曾　素
發 行 人／蔡 森 明
出 版 者／大展出版社有限公司
社　　址／台北市北投區（石牌）致遠一路2段12巷1號
電　　話／（02）28236031．28236033．28233123
傳　　眞／（02）28272069
郵政劃撥／01669551
網　　址／www.dah-jaan.com.tw
E－mail ／service@dah-jaan.com.tw
登 記 證／局版臺業字第2171號
承 印 者／高星印刷品行
裝　　訂／協億印製廠股份有限公司
排 版 者／弘益電腦排版有限公司
授 權 者／湖北科學技術出版社
初版1刷／2005年（民94年）10月

定　價／280元

●本書若有破損、缺頁敬請寄回本社更換●

目錄 MULU

多漿多肉花卉 281

四季花事提醒

- 花木繁殖
- 花木管理
- 盆景造型

春季，大致為陽曆 2~4 月。其間中國農業節氣有：立春、雨水、驚蟄、春分、清明、穀雨。

春季的氣候特點：2 月為冬季過渡到春季的一個月，天氣開始逐漸變暖。3 月隨著暖空氣開始活躍，氣溫回升明顯，長江流域多為時暖時冷天氣，華南地區已是陽光明媚的春天，但華北、東北、西北地區仍較寒冷，並不時伴有雨雪天氣。4 月北方南下冷空氣勢力減弱，而南方暖濕氣流變得越來越強，氣溫穩步上升。清明以後，淮河以南地區已不會出現低溫對花木的危害，花木可以安全出房。但淮河、黃河以北地區尚有雪霜威脅，花木仍須警惕寒害。穀雨後，江北、江南晚霜結束，最低氣溫在 5℃以上，雨水明顯增多。

(一) 花木繁殖

1. 播種繁殖

2 月份　在有保暖設施的棚室內，可提早播種的草花種類有：金盞菊、仙客來、矮向日葵、文竹、大岩桐、球根海棠、一串紅、萬壽菊、千日紅、孔雀草、矮牽牛、蒲苞花、金魚草、金蓮花、三色堇等，但注意應保持棚室溫度不低於不同種類草花種子發芽的最低溫度。另外，某些球根花卉可以種植種球，如晚香玉、朱頂紅的種球可於 2 月底在大棚內上盆栽種。

在封閉的陽臺內，以大花盆盛培養土可以播種蘇鐵、棕竹、文竹、君子蘭、含笑等，春天即可出苗。

3 月份　可行播種的草本花卉則有：鳳仙、萬壽菊、千日

紅、百日草、一串紅、雞冠花、五彩椒、四季報春、紫茉莉、鶴望蘭、君子蘭、文竹等，一些不耐寒的種類，宜在塑料棚罩內播種。

適於陽臺盆栽的草花，如一串紅、五彩椒、冬珊瑚、萬壽菊、鳳仙花、矮牽牛等，可於此時進行淺盆播種育苗。

4 月份　適於播種的庭院草花種類有：醉蝶花、雞冠花、鳳仙花、一串紅、千日紅、小麗花、萬壽菊、翠菊、長壽花、矮牽牛、金魚草、紅黃菊、地膚等。

如果採到少量的文竹、君子蘭種子，可行盆播，較寒冷的北方地區，應先擱放在室內，待室外氣溫達 10～15℃時，方可搬到陽臺上。此外，也可在陽臺上盆播少量的一串紅、萬壽菊、千日紅、報春花、冬珊瑚、矮牽牛、雞冠花、鳳仙花等，用以在開花時點綴陽臺和室內。

2. 扦插繁殖

2 月份　可在室內扦插的觀賞植物種類有：扶桑、三角花、非洲紫羅蘭（葉插）、竹節海棠、紅背桂、一串紅、天竺葵、茉莉、珠蘭、佛手、玉樹、玉葉、石蓮花、寶石花、曇花、令箭荷花、冷水花、落地生根、長壽花、麗格海棠、龍吐珠、廣東萬年青、朱蕉等。

在封閉的陽臺內，以廣口大花盆為容器，以蛭石或泥炭土加 1／5 的河沙混合後作扦插基質，實行全封閉保溫扦插，維持不低於 5℃的溫度，可扦插佛手、扶桑、鵝掌柴、橡皮樹、五色梅、天竺葵、茉莉、珠蘭、桃葉珊瑚、長壽花、玉樹、玉葉、曇花、令箭荷花等。

3 月份　本月是一年中扦插繁殖最為重要的兩個時機之一。

適於進行扦插繁殖的觀賞植物種類有：荷包牡丹、吊鐘海棠、扶桑、天竺葵、荷蘭菊、仙人掌類、曇花、令箭荷花、蘆薈、景天、玉樹、長壽花、馬齒莧、寶石花、石蓮花、海棠類等。

花博士提示

常綠植物扦插時要盡量多剪去一些葉片，扦插完成後要用塑料薄膜罩好保濕，北方地區可放在室內向陽窗口前，避免受寒。

用大花盆盛裝疏鬆的沙壤土，或蛭石、珍珠岩等扦插基質，在室內窗臺邊光線較好處扦插繁殖梔子、倒掛金鐘、扶桑、三角梅、羅漢松、月季石榴、瑞香、富貴籽等，但盆口要蒙蓋好塑料薄膜保溫。

多肉植物如令箭荷花、曇花、玉樹、寶石花、石蓮花、馬齒莧樹、珊瑚樹、青鎖龍等，可於此時在室內用素沙或乾淨的沙壤土進行扦插，待春回氣暖後再搬到陽臺上。

4 月份　由南到北，葉芽尚未萌發的易生根花木種類大多可繼續進行扦插，如陽臺上扦插，一般只能在大花盆中進行少數花卉種類的繁殖。

扦插基質可用乾淨的沙壤、細沙、蛭石或珍珠岩等。用淋過水的礱糠與細沙以 1：1 比例混合的基質，作陽臺盆插效果較好。適於陽臺上扦插繁殖的觀賞植物種類有：佛手（南方）、扶桑、天竺葵、月季石榴、一品紅、橡皮樹、茉莉、珠蘭、紅背桂、天竹、八仙花、微型月季、火棘、桃葉珊瑚、含笑、八角金盤等。

3. 嫁接繁殖

2 月份　下旬在室內以一年生粗壯的黑松實生苗為砧木，在

砧木基部腹接日本五針松、大阪松、錦松等盆景材料，加蓋薄膜保濕保溫，成活率較高；以杏、毛桃的一年生苗為砧木，切接梅花、碧桃、壽桃等；

在江南地區，當二年生的蠟梅實生苗砧木上的葉芽長至麥粒大小時，可行切接繁殖優良品種的「素心」、「馨口」、「虎蹄」蠟梅，採用充氣套袋保濕措施，成活率高；

在室內以一二年生的紫玉蘭為砧木，切接含笑，進行地栽並加蓋地膜保溫保濕，成活率也比較高；以伊麗莎白或野薔薇為砧木，切接或劈接優良品種的月季，效果也很好；以一二年生的青楓實生苗為砧木，充氣套袋嫁接紅楓、羽毛楓等；

在南方地區，若棚室溫度能維持在 20℃以上，可用油茶和紅花油茶為砧木，進行截幹單芽穗撕皮貼接山茶花，加套塑料袋保濕，成活效果特別好。

3 月份　可行嫁接繁殖的花木種類有：以一二年生的黑松實生苗為砧木，腹接繁殖五針松、大阪松、錦松等；以一二年生的白玉蘭、紫玉蘭苗為砧木，切接繁殖含笑、二喬玉蘭等；以一年生的桃、杏苗為砧木，切接繁殖梅花、壽桃、碧桃、紅葉桃等；以手指粗細的實生蠟梅為砧木，待其葉芽長至麥粒大小時，選擇優良品種的蠟梅穗條，進行切接並給予套袋保濕，成活率較高；以三棱箭為砧木，嫁接繁殖蟹爪蘭以及各種仙人球類，宜在大棚中進行。

此外，山茶、櫻花、紅楓等，也可於 3 月份進行嫁接繁殖。

4 月份　可行嫁接繁殖的花木種類有：在桃葉珊瑚、金彈子、銀杏等雌株上，嫁接已開花雄株的枝條，可促成早結果，避免年年授粉的麻煩。垂絲海棠、西府海棠、蠟梅、碧桃、桂花、紅楓、含笑、白蘭、壽桃等木本花卉也可於 4 月進行嫁接。另

外，在南方地區蟹爪蘭、金琥、緋牡丹等多種花卉亦可於此時進行嫁接。

陽臺進行嫁接繁殖要比庭院中困難一些，它必須提前一年將砧木栽種於盆中，並要求其生長健壯，方可有利於嫁接成活。4月份可在陽臺上嫁接的花木種類有：

①枝接紅楓、五針松、蠟梅（芽麥粒大）、壽桃、碧桃等；②靠接蠟梅、桂花等。進行枝接要給予套袋保溫，以利於提高其嫁接成活率。

4. 壓條繁殖

2月份 可行低壓繁殖的觀賞植物種類有：梅花、蠟梅、貼梗海棠、垂絲海棠、西府海棠、紫玉蘭、梔子花、桂花、山茶、八仙花、紅楓、含笑等；可行高壓繁殖的種類則有：紅楓、山茶、橡皮樹、白蘭、米蘭等，但後三者只能在室溫較暖的棚室內進行。

3月份 可行壓條繁殖的花木種類有：山茶、茶梅、梅花、蠟梅、紅楓、羅漢松、翠柏、含笑、貼梗海棠、梔子、桂花、紫玉蘭等。

4月份 可行壓條的庭院花木有：梅花、蠟梅、紅楓、梔子、含笑、山茶、羅漢松、桂花、貼梗海棠等。

在陽臺上可行高壓繁殖的觀賞植物種類有：橡皮樹、紅楓、含笑、山茶、白蘭（南方）杜鵑、蠟梅、梅花、米蘭（南方）等。若在枝條環剝刻傷處，塗抹100～200ppm的ABT生根粉（1號或2號）藥液，再包裹泥苔蘚等，有利於環剝部位的癒合生根。

5. 分株繁殖

> **花博士提示**
>
> 從母株上剝離的蘗芽，包括蘇鐵、鳳梨、君子蘭等，有根系的植株可直接上盆，無根系的子株宜先埋栽在濕潤的細沙中催根，待其萌發出較好的根系後，方可改用培養土栽種，否則易造成子株腐爛，導致分株失敗。

這是陽臺繁殖花卉最為常用的方法。4月份由南向北，當室外氣溫達10～15℃時，在陽臺上可行分株繁殖的花卉種類有：鶴望蘭、吊蘭、蔦尾、龜背竹、君子蘭、一葉蘭、蘇鐵、蘭花類、玉簪類、貼梗海棠、鳳梨類、虎尾蘭、棕竹、珠蘭、竹芋、龍舌蘭、腎蕨、傘草、白鶴芋等。

另外，切割下來的子株，若根系不很理想，除在切口處塗抹草木灰、木炭屑和硫磺粉等防腐外，還應適當剪去一部分枝葉，借以保持根系吸收水分與葉片蒸騰水分的平衡，方可確保分株繁殖成功。對於分株後的君子蘭、鳳梨等，還可於栽好後用塑料袋套住，每隔1～2天打開給予透氣，以增加局部空間的濕度，這對陽臺花木非常重要。對從蘇鐵母株上剝離下的無葉、無根蘗芽，創造一個黑暗的環境，則有利於其生根抽葉。

（二）花木管理

1. 澆水

2月份　對擺放於庭院內的一些比較耐寒的盆栽觀賞植物種類，如蠟梅、梅花、紫薇、碧桃、垂絲海棠等，可每15天於正午前後澆水1次，維持盆土濕潤不結冰即可，對擱放於大棚內的梅花、山茶、茶梅、瑞香、比利時杜鵑、海棠類等，因其花苞正

處於膨大期或初綻階段，除應保持盆土濕潤外，還應經常給枝葉噴水，為其創造一個比較濕潤的小環境；對擱放於大棚中的觀葉植物，應控制好澆水，可每週於正午前後給植株噴水1次，水溫和棚室溫度應基本一致，植株葉面夜晚不能滯水，以免誘發病害。

對擱放於全封閉陽臺上的春節前後開花的植物種類，如瓜葉菊、報春花、長壽花、山茶、茶梅、比利時杜鵑、金盞菊等，觀果植物如火棘、天竹、玳玳、佛手、金橘、富貴籽、冬珊瑚等，不僅要保持盆土濕潤，而且必須給葉面、花苞、果實噴水，以使其葉色碧綠、花芽迅速膨大、果實色彩鮮艷。

購回溫室大棚中栽培的大花蕙蘭、一品紅等，因其原來環境中的溫、濕度與家庭中相差甚大，若不經常給葉面噴水，往往會導致葉片皺縮乾枯。對各種各樣的鳳梨，若室溫低於10～15℃，不僅要控制澆水，而且其葉筒內也不宜過多注水，以防發生爛心。對南方地區繼續放在陽臺上的盆栽觀賞植物，以保持盆土濕潤為宜。

4月份 對出房的盆栽花木要加大澆水量，促成植株盡快抽梢展葉。對五針松、黑松等盆景，要求控制澆水，多見陽光，不使其針葉抽生過長，宜做到不乾不澆、少澆水多噴水。南方地區對蘇鐵也應進行「扣水」，防止新抽生的葉片過長而影響到觀賞。對剛開過花的山茶、杜鵑、一品紅（縮剪後換盆的植株），以及曇花、令箭荷花、梅花、白蘭、茉莉、珠蘭、金橘等，應特別注意控制好澆水量，勿使盆內積水導致爛根。

陽臺盆花要保持盆土濕潤，多噴水，控制澆水，因為此時氣溫尚低，切不可因澆水過多而導致植株爛根。待氣溫上升到20℃左右時，再加大澆水量，一般一天澆一次即可。其中擱放於

室內的少量盆花，可用涼開水噴澆，但不能將殘餘的茶葉渣倒入花盆中。

2. 施肥

2 月份 庭院中的絕大多數盆栽花木尚處於休眠狀態，不必追肥，但一些高大的盆栽植株，若春季不打算進行換盆，可於盆土四周扒開一條環狀溝槽，埋放少量漚製過的餅肥末或多元緩釋復合肥顆粒；對擱放於大棚中的梅花、桃花、牡丹、茶花、茶梅、比利時杜鵑、瑞香、海棠類等，若棚室溫度超過 15℃以上，可澆施 0.3%的磷酸二氫鉀溶液；對擱放於大棚中的鳳梨、大花蕙蘭、仙客來、報歲蘭、瓜葉菊、風信子、蟹爪蘭、馬蹄蓮、鶴望蘭等，只要溫度不低於 15℃，可繼續追施低濃度的磷酸二氫鉀溶液；擱放於室內的觀葉植物，若氣溫低於 10℃，其根系尚處於休眠中，應停止一切形式的追施。

對擱放於全封閉陽臺內的盆栽觀賞植物，如山茶、茶梅、比利時杜鵑、瑞香、君子蘭、梅花、仙客來、馬蹄蓮、大花蕙蘭、報歲蘭、鳳梨類、蒲包花、瓜葉菊、鶴望蘭、報春花、風信子、鬱金香等，只要室溫不低於 15℃，可繼續追施低濃度的磷酸二氫鉀溶液。對尚處於休眠狀態的樹樁盆景和盆栽觀葉植物，應停止一切形式的追施。

4 月份 月季、山茶、梅花、蠟梅、杜鵑、春蘭、大花蕙蘭、報歲蘭等，因開花後根系剛開始抽生嫩鬚根，施肥濃度不宜過大，若用餅肥水則以 10%左右的濃度為宜，用尿素和磷酸二氫鉀液以 0.2%～0.3%為好，若追肥濃度過大，會有損幼嫩的鬚根。也可在盆土的不同部位埋施少量的固態有機肥或多元緩效復合肥顆粒。

陽臺分栽花卉施肥應特別小心，不能用帶有濃烈異臭味的種類，這樣既不利於自家陽臺的清潔衛生，也會影響到鄰居之間的關係，切不可隨心所欲。陽臺養花可用腐熟過後經曬乾的固體有機肥顆粒，也可用長效多元復合肥顆粒、棒肥以及尿素和磷酸二氫鉀液等。

總體原則是：氮、磷、鉀兼顧，薄肥勤施，無機、有機並用，忌用生肥、濃肥、大肥。

3. 換盆

對擱放於露地的盆栽蠟梅、梅花、垂絲海棠、貼梗海棠、火棘、五針松、三角楓、柞木、對節白蠟等，可在其發芽抽葉前進行換盆，盆土應更換上疏鬆肥沃、富含有機質的新鮮培養土，給春、夏季的生長打好基礎。對擱放於室內的白蘭、米蘭、珠蘭、月季、茉莉、扶桑、鶴望蘭、鐵樹、一品紅、茶梅、山茶、比利時杜鵑、富貴籽、玳玳、佛手、檸檬、龜背竹、春羽、君子蘭、小天使、合果芋、竹芋等，應在出房前換盆。

無論南方北方，只要陽臺上氣溫達 10～15℃，絕大部分盆花即可搬到陽臺上，但在出房前要有一個鍛鍊適應的過程。無論是常綠還是落葉種類，只要盆栽植株尚未發芽或發芽不大，此時均可進行換盆，一般小盆植株每年換土 1 次，大盆植株每 2～3 年換盆 1 次。

4 月份可行換盆的常見花木種類有：白蘭、米蘭、珠蘭、茉莉、橡皮樹、龜背竹、春羽、山茶、梅花、蠟梅、海棠、君子蘭、一葉蘭、南洋杉、鵝掌柴、三角梅、美麗針葵等。一般在換盆時，要去除一些黃化或亂形的枝葉，並剪去一部分已老化或腐爛的根系。白蘭花換盆，甚至要將剩餘的大部分老葉摘去，以利

於新芽的抽生與展葉；對3月份尚未換盆而葉芽剛萌動但還未展葉的植株，可於4月份進行換盆，換盆時不要過多地掰去宿土或修剪根系，種類如銀杏、南洋杉、金松、羅漢松、黑松、錦松、赤松、五針松等。對展葉後的梅花植株一般不再進行換盆。

4. 修剪

2月份　對擱放於庭院中、尚未完成修剪的盆栽觀賞植物，應抓緊時間進行修剪；對實施造型有一年時間但尚未給予鬆綁的盆栽植株，則應先將綁紮物解去，對尚未吊紮到位的枝片，重新變換角度和部位另行吊紮牽引，以免造成因綁紮時間過久而導致的枝片枯死。對擱放於棚室內的盆栽觀葉植物，應將植株上的枯枝黃葉及時剪去。

對擱放於全封閉陽臺內的盆栽觀賞植物，應將其上的枯枝黃葉及感染了病蟲害的枝葉一併剪除後銷毀；對擱放於陽臺上的樹樁盆景，如北方的雀梅、榔榆、蚊母、三角楓等，南方的福建茶、九里香、榕樹、小積石、三角梅、胡椒木、清香木等，都應抓緊時間進行一次全面到位的修剪，使其冠形優美、層次分明；對那些進行蟠紮造型已有2年時間的植株，應先將其綁紮物拆除，如尚未達到預期的固定造型效果，可重新變換角度和部位，另行蟠紮處理。

3月份　對室內的扶桑、倒掛金鐘、龍吐珠、茉莉、珠蘭、白蘭、鐵樹、橡皮樹、魚尾葵、散尾葵、變葉木、文竹、秋海棠類，結合換盆，進行必要的修剪，包括剪除病蟲枝、枯死枝、亂形枝、瘦弱枝及一些發黃了的葉片等。

對以欣賞樹樁為主的三角楓、羅漢松、真柏、黃山松、黑松、榔榆、對節白蠟、柞木、赤楠等，也可於發芽前進行蟠紮和

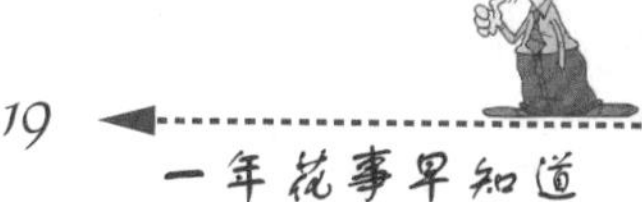

修剪，進一步完善其造型。對梅花、蠟梅、月季、碧桃、迎春、金鐘等，可於花後萌發前進行強度縮剪。

對蠟梅、枸骨冬青、黑松、五針松、羅漢松、三角楓、榔榆、雀梅、水楊梅、小葉女貞等樹樁，可進行修剪整形，需造型的主幹和枝條，可在 3 月份進行蟠紮造型，對 2～3 年未行換盆的植株，可進行換土；梅花、迎春、金鐘、蠟梅、壽桃、山茶等可於花後進行必要的整形修剪，促使其保持良好的株形，對植株進行一次全面的清理，剪除感染了病蟲的枝葉，並進行銷毀。

花博士提示

對君子蘭的殘敗花梗剪除要特別小心，稍有不慎極易造成植株爛心。其方法是：盆土 7 天不澆水以使其發乾，剪去殘敗花葶後不要讓傷口和滲出的汁液流入葉筒中，可預先將花盆放斜，控制澆水，待創口收乾後再扶正花盆，避免污濁的雨水、髒水淋入葉筒內，讓殘餘的花葶自然乾縮枯萎。

4 月份　對杜鵑、山茶等，花後要及時摘去殘花敗蕾，並對病蟲枝、亂形枝略作刪剪，對花後的蠟梅、梅花、碧桃、金鐘等植株的一年生枝僅保留基部的 1～2 公分，其餘部分全部剪去。

5. 整形

南方地區的發財樹幼苗，可於此時掘起，將其攤曬 1～2 天，讓其失去部分水分，然後以 3、5、7 的奇數株莖幹編成辮子，編好後用重物壓住，使其形狀固定後，再選擇合適的盆具進行栽種。

對白蘭花不可亂剪，其枝條有較大的髓心，修剪後在其剪口下會出現一截枯死的枝段，為此剪口應離開準備保留的壯芽至少 5 公分以上。

對三角楓盆景，此時不能進行修剪，否則會產生大量受傷流液，導致枝條剪口下枯，影響該枝條的正常生長。

4 月份　適宜進行造型的觀賞植物有：羅漢松、六月雪、翠柏、真柏、榕樹、銀杏、五針松、黑松、伽羅木、垂絲海棠、絨柏、榔榆、雀梅、水楊梅、柞木、對節白蠟、赤楠、垂絲衛矛、梅花等。對松類盆景，還應及時抹去其雌雄球花，以減少養分的消耗。

6. 防寒

根據不同觀賞植物種類所能忍受的下限溫度來確定擱放於陽臺上的盆栽植物，或搬入一般室內避寒，或置於空調室內養護，或直接在陽臺上搭蓋雙層塑料棚防寒。擱放於南方地區陽臺上的盆栽植物，晚上最好用麻袋等覆蓋物將盆面及花盆四周掩飾捆綁好。

大部分適於作陽臺盆栽的觀賞植物種類，3 月份仍處在室內，在採取保溫防寒、通風見光等措施的同時，對需換盆的植株應及時進行換盆。擺放在陽臺上抗性較強的花木，應維持盆土不結冰，若盆土結冰易造成盆栽花木凍枝，不僅會影響植株當年的正常生長，嚴重時會造成植株死亡，可採取就地搭棚保護或移入室內、棚內進行防寒等措施。

7. 出房前練苗

在長江流域以北地區，大部分盆花 3 月份尚處在室內養護中，必須做到防寒與通風並重。由於 3 月的天氣不穩定，寒流時有南下，3 月上中旬仍須繼續做好保溫防寒工作；3 月下旬，可於白天打開居室的門窗通風透氣，晚上關上，使白蘭、米蘭、珠

蘭、茉莉、扶桑、一品紅、龜背竹、小天使、橡皮樹、南洋杉等能逐漸接受鍛鍊，適應室外的環境，避免因過早萌發枝梢而影響到當年的生長和正常開花。黃河以北地區的盆花，3 月尚需繼續做好保溫防寒工作，切不可掉以輕心。

8. 病蟲害防治

對擱放於室內的盆栽觀賞植物，應特別注意防治蚜蟲、介殼蟲和白粉虱；對濕度較大的棚室，要注意在中午前後溫度較高時給予通風換氣，防止出現大面積的灰霉病，如麗格海棠、球根海棠、扶桑等；對去年發生過病蟲害的盆栽植株，要將其周圍的枯枝落葉和盆面雜草一併清理乾淨並集中燒毀；對一些樹幹木質部有部分裸露的大樁，應在其裸露部位塗抹石硫合劑，防止出現樁幹腐朽或蟲蛀。

樹樁盆景主幹和大枝上裸露的木質部，應塗抹石硫合劑防霉防蛀；對盆栽植株上出現的介殼蟲、白粉虱等，應及時用濕布抹去；對盆株上出現的蚜蟲，則可用煙末（絲）泡水殺滅。

4 月下旬，玳玳、金橘、佛手等植株上會出現剛羽化的粉虱成蟲，可噴低濃度的敵殺死、殺滅菊酯等農藥殺滅。對一葉蘭、橡皮樹、蘇鐵等觀葉植株上寄生的少量蚧殼蟲，應及時用濕布抹去或用透明膠帶黏去。對月季植株，可每隔半月噴灑一次波爾多液，預防黑斑病等病害的發生。

盆栽蘭花，出房時要仔細檢查植株葉片上是否寄生有蚧殼蟲，並給植株噴灑波爾多液或代森錳鋅等，防止葉部病害的發生。對松柏類、榔榆、檵木、雀梅、梅花、三角楓等樹樁盆景，可在清除有病蟲枝葉並燒毀的同時，對樹幹上露出木質部的部位塗抹石硫合劑等防腐。對原先在室內感染有粉虱、蚧殼蟲的盆栽植株，如玳玳、金橘、梔子、山茶等，出房後應及時噴藥防治。

9. 其他花事

（1）觀果盆栽管理

對 4 月份開花的盆栽觀果花木，如火棘、銀杏等，特別是雌雄異株或異花授粉的種類，在花期內，要注意為其傳粉受精創造有利條件，使其能正常受精掛果，切勿錯失良機。

（2）4 月扦插床管理

對剛扦插的觀賞植物，在其尚未形成癒合組織之前，應特別重視噴霧管理，除有間歇噴霧裝置條件的以外，必須每天噴水（霧）2～3 次，始終保持扦插基質濕潤，為其癒合生根創造一個最佳的環境。

（3）3 月堆漚肥料

將茶籽餅、菜籽餅、豆餅等倒入水池或水缸中，注入清水，進行密封發酵，以便在生長季節稀釋後用於澆施盆花。或將餅肥等堆漚發酵，約 2 個月後攤開晾曬，待充分曬乾後再用塑料袋包裝好，漚透後曬乾的餅肥為顆粒狀粉末，撒施在花盆裡作追肥，對春蘭、建蘭、墨蘭、大花蕙蘭、蝴蝶蘭、卡特蘭及其他盆花種類，比澆施液態餅肥更為方便，特別是在陽臺上養花，既方便又衛生，還可減少葉面病害的發生。此外，它還可用於配製培養土。

（4）翻墾凍垡

2 月上旬，可繼續對尚未完成翻耕的園地進行翻墾，經過越冬凍垡，到了春回氣暖時再行抽溝作床，用於育苗或移栽花木。

(5) 預備性設施

如果條件允許，還可在陽臺上砌一個小水池，上支水泥鋼筋預製板，利用水池蒸發產生的濕度，夏天在其上擱放一些比較喜空氣濕潤的花卉，如蘭花類、龜背葉、綠巨人、小天使、富貴籽、南天竹等。池中的蓄水，用作澆花比較理想。

3 月份還可趁盆花尚未出房前，先在陽臺上搭好擺放盆花的階梯架子，選好夏季支掛遮陽網的支撐點，一旦盆花出房遇到陽光過烈時，可很快將遮蔭措施落實到位。

3 月份還應做好換盆的準備工作，如備足各種肥料及培養基質等，以滿足陽臺種花的需要。

(三) 盆景造型

2～3 月份是選擇培育樹樁的最佳時機。可選擇的樹樁種類主要有：雀梅、赤楠、柞木、對節白蠟、榔榆、火棘、雲竹、枸骨冬青、垂絲衛矛、水楊梅、胡頹子、海棠、黃荊、紫藤、羅漢松、蠟瓣花、櫸樹、樸樹、銀縷梅、烏飯樹、米飯花等。

2 月份可進行蟠紮造型的植物種類有翠柏、羅漢松、圓柏、刺柏、側柏、真柏、銀杏、六月雪、鋪地柏、五針松、黃山松、黑松、千頭赤松、水楊梅、金雀、小金錢

花博士提示

五針松盆景的養護，應特別注意：①及時摘芽，當冬芽萌動，其上出現顆粒狀針葉原基時，可摘去芽長的 1／2～2／3，促使其新梢變短且密集；②抹去雌雄球花，當能從新梢上辨認出針葉束芽與雌雄球花時，要及時將著生於新梢頂端的雌球花和位於新梢基部的雄球花全部抹去，減少生殖生長對養分的消耗；③要控制澆水，從新梢抽生開始，就要從嚴控制澆水，做到不乾不澆，以噴代澆，確保新抽針葉短簇，使枝片保持平整良好。

梅、蠟瓣花、貼梗海棠、紫薇、榕樹、榔榆、三角楓等。

繼續對 1～2 年前造型過的植物進行重新蟠紮調整，發現植株幹枝上有下凹的綁紮縮縊痕，應先將其金屬絲或非金屬絲解除，重新換上新的綁縛材料進行蟠紮固定。對淺盆樹樁盆景、山水盆景、小型微型盆景、附石盆景等，繼續做好保溫防寒工作，使其始終處於不低於 0℃的環境中，以防植株被凍死或人工膠結的山石被凍裂解體，造成不應有的損失。

4 月份是盆景造型的最佳時間段之一。最適於初學者練習造型的觀賞植物，是那些適應性強、枝幹經得起初學者反覆扭曲蟠紮，並不嚴重影響其正常生長的種類，如羅漢松、翠柏、六月雪、水楊梅、真柏、垂絲衛矛、紫薇、絨柏、花柏、榕樹、瓜子黃楊、榔榆、迎春、結香、銀杏、黑松、檜柏等。

適於 4 月份造型的其他植物種類還有野山楂、五針松、黃山松、碧桃、火棘、赤楠、對節白蠟、三角楓、柞木、伽羅木、金彈子、垂絲海棠、福建茶、木瓜、胡頹子、枸骨冬青、金錢松、虎刺等。

隨著盆景植株旺盛生長的開始，要及時用金屬絲或非金屬絲，不斷進行蟠紮牽引和矯正，使其能始終保持較好的觀賞狀態。

夏季，大致為陽曆5~7月，其間中國農業節氣有立夏、小滿、芒種、夏至、小暑、大暑。

夏季的氣候特點：5月是春夏之交，全國各地氣溫大幅度升高，而且陽光日漸強烈。我國由南到北降雨逐漸增多，小滿節後，天氣轉入悶熱，標誌著明顯的夏天特徵。

6月氣溫進一步上升，全國大部分地區的月平均氣溫在24~26℃之間，江淮流域進入梅雨季節，天氣陰雨連綿。

7月梅雨結束，降雨少，光照強，是一年中最為炎熱的月份，全國大部分地區月平均氣溫都在26~29℃之間。

（一）花木繁殖

1.播種繁殖

5月份　適於播種的草花種類有四季報春、鳳仙花、千日紅等。木本花卉則有闊葉十大功勞、八角金盤、散尾葵、酒瓶椰子等。木本花卉的種子洗淨後可隨採隨播。在播種時應注意以下幾點：一是要保持苗床濕潤，但不能積水；二是要覆草，防止種粒「回芽」；三是種子出苗後分2~3次揭去覆草，並及時搭棚遮蔭，防止強烈陽光灼傷幼苗。

在樓層不太高的陽臺上，可試用大花盆播種八角金盤、散尾葵、鐵樹等種子，但應注意保濕。也可用大花盆播種一些草花，如四季報春、鳳仙花等，做自家點綴。另外，還可盆栽晚香玉和唐菖蒲的種球。

6 月份　可行播種繁殖的木本觀賞植物種類有蘇鐵、加拿利海棗、闊葉十大功勞、蠟梅等。蠟梅果實成熟後，從其壺狀果囊中脫出棕褐色的種粒，用冷水浸泡 24 小時，再將其埋於濕沙中催芽，約 15 天後種粒裂口露白時方可下地播種，播種行距 15～20 公分，溝寬 10 公分，溝深 5～8 公分，覆細土 2～3 公分，最後再覆稻草保濕，當約有 50%的種粒出土後，分 2～3 次輕輕揭去覆草。可行播種的草花種類有小蒼蘭、四季報春等。

> **花博士提示**
>
> 對桂花成熟發黑、變軟、被白粉的果實，應洗去果皮果肉後，並用乾淨的濕沙貯藏至來年 2 月，在種粒裂口露白時再行播種。

7 月份　可行播種的木本觀賞植物主要有梅、榆葉梅、鬱李等。採收成熟的果實後，洗去果肉立即開溝播種，也可將洗淨的種核貯藏於濕沙中，待其裂口後再下地播種。加拿利海棗可於 7 月催芽後袋播。蠟梅種子可隨採隨播，也可將種子藏至來年春天再行播種。7 月份可行播種的草花種類有瓜葉菊、四季報春、羽衣甘藍、風鈴草、小蒼蘭等，播種草花應特別注意保濕、通風和遮蔭。

2. 扦插繁殖

5 月份　適於扦插的草本觀賞植物有：一串紅、三色堇、菊花、鴨跖草、龍口花、四季海棠、竹節海棠、龜背竹（莖）、冷水花、合果芋、花燭、白網紋草、千日紅、萬壽菊、彩葉草、椒草、天竺葵、珊瑚花等。多肉類觀賞植物有：曇花、令箭荷花、仙人掌（做砧木）、三棱箭（做砧木）、石蓮花、寶石花等。

木本觀賞植物有：杜鵑、珠蘭、茉莉、虎刺梅、月季、倒掛金鐘、扶桑、龍吐珠、南天竹、紅背桂、十大功勞、橡皮樹、龍血樹、紅桑、八仙花、石榴、木槿、五色梅、朱蕉、三角梅、鵝掌柴、火棘、紫玉蘭、醉魚草等。

可在自家陽臺上，利用大花盆盛裝蛭石等扦插基質，加蓋塑料薄膜保濕，扦插繁殖鵝掌柴、扶桑、青紫木、灑金桃葉珊瑚、橡皮樹、朱蕉等觀葉植物。也可用花盆盛濕沙扦插一些多肉類植物，如石蓮花、寶石花、玉樹、曇花、令箭荷花等。還可扦插一串紅、千日紅、萬壽菊等草花，作陽臺點綴用。

6 月份　本月氣溫高、濕度大，是庭院內進行花卉扦插的最佳時節。適於在夏季進行嫩枝扦插的花木種類有：桂花、山茶、茶梅、含笑、紫玉蘭、西洋杜鵑、夏鵑、橡皮樹、迎春、六月雪、石榴、茉莉、珠蘭、梔子花、五色梅、葉子花、龍吐珠。扶桑、夾竹桃、朱砂根、結香、變葉木、紫薇、海仙花、蠟梅、八角金盤、八仙花、一品紅等。適於扦插繁殖的庭院草花有：一串紅、千日紅、金蓮花、傘草、竹節海棠、彩葉草、孔雀草、萬壽菊、紅綠草、菊花、秋海棠類、香水草等。

在陽臺上可利用大花盆加蓋塑料薄膜的方法進行保濕扦插，基質可用蛭石或礱糖灰與細沙（2：1 比例）的混合物。扦插繁殖的花木種類有：羅漢松、山茶、日香桂、灑金桃葉珊瑚、茶梅、珠蘭、橡皮樹、鵝掌柴、一品紅、梔子花、茉莉等，但應擱放於陰涼處。此外，小葉梔子、桃葉珊瑚、鵝掌柴、朱蕉、巴西鐵等，也可於室內進行水插，但必須經常換水。

現以茶梅、日香桂、山茶花等為例，對夏插技術作一介紹。從 6 月上中旬開始到 7 月底，當新抽嫩梢達半木質化時，剪取作插穗，基質用黃心土、蛭石、珍珠岩等，最好用淋去鹼性的礱糠灰與河沙以 2：1 的比例拌和均勻的混合基質，插穗剪成長約

10～15 公分的穗段，只保留上部的 2～3 片葉，下切口用 500 毫克／升的 1 號 ABT 生根粉藥液浸泡 10 秒鐘，取出後稍加攤曬，待藥液中的酒精揮發後再行扦插。一般扦插入土深度約為穗長的 1／2～1／3，株行距為 3 公分×8 公分，以葉片互不相遮為度。用噴壺澆透水後在苗床上架好竹弓，加蓋塑料地膜保濕，四周用土塊將地膜壓嚴實，同時搭棚遮蔭，以後維持床面不高於 30℃ 的溫度，始終保持床面濕潤，雨天及時排去步道溝中的積水，一個月後即可大量生根。

7 月份　可行扦插繁殖的木本觀賞植物種類有：紅背桂、櫻花、佛手、一品紅、虎刺梅、金絲桃、蠟梅、榕樹、海仙花、八仙花、噴雪花、梔子花、結香、丁香、三角梅、米蘭、茉莉、珠蘭、鵝掌柴、闊葉十大功勞、石榴、紫薇、火棘、扶桑、六月雪、含笑、珊瑚樹、橡皮樹、無花果、紫玉蘭、白玉蘭、桂花、山茶、茶梅、木香、變葉木、龍吐珠、杜鵑類、月季、倒掛金鐘、金鐘、迎春、紫葉李、朱蕉、灑金桃葉珊瑚等。

可行扦插繁殖的草花種類有：一串紅、萬壽菊、孔雀草、太陽花、石竹、秋海棠類、彩葉草、冷水花、千日紅、荷蘭菊、天竺葵、傘草、珊瑚花、金苞花、蝦衣花、網紋草、吊竹梅、椒草、銀後亮絲草、廣東萬年青等。

可在陽臺上用大口徑花盆，加蓋塑料薄膜，扦插繁殖梔子花、山茶花、日香桂、竹節海棠、金苞花、珊瑚花、鵝掌柴、桃葉珊瑚、珠蘭、茉莉、朱蕉、羅漢松、廣東萬年青、銀後亮絲草等花木。扦插基質可用濕沙、黃心土、蛭石等。為確保扦插成活率，從上午 10 點到下午 4 點，最好將其搬放到室內。

還可在陽臺上或室內水插繁殖一些觀賞植物，如梔子、夾竹桃、月季、茉莉、珠蘭、無花果、石榴、倒掛金鐘、廣東萬年青

等，但應經常進行換水，確保水質清潔。

3. 嫁接繁殖

5月份　可以野薔薇等為砧木，芽接月季；以一二年生的紫玉蘭實生苗或扦插苗為砧木，靠接白蘭；以二三年生的獨幹小葉榕為砧木，枝接花葉垂榕；以青楓實生苗為砧木，嫩枝嫁接紅楓；以手指粗的蠟梅實生苗為砧木，靠接優良品種蠟梅；以桂花實生苗或小葉女貞為砧木，靠接良種桂花；以紅花油茶或單瓣山茶實生苗為砧木，嫩枝嫁接山茶花；以生長旺盛的毛鵑為砧木，劈接西洋杜鵑；以黃蒿為砧木，嫁接品種菊花。

5月上旬以仙人掌、三棱箭為砧木，嫁接蟹爪蘭；以三棱箭為砧木，嫁接緋牡丹等。

可在陽臺上靠接白蘭、蠟梅、紅楓等木本花卉，芽接月季也可在陽臺上進行，5月中旬還可在陽臺上嫁接蟹爪蘭、緋牡丹等多肉類植物。

6月份　在庭院中，可用盆栽蠟梅實生苗為砧木，靠接優良品種蠟梅，如虎蹄、檀香等，但砧木最好不要用柳葉蠟梅，因其生長速度明顯慢於接穗，容易導致上粗下細的不正常現象。以盆栽白玉蘭或紫玉蘭苗為砧木，靠接白蘭花。以野薔薇苗為砧木，芽接優良月季品種。6月底以當年育毛桃苗為砧木，芽接紅葉李、碧桃、紫葉桃、壽桃、美人梅等。以單瓣實生山茶苗為砧木，嫩枝嫁接山茶、茶梅。以實生玳玳苗為砧木，嫩枝嫁接玳玳。以流蘇為砧木，靠接金桂、銀桂。此外，還可在6月份進行牡丹的套芽換芽嫁接。

可用盆栽的野薔薇或伊麗莎白品種為砧木，芽接繁殖優良品種的月季，如「黃和平」等。以盆栽實生的杏苗為砧木，芽接優

良品種的梅花，如骨裡紅、素白臺閣等。以盆栽的紫玉蘭為砧木，靠接白蘭花。以盆栽的蠟梅實生苗為砧木，靠接優良品種的蠟梅，如虎蹄、檀香等。

7 月份　可用當年春天播種的山桃、毛桃、杏等實生苗為砧木，「丁字形」芽接繁殖碧桃、壽桃、紫葉桃、梅花、榆葉梅、紅葉李、美人梅、骨紅梅等，為了便於芽接時剝取芽片，可於嫁接前 2～3 天先將盆土或苗床澆透，稍晾 1～2 天再行嫁接。

以野薔薇等扦插苗為砧木，芽接繁殖優良品種的盆栽月季和切花月季。以盆栽二年生的紫玉蘭、白玉蘭為砧木，靠接繁殖白蘭花、含笑花。以盆栽二年生的實生蠟梅苗為砧木，靠接優良品種的蠟梅。以山荊子、花紅、湖北海棠的當年生播種苗為砧木，進行「丁字形」芽接，繁殖優良品種的西府海棠、垂絲海棠。以雞爪槭實生苗為砧木，套袋嫩枝嫁接紅楓、羽毛楓等。以毛鵑中的紫蝴蝶、玉蝴蝶為砧木，劈接或腹接西洋杜鵑。北方以流蘇為砧木，靠接金桂、銀桂等。此外，還可繼續進行玳玳的嫩枝嫁接和牡丹套芽換芽嫁接。

4. 分株繁殖

5 月份　可行分株繁殖的觀賞植物種類有：玉簪、紫萼、鳶尾、一葉蘭、蔥蘭、銀紋沿階草、十二卷、廣東萬年青、蘭草、茉莉、珠蘭、金光菊、千屈菜、四季海棠、腎蕨等。

可在陽臺上進行分株的觀賞植物種類有：一葉蘭、吊蘭、十二卷、鳳梨類、腎蕨、鶴望蘭、銀紋沿階草、蘭花、鐵樹、南美鐵樹等。

6 月份　在庭院中，可行分株繁殖的花卉種類有：腎蕨、馬蹄蓮（花後）、旱傘草、紫背萬年青、銀脈沿階草、鳳梨類、十

二卷、一葉蘭、吊蘭、菖蒲、大葉麥冬、麥冬、蔥蘭、錦雞兒、金絲桃。

> **花博士提示**
>
> 陽台盆花，因其擺放的位置高、風速大、陽光烈，為此澆水、噴水的量相對要比庭院中的盆栽花卉多一些。最好先將盆花搬到地板上澆水（或採用浸水法），同時給予葉面噴水。等到盆土吸透水後，再擺放到原來的位置。

7月份 可進行分株繁殖的大多為草本花卉，如玉簪、紫萼、玉竹、菖蒲、傘草、吉祥草、一葉蘭、紫背萬年青、鳳梨類、十二卷、吊蘭、大葉麥冬、麥冬、蔥蘭、腎蕨、鳶尾、射干、吊竹梅、廣東萬年青、龜背竹、小天使蔓綠絨、小團花、紅（綠）寶石、多頭綠帝王、寶石花等。

5. 壓條繁殖

5月份 可行壓條繁殖的觀賞植物種類有：含笑、珠蘭、梅花、迎春、月季、垂絲海棠、櫻花、白蘭、橡皮樹、比利時杜鵑、桂花、紫玉蘭、變葉木、羅漢松、翠柏、真柏、梔子、紫藤、凌霄、米蘭等。

可在陽臺上高壓繁殖橡皮樹、米蘭、變葉木、扶桑、比利時杜鵑等。

6月份 在庭院中，可行壓條繁殖的觀賞植物種類有：杜鵑、八仙花、錦帶花、夾竹桃、米蘭、珠蘭、紅楓、茉莉、白蘭花、橡皮樹、蠟梅、桂花、山茶、含笑、雪球、瓊花、金絲桃、迎春、梅花。

6月在陽臺上對山茶、含笑、紅楓、橡皮樹、米蘭、白蘭等花卉種類，採用高壓的方法，可培育少量的植株，但包裹環狀剝皮處的基質，宜用泥炭拌和青苔等，並始終保持濕潤和疏鬆通透

狀態。

7月份 可行壓條繁殖的觀賞植物種類有：米蘭（高壓）、蠟梅、金銀花、八仙花、錦帶花、瓊花、雪球、凌霄、木香、夾竹桃、緬梔子、金雀花、梔子花、桂花、紫玉蘭、茉莉、珠蘭、木芙蓉、迎春、素馨、藤本月季、梅花、貼梗海棠、垂絲海棠、紅楓（高壓）、橡皮樹（高壓）、鵝掌柴等。

(二)花木管理

1.換盆

5月上中旬，北方地區從室內剛出房的盆栽花木，若其尚未抽梢，此時可繼續進行換盆，種類如米蘭、杜鵑、橡皮樹、鵝掌柴、山茶、金心龍血樹、散尾葵、發財樹等。

另外，在樓上居住的花卉愛好者，如果用土栽不方便，也可考慮用水培法種養一些觀賞植物，既清潔衛生、少病蟲害，又方便易行。可行水培的觀賞植物種類有：富貴竹、吊蘭、龜背竹、春羽、合果芋、鵑淚草、綠蘿、袖珍椰子、朱蕉、萬年青、桃葉珊瑚、鴨跖草、彩葉草、小天使蔓綠絨、傘草、細葉菖蒲等。

2.澆水

5月份 氣溫升高，對擱放於庭院中的盆栽花卉，要加大澆水量，可控制在一天1次。天氣晴好時注意給植株周圍噴水，提高空氣濕度；如遇連綿陰雨天氣，則應經常檢查盆土，發現盆內有積水要及時排除，並儘快給予換盆。北方地區在給梔子、山茶、杜鵑、白蘭、含笑、珠蘭、瑞香、蘇鐵、棕竹、龜背竹等喜酸性土壤環境條件的盆花澆水時，可在水中加入少量的硫酸亞

鐵，防止植株出現生理性黃化。對進入休眠狀態的仙客來、馬蹄蓮等，應停止澆水，將其擱放於濕潤涼爽的場所即可。

5 月份給陽臺盆花澆水，應視花木種類的不同、花盆的大小、氣溫的高低、陽光的強弱等因素來確定適當的澆水量，一般以保持盆土濕潤為度。另外，多肉類植物可少澆一些水，葉片較大的觀葉植物應多澆一些水。

6 月份 進入初夏，擱放於庭院中的盆栽花卉，要加大澆水量，可控制在每天 1 次，盆土見乾後再澆，天氣晴好時，注意給植株周圍噴水。對紅掌、大花蕙蘭、蝴蝶蘭、鳳梨類等不宜過多澆水，宜維持一個較濕潤涼爽的環境。如遇連綿陰雨天氣，則應於雨後及時檢查盆土，若發現盆內積水，要儘早倒去積水，並給予鬆土，或根據當地的天氣預報情況，先將盆栽花卉傾倒，借以減少盆內蓄水。

對進入休眠狀態的仙客來、荷包牡丹、花毛茛等，應停止澆水，將其擱放於濕潤涼爽處；對處於半休眠狀態的天竺葵、倒掛金鐘、君子蘭、秋海棠等，可減少澆水，保持盆土潮潤即可。盆栽花卉，若經反覆澆水和雨淋導致盆土板結，務必及時進行鬆土。

6 月的溫度偏高、濕度偏低，澆水管理顯得尤為重要。在陽臺內側可砌一淺水池，或擱放一水缸，然後在水池或水缸上架放木板條，再把一些喜濕的盆花種類，如建蘭、春蘭、報歲蘭、龜背竹、春羽、小天使蔓絨、綠巨人、綠帝王、銀後亮絲草等，擱放於木板條上。陽臺盆花澆水不可直接使用自來水。澆水量以保持盆土濕潤、葉片不出現萎蔫為度。值得注意的是：花石榴植株應當等到葉片和嫩梢呈萎蔫狀態時再澆水，可促使其多開花。對處於半休眠狀態的花卉種類，要減少澆水量。對一些喜酸性的花

卉種類，如杜鵑、山茶、棕竹、龜背竹、梔子花、橡皮樹、鐵樹、蕨類等，宜在澆水時添加少量硫酸亞鐵，濃度控制在 0.2% 左右。

夏季進入半休眠或休眠狀態的花卉種類。半休眠有：紅花酢漿草、天竺葵、倒掛金鐘、君子蘭、馬蹄蓮、秋海棠類等，當氣溫達 30℃以上時，因其生長活動十分微弱，代謝水平低，要減少澆水，保持盆土濕潤即可。深休眠的種類如：仙客來、石蒜（類）、花毛茛、荷包牡丹等，在高溫下表現為地上莖葉枯萎、地下營養鬚根枯死，以地下莖或塊根在土壤中休眠過夏，對其必須停止澆水，搬到涼爽處，保持盆土不過分乾燥即可。

若逢連續降雨，應於雨停後全面檢查盆花，發現盆中有積水，要儘快倒去，盆土收乾後再給予鬆土，以免造成植株爛根；或者在大雨到來前，將盆花傾倒，待雨停後，再將盆花扶正。

7 月份　澆水管理是盆栽花卉能否安全越夏的關鍵，7 月份澆水應避開正午，以上午 10 時前、下午 5 時後為宜，避免水溫與土溫、氣溫之間懸殊過大。對生長旺盛的觀賞植物種類，如鐵樹、蜘蛛抱蛋、龜背竹、橡皮樹、白蘭、茉莉、米蘭、珠蘭、南洋杉、竹芋類、合果芋類、喜林芋類、綠巨人、綠帝王、綠皇后、黛粉葉、巴西鐵、發財樹、葉子花、荷蘭鐵、桃葉珊瑚、國王椰子、散尾葵、魚尾葵、檸檬、玳玳、石榴、羅漢松、榕樹、福建茶、鶴望蘭、八角金盤等，不僅要加大澆水量，而且要增加澆水、噴水的次數，但應以盆土不積水為度。遇到連續陰天，因氣溫較高、空氣乾燥，同樣要給予澆水和噴水。若發現因盆土過乾導致植株新梢和嫩葉萎蔫，宜先給予植株葉面噴水，再給盆土少澆一點水，待其葉片恢復挺起後，再給予根部適量澆水。

對進入休眠狀態的花卉種類，如仙客來、石蒜類、花毛茛、

荷包牡丹等，要停止澆水，搬到陰涼處，保持盆土不太乾燥即可。對進入半休眠狀態的花卉種類，如天竺葵類、酢漿草類、吊鐘海棠、君子蘭、馬蹄蓮、秋海棠類、景天類、長壽花、仙人掌類、水晶掌、翡翠珠、瑞香、蟹爪蘭、仙人筆、毛葉蓮花掌、馬齒莧樹（玉葉）、蘆薈等，應控制澆水，僅維持略乾燥或微潤狀態即可。

花博士提示

盆花澆水應注意以下幾個方面：一是澆水時間以上午10時或下午5時後為好，一般一天澆一次水即可；二是澆水溫度應保持與盆土溫度基本一致，如果溫差太大，會造成盆花根系和葉片受刺激進而影響其生長；三是澆噴結合，遇到數天未下雨的天氣，除了要給盆中澆水外，還要給葉面及盆花四周噴水，借以提高局部空氣的濕度，如果遇到持續陰天，則要視盆土的乾濕情況來決定是否澆水和噴水。

7月份對比較喜歡濕潤環境的蘭花類，如建蘭、春蘭、蕙蘭、報歲蘭等，除正午前後的6～7個小時搬入室內以外，其餘時間繼續擱放於陽臺上的水池或水缸上，並以噴水代澆水。對陽臺上栽培的大花蕙蘭、虎頭蘭、石斛蘭、卡特蘭等，進入7月後應搬入有空調的室內，多噴水、少澆水，使其能正常過夏。

對繼續擺在陽臺上比較耐高溫強光的花卉種類，如月季、米蘭、三角楓、榔榆、花石榴、雀梅、福建茶、柞木、火棘、龍舌蘭、水楊梅、黑松、錦松、瓜子黃楊、茉莉、果石榴、紫薇等，每天應澆1～2次水，噴2～3次水，並經常給植株鬆土，防止發生爛根。

對一些畏強光高溫的觀葉植物，如吊蘭、一葉蘭、橡皮樹、龜背竹、春羽、綠帝王、綠皇后、合果芋、小天使等，早晚可擺放在陽臺上，陽光較強的時間段搬入室內，澆水與噴水相結合，

以維持盆土濕潤為度，也可採用浸盆法。

> **花博士提示**
>
> 對盆栽梅樁，由於7～8月份為其花芽分化期，要給予適當的「扣水」，促進花芽的正常分化。方法是：保持盆栽植株葉片兩側稍向內捲曲狀態，用以控制營養生長；若未能控制住枝條的營養生長，可在第二次新梢抽出2～3片葉時，只保留基部的一片葉後掐斷，在此葉腋間仍然可分化出花芽。

3. 施肥

5月份　本月是盆栽花卉的旺盛生長季節，對以觀花、賞果、聞香為主的花木種類，如白蘭、米蘭、月季、玳玳、梔子、珠蘭、茉莉、山茶、梅花、蠟梅、牡丹等，每半月追施一次氮、磷、鉀均衡的復合肥料，也可在澆施的餅肥水內加入少量的磷酸二氫鉀，以利於植株的恢復性生長，進行花芽分化或持續不斷地孕蕾開花。對以觀葉為主的種類，如龜背竹、春羽、小天使蔓綠絨、橡皮樹、紅（綠）寶石、蘇鐵、棕竹、綠巨人、綠帝王、一葉蘭、廣東萬年青等，每半月追施一次漚透了的餅肥水。對有斑紋的觀葉植物，如金邊虎尾蘭、五彩鳳梨、金心巴西鐵、三色朱蕉、黛粉葉、變葉木、彩葉草、白蝶合果芋、花葉艷山薑、花葉木薯、灑金桃葉珊瑚、金邊富貴竹、網紋草、花葉鵝掌柴、黃金葛、吊竹梅等，在追施稀薄餅肥液的同時，根外噴施0.2%的磷酸二氫鉀液，可使其葉色顯得更為鮮麗明亮。

陽臺盆花施肥應注意不要讓肥滴濺落於植株葉面上。此外，也不能用帶惡臭味或有異味的肥料，春末夏初更是如此。可用多元緩釋復合肥顆粒埋放於花盆裡，也可給葉面噴施0.3%的尿素液，或0.2%的磷酸二氫鉀液。

若用有機肥，最好先將餅肥漚透後曬乾，裝在一個瓶子裡，使用時再倒出一些固體粉末灑在盆土上，隨著澆水的滲入，緩慢地被植株所吸收。

花博士提示

對一些開過花的植株，要追施以氮肥為主、磷肥為輔的液態肥，促進植株的營養生長。對將要開花或正在分化花芽的觀賞植物，則應追施以磷肥為主、氮肥為輔的肥料種類。

6月份　對生長旺盛的觀賞植物，可每半月追施一次漚透的液態肥，處在開花或花芽分化狀態的種類，還應加入適量的磷鉀肥。對處於休眠和半休眠狀態的花卉種類，則必須停止施肥。對多肉類植物，如玉樹、蟹爪蘭、豹皮花、景天類等，當氣溫達35℃以上時，也要停肥，以防造成根系腐爛。

陽臺盆花的施肥，應以在盆面上撒施多元緩釋復合肥顆粒為主，也可使用專門種類的花卉用肥。必要時可澆施或噴施0.3%的尿素或0.2%的磷酸二氫鉀液，以滿足植株對速效養分的需求。6月陽臺盆花施肥，一般以每半月一次為宜。

對在本月開花不斷的盆花種類，如月季、白蘭、珠蘭、米蘭、茉莉、紫薇、梔子等，要適當增加施肥的次數和數量，同時兼顧氮、磷、鉀的比例。

7月份　本月對四類花卉應加強施肥管理。一是花期特別長，可從春夏開到秋季的種類，如白蘭花、日香桂、四季桂、月季、米蘭、茉莉、扶桑、珠蘭等；二是秋季盛花的種類，如菊花、桂花、建蘭、木芙蓉、秋牡丹等；三是冬季觀花賞果種類，如玳玳、天竹、火棘、蠟梅、一品紅、比利時杜鵑、報歲蘭、大花蕙蘭、紅掌等；四是觀葉植物，如棕竹、龜背竹、春羽、橡皮樹、華灰莉木、蘭嶼肉桂、桃葉珊瑚、十大功勞、八角金盤等。對前三者，除應追施必需的氮肥外，還要追施適量的磷鉀肥，為

其孕蕾開花和掛果提供足夠的營養，施肥方法可以是澆施稀薄的液態肥，也可撒施多元緩釋復合肥顆粒。對觀葉植物則可澆施薄肥水或噴施0.3%的尿素液，為防止其葉片黃化，可在肥液中加入0.2%的硫酸亞鐵淺綠色粉末。對梅花、茶花、茶梅等正在進行花芽分化的種類，因其此時根系吸收能力受限制，可通過從葉面噴施0.2%磷酸二氫鉀液的方法，為其提供營養。

對一些盆栽草花種類，也應及時給予追肥，如一串紅、翠菊、千日紅、矮牽牛、金苞花、蝦衣花、萬壽菊、龍口花、竹節海棠等，可用多元緩釋復合肥顆粒。

對生長旺盛的觀葉植物，可於早晚搬到樓板上，噴施0.3%的尿素液或0.2%的磷酸二氫鉀液，也可在盆面上撒施多元緩釋復合肥顆粒。對處於休眠或半休眠狀態的盆栽觀賞植物，應停止施肥。對榔榆、雀梅、枸骨冬青、圓柏、鋪地柏、對節白蠟、水楊梅等樹樁盆景，可繼續施薄肥，但必須先鬆土、後施肥，並避開一天中的高溫時間段。

對白蘭、米蘭、石榴、珠蘭、茉莉、月季、玳玳、金橘、檸檬、佛手等，可繼續補充追施速效磷鉀肥。

4. 整形修剪

5月份　北方地區對剛移到室外的白蘭、米蘭、含笑、玳玳、山茶等，可修剪去枯死枝、瘦弱枝等，使其保持良好的株形；對盆栽的梅花、蠟梅、火棘、海棠等過旺的枝梢進行打頭，促進株形的良性發展；對開過花的月季、垂絲海棠、牡丹、刺桐、溲疏等進行縮枝修剪。

陽臺的空間範圍一般是非常有限的，小的只能擺放幾盆花，大的能擺放十幾盆或更多一些，即便是向三面擴張，除必須注意

安全因素外，在進行澆水、施肥、遮蔭管理時，也有諸多的不便，為此必須選擇單株體量不大、或可進行萌櫱更新，或能由修剪控制株形發展的觀賞植物種類。可行萌櫱更新的有蠟梅、紅楓、闊葉十大功勞、火棘、海棠、天竹、四季桂、山茶等，這類花木由截幹可促成植株矮化更新。由縮剪過長的枝條控制株形大小的有：白蘭、佛手、橡皮樹、含笑、梅花等。

還有一些種類，每開一次花後縮剪一次，可促使其再度開花，如四季石榴、月季、扶桑、米蘭等。

6 月份　對米蘭、茉莉、月季、紫薇、珠蘭等種類，其殘花敗梗要及時摘去，並對開過花的枝條作適度縮剪。對白蘭、玳玳、杜鵑、蠟梅、梅花、緬梔子、海棠等，為促使其形成良好的株形，使其當年或來年能多孕花、開好花，對那些生長過旺的枝條要予以摘心打頂，抑制其主、側梢的生長，促使其側芽的萌發。對福建茶、榕樹、火棘、六月雪、真柏、羅漢松等盆景植物，也可給予修剪或摘芽，以期培育出優美的造型。

對盆栽花木植株的亂形枝、徒長枝，要作適度修剪。對火棘、枸骨冬青、瓜子黃楊、柞木、對節白蠟、榔榆、雀梅、三角楓、榕樹、福建茶、六月雪等盆景植物種類，可每月摘心 1 次，促使其及早成型。

7 月份　對擱放於陽臺上的枸骨冬青、小葉女貞、雀梅、榔榆、柞木、對節白蠟、檵木、福建茶、金彈子、瓜子黃楊、三角楓、榕樹、六月雪等盆景植物種類，本月至少要修剪或摘心 1～2 次，對一些觀葉植物和其他盆栽花木，也要及時刪剪去枯黃枝葉，以保持良好的株形。

對一些生長旺盛、耐修剪的樹樁盆景種類，如柞木、福建茶、六月雪、榔榆、雀梅、對節白蠟、榕樹、三角楓、枸骨冬

青、鋪地柏、火棘、瓜子黃楊、水楊梅等，可繼續進行修剪和摘心。

5. 遮陽

5月份　宜將喜半陰或喜陰的盆栽植物搬放於蔭棚裡或樹蔭下，如龜背竹、棕竹、竹芋、春羽、綠巨人、紅（綠）寶石、綠帝王、黛粉葉、合果芋、蘭花、杜鵑、山茶、茶梅、鶴望蘭、珠蘭、君子蘭、球根海棠、竹節梅棠、天竹、吊蘭、腎蕨、散尾葵，花燭、椒草、綠蘿、波士頓蕨等。對喜光的花木，則必須給予充足的光照，如蘇鐵、石榴、月季、茉莉、蠟梅、火棘、闊葉十大功勞等。

進入5月以後，應根據陽臺上陽光的照射情況，對不同盆花擺放的位置，以其生態習性為依據作一些必要的調整，其中那些喜光且較耐乾旱的花木種類，可將其挪擺到陽臺的最前面，如黑松、榔榆、雀梅、錦松、鐵樹、石榴、水楊梅、蠟梅、月季、龍柏、圓柏、三角楓。對那些比較喜光的種類，可挪放到陽臺稍後的位置，如梅花、玳玳、火棘、五針松、海棠花、變葉木、白蘭、米蘭、山茶等。對那些喜陰的觀葉植物，可挪放到最內側的位置，如龜背竹、春羽、橡皮樹、蘭花、杜鵑、綠巨人、羅漢松、赤楠、君子蘭等。

到了5月底，當陽光過烈時，可在陽臺上搭架張掛遮陽網給予適當的遮陰。

6月份　對庭院中喜陰或喜半陰的盆栽花卉種類，必須將其搬放到遮光程度不同的蔭棚下，如文竹、山茶、茶梅、白蘭、杜鵑、珠蘭、鶴望蘭、紅掌、蘭花類、金錢樹、棕竹、橡皮樹、蕨類、合果芋、黛粉葉、竹芋類、綠蘿、椒草、君子蘭、綠巨人、

綠帝王、蒲葵、瑞香、一葉蘭、八角金盤、桃葉珊瑚等，都應注意遮光。對一些比較喜光的種類，如石榴、紫藤、茉莉、蘇鐵、桃花、梅花、蠟梅、米蘭、月季等，則必須給予充分的光照。對五針松、羅漢松、南天竹等則可適當略加遮陰。

> **花博士提示**
>
> 久雨初晴後的烈日相當兇猛，極易造成陽台花卉的葉面灼傷，可將一些觀葉植物先搬放到室內，以避開正午的烈日。

陽臺上的陽光相當強烈，對喜半陰的花卉種類，應將其擱放在陽臺內側，在條件許可的情況下，可支架鋪設遮陽網。但最好放置一些比較耐日曬和高溫的種類，如紫薇、石榴、榔榆、雀梅、三角楓、金雀、蠟梅、黑松、錦松、千頭赤松、龍柏、鐵樹、水楊梅、月季、枸骨冬青、柞木、龍舌蘭等。對龜背竹、綠帝王、鵝掌柴、竹節海棠、桃葉珊瑚、棕竹、君子蘭、袖珍椰子等，可於正午前後將其搬到室內。

7 月份　光照時間長、光線強烈，對盆栽觀賞植物應特別重視遮光管理。對喜光的種類，如石榴、凌霄、紫薇、蘇鐵、梅花、蠟梅、月季、米蘭等，可給予充足的光照。對喜陰或喜半陰的觀葉植物，如蕨類、龜背竹、山茶、含笑、杜鵑、珠蘭、鶴望蘭、蘭花類、棕竹、橡皮樹、紅（綠）寶石、綠蘿、黛粉葉、綠巨人、綠帝王、一葉蘭、巴西鐵、竹芋等必須將其擱放於蔭棚下。對喜半陰的盆景植物種類，如羅漢松、虎刺、觀音竹、赤楠、五針松等，可適當予以遮陰。對淺盆、小盆、微型盆景，可將其連盆一併埋入蔭棚下的沙床中。

有條件的大陽臺，可架設遮陽網擋光。無條件搭棚遮光時，對大部分觀葉、觀花植物，可於正午前後的 6～7 個小時搬於室

內，盆花搬到室內時，應擱放於室內光線充足處。對石榴、榔榆、三角楓、雀梅、龍柏、錦松、黑松、千頭赤松、蘇鐵、水楊梅等，可繼續給予全光照。對羅漢松、五針松、蠟梅、鶴望蘭、山茶等，給予光照可比觀葉植物稍多一些，但正午前後的5個小時，也應避開日曬。

6. 病蟲害防治

5 **月份**　對庭院中種養的盆栽月季、豐花月季、微型月季等，要注意防治白粉病和褐斑病；若發現有食葉性害蟲，應及時用90%的敵百蟲晶體1000倍液進行防治。對蕓香科的玳玳、金橘、佛手、檸檬等植株上出現的柑橘鳳蝶幼蟲，也應及時捕殺或用殺滅菊酯進行噴霧防治。

陽臺上種養盆花，進入5月份後紅蜘蛛發生比較嚴重，應及時用25%的倍樂霸（含三唑錫）可濕性粉劑1000～2000倍液，或5%的尼索朗乳油1000倍液進行噴霧防治。對植株上出現的蚧殼蟲，可用25%的撲虱靈（含噻嗪酮）可濕性粉劑1500倍液進行防治。

6 **月份**　由於雨水多，月季、垂絲海棠、貼梗海棠、木瓜等花木，易發生白粉病、褐斑病，要及早定期對易染病的花木種類噴灑波爾多液進行預防。對梅花、海棠類、碧桃、紅葉李等易遭受桃紅頸天牛危害的花木種類，要及時採用插毒簽的方法進行堵殺。對春蘭、建蘭、蕙蘭、大花蕙蘭等，為防止感染炭疽病、葉斑病等，應及早噴灑多菌靈等殺菌劑進行防治。對金橘、玳玳、佛手、花椒木、蕓香等易遭柑橘鳳蝶幼蟲危害的花木種類，要及時抹去葉片上的蟲卵，並殺死其幼蟲。

對孳生在白蘭，梅花、蠟梅、米蘭等新梢上的蚜蟲，要及時

噴藥防治。對火棘、山茶、茶梅、含笑、羅漢松、橡皮樹、玳玳、佛手、檸檬等植株上易發生的蚧殼蟲，包括日本龜蠟蚧、紅蠟蚧、盾蚧等，要及時抹去或噴藥殺滅。

花博士提示

有的花卉愛好者，使用透明膠帶黏去諸如山茶、橡皮樹、蘭花植株上的蚧殼蟲，方法簡便，可以一試。

有的花卉愛好者，使用透明膠帶黏去諸如山茶、橡皮樹、蘭花植株上的蚧殼蟲，方法簡便，可以一試。對陽臺盆花上最易發生的紅蜘蛛，應及時用25%的倍樂霸可濕性粉劑1500倍液噴殺。對易感染病害的月季、蘭花類，及時噴灑波爾多液、多菌靈、退菌特等農藥進行防治。

7月份　盆栽蘭花易感染炭疽病和褐斑病等，應及時噴布多菌靈、百菌清等殺菌劑進行防治。梅花、桃花、海棠類易發生桃紅頸天牛危害，應對蟲孔注射農藥或插堵毒簽進行防治。柏類盆景易遭紅蜘蛛危害，可用倍樂霸等農藥進行防治。對危害花木葉片的柑橘鳳蝶和綠刺蛾幼蟲等也要進行防治。

蘭花新芽在7月份展葉時，葉尖部分容易感染炭疽病，逐漸蔓延至全株，嚴重時會導致植株枯萎死亡。此病常年都有可能發生，通風不良、高溫高濕、連綿陰雨時，更有利於病菌的繁殖和傳播。應加強通風，並在發病初期噴灑75%的百菌清可濕性粉劑800倍液或滅菌丹500倍液，進行防治。

對陽臺花卉本月最易發生的紅蜘蛛危害，應及時噴灑25%的倍樂霸可濕性粉劑1500倍液進行防治。對盆景植株上易出現的粉蚧、絨蚧、紅蠟蚧、龜蠟蚧、糠片蚧、白盾蚧、球蚧等可繼續用40%的速撲殺1500倍液進行噴殺。

（三）盆景造型

5 月份 可進行造型的觀賞盆景植物種類有梅花、銀杏、六月雪、羅漢松、小葉梔子等，值得注意的是：造型時必須小心謹慎，盡量不要傷及枝幹皮骨，否則會影響植株的正常生長。

6 月份 能進行造型的植物種類，主要是一些適應性強、耐蟠紮的木本觀賞植物，且必須是早春上盆煉苗或地栽的植物，如羅漢松、迎春、胡頹子、華山松、翠柏、圓柏、枸骨冬青、枸杞、五針松、垂絲海棠、西府海棠、梅花、碧桃、三角楓、六月雪、黑松、瓜子黃楊、榔榆、檉柳、水楊梅、真柏、銀杏、雪柳、火棘等。

6 月造型必須小心仔細、輕蟠慢紮，切不可操之過急，用力過度。

7 月份 由於氣溫高，空氣濕度低，植物又處於生長旺盛期，枝條損傷後易感染病菌不易癒合恢復，大部分樹樁種類已不宜再作蟠紮造型。尚可進行造型的只有一些適應性強、耐蟠紮的植物種類，而且要求是經過春天上盆煉苗或地栽的植株，如迎春、銀杏、羅漢松、羅漢柏、翠柏、六月雪、黑松、瓜子黃楊、水楊梅等。

植株造型要小心仔細，輕蟠慢紮，緩緩用勁，不可急切操作，用力過猛，否則很容易導致植株枝、幹折斷，危及其成活。

秋季，大致為陽曆 8～10 月。其間中國農業節氣有：立秋、處暑、白露、秋分、寒露、霜降。

秋季的氣候特點是：8 月中伏期結束，我國大部分地區氣溫開始逐漸下降，降雨量少於梅雨季節，氣溫高，濕度小，屬高溫乾熱天氣。全國大部分地區月平均氣溫為 24～28℃間。

9 月時至白露時節，我國大部分地區漸漸轉涼，月平均氣溫在 20～24℃之間，濕度較低。

10 月氣溫繼續降低，月平均氣溫在 10～19℃之間，秋高氣爽。霜降以後，我國黃河流域一般開始出現初霜。

(一)花木繁殖

1. 播種繁殖

8 月份　可行播種繁殖的花卉有矮牽牛、金魚草、酢漿草、旱金蓮、蒲包花、仙客來、瓜葉菊、四季海棠、四季報春、彩葉草、金盞菊等。

9 月份　可行播種繁殖的花卉有蜀葵、石竹、矮雪輪、三色堇、金魚草、矮牽牛、花菱草、雛菊、黑心菊、鳶尾、美女櫻等。仙客來、報春花、金蓮花、瓜葉菊、四季海棠、扶郎花、蒲包花也可於此時播種，但要在溫室或塑料大棚中過冬。

10 月份　可行播種繁殖的花卉有蜀葵、虞美人、金魚草、石竹、三色堇、矮雪輪等，在溫室或大棚內播種的花卉有金蓮花、大岩桐、矮牽牛、瓜葉菊、四季報春、非洲菊、蒲包花等。

2. 扦插繁殖

8月份　採用淋去鹼性的礱糠灰與濕細沙按 2：1 比例配製的混合基質，進行保濕盆插。可繁殖下列花木種類：含笑、葉子花、米蘭、灑金桃葉珊瑚、扶桑、茉莉、珠蘭、橡皮樹、朱蕉等。以黃心土、沙壤等為基質，可扦插繁殖石榴、六月雪、紫薇、梔子花等。此外，一串紅、千日紅、萬壽菊、硫磺菊等草花也可於本月扦插。

可在陽臺上用大口徑花盆，加蓋塑料薄膜，保溫扦插一些觀賞植物，扦插基質可用礱糠灰與細沙以 2：1 的比例混合，也可單獨用蛭石。可行扦插的觀賞植物種類有：鵝掌柴、灑金桃葉珊瑚、竹節海棠、梔子花、金苞花、珊瑚花、銀毛丹、華灰莉木、日香桂、珠蘭、朱蕉、茉莉、廣東萬年青、銀後亮絲草、山茶花、茶梅、含笑等，正午前後的 5～6 小時，應將其搬放到室內。在室內還可水插一些觀賞植物，但必須經常換水，種類如：月季、梔子、茉莉、珠蘭、鵝掌柴、桃葉珊瑚、無花果、朱蕉、緬梔子、天竺葵、廣東萬年青、倒掛金鐘等。

9月份　採用半沙半礱糠灰作扦插基質，可於庭院中保濕扦插繁殖的花木種類有：含笑、葉子花、灑金桃葉珊瑚、吊鐘海棠、鴛鴦茉莉、茉莉、珠蘭、金脈爵床、珊瑚花、橡皮樹、朱蕉等。採用一般的沙土作苗床，可扦插繁殖的木本花卉有：紫玉蘭、金絲桃、繡線菊、石榴、紫薇、八仙花、梔子花、八角金盤、貼梗海棠等。還可扦插一些草花，如一串紅、千日紅、萬壽菊、硫磺菊、寒菊等。

在陽臺上可繼續用大口徑的花盆作容器，內裝礱糠灰與濕沙各占 1／2 的混合基質，加蒙塑料薄膜保濕，可扦插繁殖一些觀

賞植物，如梔子花、朱蕉、灑金桃葉珊瑚、鵝掌柴、日香桂、四季桂、山茶、茶梅、珠蘭、茉莉、紅背桂、珊瑚花、金苞花、含笑、銀後亮絲草等。還可在室內水插鵝掌柴、月季、梔子、無花果、廣東萬年青等。

10 月份　可行扦插繁殖的木本花卉種類有：紅背桂、鵝掌柴、夜來香、五色梅、佛手、龍吐珠、朱蕉、含笑、扶桑、葉子花、茉莉、珠蘭、四季桂、梔子花等。扦插基質可用一般的沙壤或黃心土，也可用半沙半礱糠灰的混合物，採用全封閉保濕扦插。另外，霜降到來時部分南方花木扦插，要注意做好防寒工作。

可行扦插的草花種類有：一串紅、千日紅、萬壽菊、四季海棠、竹節海棠、吊竹梅、黃金葛、冷水花、珊瑚花、金苞花、蝦衣花、金脈爵床、寒菊等。可行扦插的肉質花卉有：玉樹、蓮花掌、令箭荷花、曇花、馬齒莧樹等。

10 月上旬，可繼續在陽臺上以廣口大花盆作扦插容器，內裝礱糠灰與濕沙各占 1／2 的混合扦插基質，也可單獨用蛭石作扦插基質，蒙罩塑料薄膜保濕，扦插繁殖少量觀賞植物，如梔子花、橡皮樹、含笑、茉莉、珠蘭、廣東萬年青、珊瑚花、金苞花、蝦衣花、扶桑、佛手、銀後亮絲草、黃金葛、天竺葵等。

3. 嫁接繁殖

8 月份　可進行下列花木的嫁接：北方地區以流蘇為砧木，靠接桂花；以紫玉蘭、白玉蘭為砧木，芽接繁殖二喬玉蘭；以盆栽紫玉蘭為砧木，靠接白蘭花；以毛桃的當年實生苗為砧木，芽接梅花、碧桃、壽桃、紫葉桃、重瓣鬱李、榆葉梅等；以櫻桃實生苗為砧木，芽接日本櫻花；以野薔薇、粉團薔薇等為砧木，芽

接優良品種月季；以山荊子、花紅、湖北海棠等實生苗為砧木，芽接西府海棠、垂絲海棠；以青楓為砧木，換冠嫁接紅楓、羽毛楓；以單幹小葉榕為砧木，枝接花葉垂榕；以單瓣茶花為砧木，枝接優良品種山茶紅；以實生蠟梅為砧木，枝接、靠接優良品種蠟梅花。

此外，還可用劈接法繁殖大花紫藤。

9 月份 可進行下列花木的嫁接繁殖：以芍藥根段為砧木，嫁接優良品種的牡丹；以毛桃、杏等實生苗為砧木，芽接繁殖榆葉梅、碧桃、壽桃、紅葉桃、梅花等；以青楓實生苗為砧木，套袋保濕枝接紅楓、羽毛楓等；以白玉蘭實生苗為砧木，芽接優良品種白玉蘭、二喬玉蘭；以盆栽紫玉蘭為砧木，靠接白蘭花；以柑橘實生苗為砧木，芽接金橘等；以流蘇為砧木，靠接桂花；以盆栽實生蠟梅為砧木，靠接優良品種蠟梅。

10 月份 以一二年生的黑松實生苗為砧木，套袋保濕嫁接五針松（含大阪松）、錦松；以芍藥根為砧木，嫁接優良品種的牡丹；以一年生的雞爪槭實生苗為砧木，套袋保濕嫁接紅楓、羽毛楓等；以一年生的白玉蘭實生苗為砧木，芽接優良品種的白玉蘭、二喬玉蘭、紅花木蘭等；以三棱箭為砧木，嫁接各種仙人球類；以一年生柑橘實生苗為砧木，芽接金橘。

4. 壓條繁殖

8 月份 可行壓條繁殖的觀賞植物有：金銀花、凌霄、木香、藤本月季、梔子花、金雀花、迎春、金鐘、貼梗海棠、垂絲海棠、西府海棠、桂花類、紫玉蘭、茉莉、珠蘭、含笑、扶桑、羅漢松、珊瑚樹、橡皮樹（高壓）、米蘭（高壓）、紅楓（高壓）等。

9 月份　可行壓條繁殖的觀賞花木種類有：貼梗海棠、錦帶花、八仙花、梔子花、夾竹桃、迎春、金鐘、桂花、紫玉蘭、茉莉、含笑、山茶花、珠蘭等。

10 月份　可行低壓繁殖的花木種類有：山茶、梅花、八仙花、貼梗海棠、八月桂、紫玉蘭、梔子花、金絲桃、法國冬青、迎春、金鐘、含笑、噴雪花、紅花繡線菊等。

5. 分株繁殖

8 月份　可行分株繁殖的觀賞植物種類有：廣東萬年青、荷蘭菊、細葉菖蒲、腎蕨、銀後亮絲草、竹芋類、合果芋、十二卷等。

此外，石蒜、馬蹄蓮、小蒼蘭等，也可於本月分栽小球。

9 月份　可行分株的觀賞植物種類有：春蘭、蕙蘭、建蘭、芍藥、牡丹、廣東萬年青、紫三角葉酢漿草、金光菊、虎尾蘭、小天使、多頭綠帝王、銀後亮絲草、腎蕨、銀紋沿階草、一葉蘭、大葉麥冬等。

此外，風信子、鬱金香、小蒼蘭、馬蹄蓮、石蒜、地中海藍鐘花等也可於此時分栽子球，用於培養花大球。

10 月份　可行分株的木本花卉種類有：牡丹、貼梗海棠、鐵樹等。可行分株的草花種類有：芍藥、玉簪、春蘭、紫萼、鶴望蘭、蕙蘭、建蘭、花毛茛、金光菊、鳶尾、射干、鈴蘭、廣東萬年青、銀後亮絲草、紫三角葉酢漿草、多頭綠帝王、腎蕨、一葉蘭等。可行分球的花卉種類則有：馬蹄蓮、朱頂紅、小蒼蘭、石蒜、鬱金香、地中海藍鐘花等。

(二)花木管理

1.澆　水

8月份　應在上午9～10點之間，下午在4點以後澆水，保持水溫與土溫、氣溫的基本一致。對那些喜酸性的觀賞植物種類，可以澆灌用水中加入0.1%的硫酸亞鐵粉末。本月在給盆栽植物澆水、噴水的同時，一定要注意鬆土，可每隔10天1次，否則會因反覆澆水而導致盆土板結。

對處於休眠和半休眠狀態的花卉種類，要控制澆水和噴水，以維持盆土稍微濕潤為度，可利用給花盆周圍小環境噴水的方法，為其創造一個相對涼潤的環境。

陽臺盆花的澆水和噴水，要小心謹慎。一是忌水溫與土溫、氣溫相差太大；二是要注意澆水、噴水的時間，可於上午10點前、下午4點後進行；三是在澆水的同時，不能忽略給盆栽植物鬆土；四是澆灌用水最好放入少量的硫酸亞鐵粉末，以滿足大部分觀賞植物喜偏酸性土壤環境的需要。若陽臺較寬敞，可用磚塊砌一簡易沙池，內放10公分厚的濕沙，然後將一些比較喜濕潤的盆栽花卉擱放於濕沙上，如龜背竹、一葉蘭、小天使、山茶、茶梅、合果芋、春

花博士提示

對葉面上長有密集絨毛的觀賞植物，如蒲包花、大岩桐、鐵十字海棠、毛葉海棠及非洲紫羅蘭、銀毛丹等，葉面落上水珠後不易蒸發，易導致葉片腐爛，只可行少量噴霧或進行澆水；扶郎花（非洲菊）的葉叢花芽、君子蘭的葉叢中心也不能淋水，髒水流入葉叢中會造成爛心；對鳳梨類必須少澆水、多噴水，給葉筒內注水，方可滿足其正常生長的需要。

蘭、建蘭、鳳梨類、紅（綠）寶石、珠蘭等，平時以噴水代澆水，對其安全越夏非常有利。對大花惠蘭、虎頭蘭、文心蘭、卡特蘭、倒掛金鐘、石斛蘭、水晶花燭、黑葉觀音蓮等，可將其搬至有空調的室內，以噴水代澆水，確保其能正常過夏。

花博士提示

對鳳梨類觀葉植物，除必須保持盆土濕潤外，其葉叢筒中，也要經常注滿水，這樣會有利於鳳梨類植物的生長，因為該類植物根系並不發達，吸收水分不很多，而葉筒貯水可以起到供給植株水分、增加局部空間濕度的作用。

對擺放在陽臺上比較耐高溫的花卉種類，如月季、米蘭、茉莉、石榴、三角梅、榔榆、雀梅、瓜子黃楊、三角楓、黑楓、錦松、紫藤、福建茶、水楊梅、龍舌蘭、蘇鐵等，每天可澆 1～2 次水，噴 1～2 次水。

9 月份　光照較強，氣溫較高，且空氣相當乾燥，盆花的澆水管理不可疏忽。澆水次數，對一般喜濕觀葉植物，上半月可上午和下午各澆或噴一次水，下半月改為澆 1 次水，並適當給予葉面噴水。對大多數盆栽花卉和盆景，可每天澆水 1 次，同時輔以葉面噴水。澆水時間在上午 10 點以前，下午 3 點以後。對喜酸性環境的觀賞植物種類，可以在澆灌用水中加入少量 0.1%的淺綠色硫酸亞鐵粉末。

對入秋後恢復生長的夏季休眠或半休眠的花卉種類，可逐漸增加澆水（或噴水）的數量和次數。在給盆栽植物澆水的同時，應每隔半月給植株鬆土 1 次。

對一些較喜濕潤的觀賞植物，如春蘭、建蘭、莵蘭、龜背竹、一葉蘭、山茶花、茶梅、小天使、珠蘭、鳳梨等，可擱放於架在陽臺水池或水缸上的木板條上，也可擱放於自砌的簡易沙池

中，平常以噴水代澆水。對擱放於室內的盆栽觀葉植物，也應多噴水，少澆水，以保持盆土疏鬆濕潤為宜；特別是在空調室內，每天至少要噴 1～2 次水，否則即便是比較耐乾旱的五針松盆景，在 5～7 天不澆水、不噴水的情況下，也會因失水而枯死。

對擱放於陽臺上抗性較強的盆栽觀賞植物，可繼續每天澆 1 次水、噴 1～2 次水，也可採用浸盆法，以防盆土上濕下乾現象的發生。

澆水時間仍然要避開正午前後的 2～3 個小時，注意水溫與土溫、氣溫不要相差太大，並在澆灌用水中加入少量的淺綠色硫酸亞鐵粉末，避免植株出現生理性黃化。

10 月份　儘管天氣已經轉涼，但淮河以南大部分地區，氣溫仍在 17℃以上，並且空氣相當乾燥，盆花澆水管理必須認真仔細。對一些喜濕潤的觀葉植物，如橡皮樹、一葉蘭、龜背竹、綠蘿、合果芋、華灰莉木、蘭嶼肉桂、綠巨人、紅寶石等，晴天宜每日澆水 1 次，並輔以葉面噴水；對入秋後恢復生長的夏眠花卉，包括半休眠種類，如馬蹄蓮、仙客來、君子蘭、馬齒莧樹、瑞香、天竺葵、吊鐘海棠等，需增加澆水量。

對冬季及早春開花的蠟梅、梅花、山茶等，則應控制澆水，多噴水，以利於其花苞的膨大。

北方地區對比較畏寒的花卉種類，要減少澆水，可加速其新梢的木質化，以利於其安全過冬。澆水時間以上午 10 點或下午 3 點為好。

對一些喜歡涼爽濕潤又稍耐寒的觀葉植物種類，可每天澆水或噴水 1 次，如橡皮樹、龜背竹、春羽、腎蕨、一葉蘭、鐵樹、南洋杉、巴西鐵、發財樹、蒲葵、花葉榕等，時間以上午 10 時或下午 3 時為宜。

對那些不耐寒冷的觀葉植物種類，如綠蘿、深羽裂蔓綠絨、綠巨人、紅（綠）寶石、竹芋、合果芋、黛粉葉、變葉木等，則應控制澆水，改澆水為噴水，以維持盆土濕潤為度。

對那些不太畏寒的盆栽花卉種類，如山茶、杜鵑、茶梅、蠟梅、梅花等，可每隔1～2天澆水1次，以維持盆土濕潤為度，同時適當給予樹冠噴水，為其創造一個有利於花芽生長的環境。

對那些比較畏寒的盆栽花木種類，如白蘭、米蘭、珠蘭、墨蘭、茉莉、二色茉莉、雞蛋花、龍吐珠、金苞花、珊瑚花、蝦衣花等，則應控制澆水，無論是澆水還是噴水，都必須以保持盆土濕潤為度，切忌供水過多，影響新梢的木質化，使其不能安全越冬。

對大部分觀果花卉，如金橘、玳玳、佛手、香圓、金豆、金彈子、檸檬、吉慶果、虎舌紅、朱砂根等，則可多噴水、少澆水，維持盆土濕潤為宜。

對10月份用於裝點街頭的盆栽草花，如一串紅、千日紅、翠菊、菊花、百日草、孔雀草、萬壽菊、地膚、龍口花、紅綠草等，則可每天澆水1次，並適當給予噴水，以保持其枝葉不出現萎蔫狀態為度。

對擺放於陽臺上的木本觀賞植物，如蘇鐵、榕樹、橡皮樹、鵝掌柴、巴西木、發財樹、米蘭、白蘭、茉莉等，可每天澆水1次，同時輔以葉面噴水；對已孕好花苞，將在冬季及早春開花的種類，如蠟梅、梅花、山茶、茶梅、比利時杜鵑等，澆水不宜過多，同時給枝葉噴水，可有效促進其花苞的膨大。

對擱放於室內的盆栽觀葉植物，如龜背竹、春羽、小天使、一葉蘭、朱蕉、鳥巢蕨、紅掌、金錢樹、竹芋類、綠蘿等，都應以噴水為主、澆水為輔，以保持盆土不乾為宜。

2. 施　肥

8月份　對觀葉植物，可追施低濃度的液態肥，種類如尿素液、花卉專用肥或餅肥水。對花期長的種類以及觀果類植物，除保證氮素供應外，還應追施適量的速效磷鉀肥，種類如磷酸二氫鉀等。對秋季開花的盆栽草花，如一串紅、千日紅、早菊、萬壽菊、孔雀草、龍口花、翠菊、菊花、袖珍向日葵等，可每半月追施一次稀薄液肥，確保入秋後葉茂花繁。對處於花芽分化中的花木種類，如山茶、茶梅、蠟梅、梅花、桂花、杜鵑等，應給葉面追施低濃度的磷鉀肥。

在給觀賞植物追施有機肥時，切不可將肥液滴在葉片上，以免引起葉部病害。也可於施肥後及時給葉面噴水一次，沖洗去可能黏附於葉片上的肥滴。對處於休眠和半休眠狀態的觀賞植物種類，如君子蘭、四季海棠、馬蹄蓮、仙客來、瑞香、蘆薈、長壽花、馬齒莧樹、蟹爪蘭、景天類、紫三角葉酢漿草、仙人掌類、仙人球類等，要停止一切形式的追肥，否則很容易導致植物爛根或死亡。

對處於休眠和半休眠狀態的陽臺盆栽植物要停止施肥。對生長旺盛的觀葉植物，可噴施或澆施 0.3%的尿素液，也可於盆面上撒施多元復合肥顆粒。對以觀花賞果為主的花木，如白蘭、米蘭、石榴、紫薇、茉莉、玳玳、火棘、佛手、金橘等，要持續追施速效磷鉀肥。對榔榆、雀梅、枸骨冬青、羅漢松、福建茶、三角楓、水楊梅、瓜子黃楊等，每修剪一次後，可追施一次薄肥。

9月份　正是大部分花卉旺盛生長的時期，一些夏季處於休眠和半休眠狀態的花卉種類，隨著氣溫的逐漸轉涼，也開始恢復了生長，本月應高度重視施肥管理。對觀葉類植物，仍然以低濃

度的淡肥液為主，如0.3%的尿素液等。

對花期特長或秋季為盛花期的花木種類如月季、三角梅、五色梅、石榴、紫薇、米蘭、白蘭、茉莉、四季桂、日香桂、桂花等，觀果植物如玳玳、南天竹、朱砂根、火棘、木瓜、金彈子、紫珠、果石榴等，彩葉植物如變葉木、灑金桃葉珊瑚、鳳梨類、花葉榕、金邊巴西木、朱蕉、彩葉草等，應追施氮、磷、鉀均衡的肥料種類。對恢復生長中的吊鐘海棠、天竺葵、馬蹄蓮、仙客來、四季海棠、瑞香、蟹爪蘭、景天類、馬齒莧樹（玉葉）、紫三角葉酢漿草、君子蘭、令箭荷花等，可恢復澆施低濃度的液態肥。對已完成花芽分化進入花芽膨大階段的花卉，如山茶、茶梅、蠟梅、梅花、含笑、杜鵑等，可追施低濃度的營養均衡的肥料種類。對盆栽草花，如一串紅、萬壽菊、菊花、翠菊、大麗花、袖珍向日葵等，可每隔10天追施一次薄肥，以滿足其孕蕾和下月開花的需要。

對從休眠或半休眠狀態中逐漸恢復生長的陽臺花，也要適當澆施低濃度的液態肥；對生長旺盛的盆栽椿頭，可以每次摘心修剪後澆施一次稀薄液肥；對以觀花賞果為主的盆栽花木，如白蘭、月季、石榴、紫薇、茉莉、珠蘭、玳玳、火棘、佛手、金橘等，要繼續追施速效磷鉀肥；對已完成花芽分化、花蕾正在長大的盆栽花卉，如山茶、茶梅、蠟梅、梅花、桂花、菊花等，可根據種類的不同，酌施適量的速效磷鉀肥或氮、磷、鉀均衡的多元復合肥。在陽臺上給花木追肥的種類，不要帶有異味，特別是不能有惡臭味，澆施時注意不要濺落到樓下，小心操作。

10 月份　對秋涼後恢復生長的夏眠花卉，要及時追施低濃度的速效液態肥；對冬季或早春開花的山茶、梅花、蠟梅、瓜葉菊、報春花、君子蘭、仙客來、墨蘭、比利時杜鵑、紅口水仙

等，應繼續追施 0.2%磷酸二氫鉀和 0.1%尿素的混合液；對大部分觀葉植物，到了 10 月中旬以後，要停施氮肥，適當追施一些低濃度的鉀肥，借以增加植株的抗寒性；對觀果類盆栽，如玳玳、檸檬、金橘、南天竹、冬珊瑚、富貴籽、金彈子等，10 月上中旬可少量追施磷鉀肥。

對一些冬季或早春開花的盆栽、地栽花卉，如山茶、茶梅、蠟梅、梅花、杜鵑、報歲蘭等，要適當追施氮、磷、鉀三要素均衡的復合肥；對那些比較畏寒的花卉種類，如白蘭、米蘭、茉莉、珠蘭、黃蘭、扶桑、吊鐘海棠、龍吐珠等，要停施氮肥，追施適量的磷鉀肥，以增加植株的抗寒性。

對絕大部分觀葉植物，到了 10 月中旬以後，要停施氮肥，適當追施磷鉀肥，增加植株的抗寒性，以利於其安全越冬。對那些比較畏寒的觀葉植物種類，如變葉木、黛粉葉、紅（綠）寶石、合果芋、竹芋等，從 10 月初就要停施氮肥，改施少量磷、鉀肥，確保其能安全越冬。

對觀果類的玳玳、佛手、檸檬、金橘、四季橘、冬珊瑚、富貴籽、金彈子、南天竹等，10 月上中旬仍可適當追施磷鉀肥。

對陳列於街頭綠地上的盆栽草花，如一串紅、菊花、龍口花、千日紅、萬壽菊、孔雀草等，則可給葉面噴施少量的磷鉀肥，以維持植株在較長的時間內開花不斷。

對有較好保溫設施的溫室花卉，在霜降時移入室內，並能保持 15℃左右的室溫，對這些盆花可繼續給予施肥，使一部分盆花種類能繼續開花，或者使觀葉植物能繼續保持生長。觀花類如馬蹄蓮、仙客來、瑞香、四季海棠、竹節海棠、比利時杜鵑、龍吐珠，雞蛋花、金苞花、蝦衣花、珊瑚花、墨蘭等；觀葉類如綠巨人、綠帝王、銀皇后、變葉木、黛粉葉等。

對從休眠和半休眠狀態中恢復生長的盆花種類，如君子蘭、仙客來、馬蹄蓮，以及大花蕙蘭、鳳梨、報歲蘭等，可澆施0.2%的磷酸二氫鉀和0.1%的尿素混合液；對以觀果為主的種類，可繼續澆施少量低濃度的速效磷鉀肥；對米蘭、白蘭、珠蘭、茉莉等，可於10月上旬追施1～2次稀薄的磷鉀肥，以利其順利過冬。

3. 遮　光

8月份　暑氣猶濃，對庭院盆栽花卉的遮蔭管理仍十分重要。對那些半陰的觀賞植物種類，可繼續給予搭棚遮陰，上午9時拉上遮陽網，下午4點以後再撤去。如果盆花數量不多，也可於正午前後的6～7個小時，將其搬放到室內。如有條件，也還可將其搬放到大樹濃蔭下，待到9月中旬再從樹蔭下搬出來。

對擱放於陽臺上接受全光照的盆栽植物，特別是淺盆樁景，如五針松、羅漢松、圓柏、福建茶、梅花、三角楓等，可在盆面上加覆軟草、苔蘚或濕布，既可保濕降溫，又能保護植株分布於表土層中的營養鬚根不受傷害。如果陽臺上比較寬敞，可用遮陽網擋光。如果陽臺上盆栽花木不多且比較珍貴，最好於正午前後的5～6個小時，將其搬放於室內。

9月份　氣溫較高，陽光尚烈，對庭院盆栽花卉的遮陰管理仍不能放鬆。對那些喜陰涼的觀葉植物種類，利用遮陰，每天給予5～6個小時的光照；對喜光的種類，如三角楓、榔榆、福建茶、銀杏、黑松、側柏（檜）、圓柏、紫薇、南洋杉、紫藤、米蘭、茉莉、火棘、月季、對節白蠟等，可給予全光照；對喜半陰的種類，如羅漢松、五針松、虎刺、赤楠、曇花、南天竹、玉樹、杜鵑類、山茶、茶梅、佛手、玳玳、金橘等，可於正午前後

給予適當的遮陰。

對新移栽上盆的秋季草花，也應適當予以遮陰，以防植株發生萎蔫，影響其恢復生長。

對擱放於陽臺上接受全光照的樹樁盆景及盆花，為了減少澆水量、防止土壤板結、保護好分布於盆土表層中的營養鬚根，可繼續在盆面上加蓋濕草、苔蘚、濕布等；盆花數量不多時，可在正午前後的 5～6 個小時，將其搬放到室內；如果盆花較多，且條件具備，可繼續立支架拉上遮陽網擋光。

10 月份　對一些非常喜陰的觀葉植物種類，如黛粉葉、龜背竹、竹芋類、合果芋、綠寶石、波士頓蕨、椒草類等，在正午前後 2～3 個小時，仍需遮光。

10 月上中旬，對擱放於陽臺上接受全光照的樹樁盆景及盆花，為了減少澆水量，保護好分布於盆土表面的那些營養鬚根，防止盆土板結，可繼續在盆土表面加蓋濕草、苔蘚、濕布等，特別是淺盆樹樁盆景，更應引起重視。

對一些喜陰的觀葉植物，晴好天氣正午前後的 3～4 個小時，可將其搬放到室內。夏季搭建的遮陽網，10 月中旬以後可撤去。

4. 修　剪

8 月份　對那些生長旺盛、耐修剪、易萌發的樹樁盆景繼續給予摘心或修剪，如榔榆、雀梅、福建茶、榕樹、對節白蠟、水楊梅、瓜子黃楊等。對月季、花石榴、米蘭等，每一輪花謝後，要進行縮剪。盆栽菊花，要做好剝芽和除蕾工作。

對擱放於陽臺上的大部分樹樁盆景，如榔榆、雀梅、六月雪、對節白蠟、三角楓、榕樹、福建茶、圓柏、小葉女貞、瓜子

黃楊、火棘等，仍需進行摘心或修剪。對其他盆栽觀賞植物上的殘花敗梗、枯枝黃葉，也應及時剪去。

9月份 對盆栽菊花，要繼續做好剝芽和除蕾工作；對月季、花石榴、米蘭、茉莉、珠蘭、三角梅、五色梅、金苞花、珊瑚花等，每次花後要進行修剪；對那些耐修剪、易萌發、生長旺盛的樹樁盆景種類，如榔榆、雀梅、三角楓、福建茶、榕樹、赤楠、小葉女貞、水楊梅、瓜子黃楊、側柏（檜）、真柏、對節白蠟、檉柳等，要繼續給予修剪或摘芽。另外，發財樹苗子，可實施編紮「辮子」並上盆。

對擱放於陽臺上的樹樁盆景，如榔榆、雀梅、水楊梅、瓜子黃楊、三角楓、榕樹、福建茶、側柏（檜）、圓柏、鋪地柏、小葉女貞、對節白蠟等，仍需進行摘心或修剪。對其他盆栽花木的枯枝黃葉、殘花敗梗，也應及時剪除。

10月份 對大部分冬天必須移入室內的盆景、盆花，在10月中下旬，應將其枯枝敗葉、病蟲枝、瘦弱枝等先行剪去；對徒長枝，要進行強度縮剪；對已造型1～2年的綁紮物，可解去，或在解開後再重新綁紮，以防長時間在固定位置上勒捆，傷及枝條的形成層，造成枝葉枯死。

10月中下旬對擱放於陽臺上的樹樁盆景，如榔榆、雀梅、三角楓、榕樹、福建茶、側柏（檜）、羅漢松、圓柏、龍柏、對節白蠟等，須進行必要的修剪整形。對已捆紮了一年多時間的金屬絲或非金屬絲，可先行解開，如尚未達到造型要求，可重新換一個捆紮部位再做蟠紮固定，可避免過深的縊縮痕對植株造成嚴重的傷害。

對一般的盆栽花木，如月季、蠟梅、梅花、貼梗海棠、垂絲海棠等，也可進行適當的修剪。

5. 採收種子

8 月份 可採收種子的草花種類有：麥稈菊、蔦蘿、半枝蓮、紫茉莉、高山積雪、天人菊、福祿考、蛇目菊、香豌豆、花菱草、松葉菊等；宿根草本花卉芍藥的種子約於 8～9 月間成熟，成熟時果實開裂，露出黑色圓球形種子，可隨採隨播，或將採收的種粒用濕沙貯藏至發芽後再行播種。

可採收種子的木本花卉種類有：牡丹、石榴、榆葉梅、紅花油茶等。

9 月份 可行採種收藏的草花種類有：萬壽菊、百日草、翠菊、鳳仙花、蔦蘿、雞冠花、紫茉莉、含羞草、長春花、波斯菊、麥稈菊。此外，芍藥種子也於 9 月份成熟，可隨採隨播。

可行採收種子的木本觀賞植物主要為木蘭科花木，其他還有七葉樹、枸骨冬青、紫薇丁香、海棠、紫荊等也可以採收種子。木蘭類、冬青、海棠、紅豆杉等種子，應採用濕沙層積法貯藏，沙的含水量可控制在手握之成團、鬆開即散為度；七葉樹種子則應隨採隨播，且播種時必須做到種臍朝下，以利幼苗出土。

10 月份 可採收種子的草花有：一串紅、雞冠花、百日草、千日紅、含羞草、波斯菊、太陽花、高山積雪、麥稈菊、小麗花、地膚、長春花、鳳仙花、紫茉莉、萬壽菊、孔雀草等。

10 月份採種，並可用乾藏法貯藏的花木種類有：喜樹、紫薇、馬褂木、五角楓、青楓、紅楓、金錢松、紫藤、麻葉繡球、紫荊、欒樹、重陽木、十大功勞、木芙蓉、楓香、合歡等。

10 月份採種，但必須用濕沙貯藏種子的花木種類有：海桐、羅漢松、竹柏、胡頹子、七葉樹、紫玉蘭、玉蘭、木蓮、廣玉蘭、山玉蘭、黃山木蘭、天目木蘭、黃蘭、金葉含笑、深山含笑、紅花木蓮、闊瓣含笑、棕竹、瓊花、天目瓊花、紅果莢蒾、法國冬青、垂絲海棠、木瓜、珙桐、火棘、四照花、燈臺樹、蘇鐵、紅豆杉、紫樹、紅花油茶等。

此外，待植株地上部分枯萎後，可行沙藏地下根莖的花卉種類還有：美人蕉、大花美人蕉、大麗花等。

6. 移栽定植

8 月份　一般不進行樹木移栽。對小灌木類，如小葉女貞、金邊千頭側柏、龍柏、蜀檜、紅葉小檗、金葉女貞、黃楊球、金絲桃、撒金桃葉珊瑚、法國冬青等，可在進行強度縮剪後帶較大的土球進行移栽，但必須在移栽後給予精細的澆水、噴水和遮蔭管理，待其恢復生機後方可改用一般的方法進行管理，否則很容易導致所移栽花灌木死亡。

裝點國慶節期間的花壇或街頭綠地，可用盆栽萬壽菊、孔雀草、一串紅、千日紅、地膚、雞冠花等脫盆後移栽定植；或從扦插苗床上，帶宿土移植小苗於街頭綠地，同時加強移栽後的水肥管理，方可確保其能於國慶節期間及時開花。

9 月份　為了有充足的盆栽草花於國慶節期間裝點城鎮街道，可於 9 月初大量上盆萬壽菊、孔雀草、早菊、千日紅、龍口花、一串紅、雞冠花等。街頭綠地直接定植一年生草花，也必須於 9 月上旬前完成，種類如萬壽菊、孔雀草、千日紅、一串紅、雞冠花、硫磺菊、美人蕉、龍口花、地膚、翠菊、小麗花等。

10 月份　可行盆栽或直接定植花壇的草花種類有：蜀葵、錦葵、石竹、福祿考、毛地黃、矢車菊、美女櫻、雛菊、羽衣甘藍、三色堇、金盞菊、金魚草。在北方地區應注意防寒。

可行上盆或地栽的球根花卉種類有：水仙、紅口水仙、風信子、鬱金香等。除水仙外，紅口水仙、風信子、鬱金香等，可每盆栽種 3 至 5 個種球，加強溫度調控和水肥管理，可望在春節前後開花。水仙則可用淺盆蓄水種養。

7. 防　寒

北方地區在 10 月中下旬，可將一些不耐 10℃以下低溫的觀賞植物種類，及時移入大棚內；對一些比較耐寒的木本盆栽花卉或樹樁盆景，可於月底將其埋栽於背風向陽的土壤中，以防盆土結冰。長江流域地區應準確掌握天氣變化信息，避開南下寒潮的威脅。

8. 病蟲害防治

8 月份　要對蚧殼蟲、柑橘鳳蝶幼蟲、月季葉蜂、桃紅頸天牛等害蟲進行防治。重視對蘭花葉部病害的預防，包括炭疽病、灰霉病、葉枯病等。重視對菊花蚜蟲、潛葉蛾、尺蠖等的防治。

陽臺上最容易出現紅蜘蛛危害，應及時用 25%的倍樂霸可濕性粉劑 1500 倍液噴殺。對花木上出現的少量蚧殼蟲，可用黏貼透明膠帶的方法進行清除。對菊花上經常出現的蚜蟲，宜用 40%的樂果乳油 1000 倍液進行噴殺。

9 月份　對盆栽梅花、海棠、壽桃、碧桃等植株上出現的桃紅頸天牛，可給予插毒簽堵殺，也可利用埋施呋喃丹顆粒進行防治。對盆栽花木上出現的日本龜蠟蚧、吹棉蚧、盾蚧、絨蚧等，可採用 40%的速撲殺 1500 倍液進行防治。

陽臺上氣溫高、空氣乾燥，盆栽花木最易發生紅蜘蛛危害，可用 25%的倍樂霸可濕性粉劑 1500 倍液進行噴殺；對龍柏、圓柏、刺柏盆景上出現的雙條杉天牛、梅花、海棠、木瓜、壽桃等

花木上出現的桃紅頸天牛，可繼續插毒簽或埋施呋喃丹進行防治；對危害山茶、火棘、紫薇、蠟梅等花木的多種蚧殼蟲，數量較少時可人工抹去，數量較多時，可噴灑 40%的速撲殺 1500 倍液進行防治。

10 月份　剪去盆栽花木上的枯枝落葉，統一收集後燒毀。對盆栽菊花，應防治蚜蟲、菊虎、潛葉蛾幼蟲、尺蠖等害蟲。

菊花上發生的蚜蟲、菊虎，潛葉蛾幼蟲、尺蠖等，開花前可用 2.5%的敵殺死 1500 倍液噴殺；開花期間可每盆埋施鐵滅克 40～50 粒，效果很好。

10 月下旬，對陽臺上所有盆花的枯枝落葉可收集後一併燒毀。對主幹木質部有部分呈裸露狀態的樹樁盆景，可用石硫合劑塗抹樹幹，既可保護樹幹的木質部，也可減少來年病害的發生。

(三)盆景造型

8 月份　氣溫高，植物生長旺盛，觀賞植物幹、枝損傷後易感染病菌，創口不易癒合，大多數樹樁種類，不宜進行蟠曲造型。可進行蟠紮造型的只是那些適應性強、枝條韌性好、耐蟠曲的植物種類，而且要求必須是地栽苗或者去冬今春上盆的植株，如迎春、金鐘、銀杏、黑松、金雀、羅漢松、羅漢柏、絨柏、翠柏、瓜子黃楊、六月雪、水楊梅、垂絲衛矛、澳洲杉、榕樹、檉柳等。

本月是加工製作山水盆景的好時節，但在山石上點綴植物時要注意以下幾點：一是要選擇適於山石上點綴、且抗性強、易成活的種類；二是植株要有較完好的根系，並且帶有未鬆散的土團；三是點綴完成後，要將其移放於蔭棚下養護一段時間；四是在點綴植株成活期間，要經常噴水，為其創造一個涼爽濕潤的良

好環境。

9 月份　仍然是大多數觀賞植物生長的旺盛季節，一般不宜進行蟠紮造型。適於蟠紮造型的只是那些適應性強，枝條韌性特別好，耐蟠紮扭曲的植物種類，而且必須是地栽苗或春天上盆煉苗的植株，如六月雪、黑松、羅漢松、翠柏、絨柏、銀杏、瓜子黃楊、水楊梅、垂絲衛矛、榕樹、金雀等。

本月可進行山水盆景的製作，由於氣溫較高，石料黏合容易，但在山石上點綴植物，必須選擇容易成活、根系完好、適應性強、帶有土球的植株。栽種完成後，宜將其搬放於濕潤且遮蔭良好的場所，待栽植的植物附著成活後，方可給予正常的養護管理。

10 月份　適於秋季蟠紮造型的植物種類有：垂絲衛矛、銀杏、胡頹子、水楊梅、榔榆、紫薇、羅漢松、火棘、六月雪、貼梗海棠、木瓜、梅花、碧桃、蠟瓣花、翠柏、圓柏、枸骨冬青、柞木、對節白蠟等。

對用棕繩吊紮的梅花、瓜子黃楊、羅漢松、貼梗海棠、銀杏等植株，如果經過一二年的養護，捆紮處出現明顯的縊縮下凹，可於 10 月底將其棕繩剪開，重新調整部位再行吊紮。若為金屬絲蟠曲出現了縊縮下凹，也應解開重新綁紮。

對以剪為主的盆景植物種類，如榔榆、雀梅、赤楠、柞木、六月雪、水楊梅等，則可於 10 月下旬進行一次精細修剪，結合進行金屬絲或非金屬絲吊紮，促使其及早形成優美的株型。

冬季，大致為陽曆11月至翌年1月。其間中國農業節氣有：立冬、小雪、大雪、冬至、小寒、大寒。

冬季氣候特點：11月為秋冬之交，全國大部分地區氣溫繼續下降，月平均氣溫在4.4℃（北京）至12.2℃（上海）之間。立冬之後，黃河中下游地將結冰。小雪之後，黃河流域及以北地區開始降雪。12月全國大部分地區月平均氣溫在−3.2℃（北京）至7℃（上海）之間，由北向南降雪增多，江淮和江南地區氣溫相繼降至0℃以下，霜凍頻繁。1月為一年中氣溫最低月份，全國大部分地區月平均氣溫在−4.5℃（北京）至4.2℃（上海）之間。小雪之際，正值「三九」前後，進入嚴寒時期。大寒期間，冷空氣強大，霜重、雪厚。

(一)花木繁殖

1.播種繁殖

11 月份　南方地區可播種的草花種類則有：石竹類、高雪輪、矮雪輪、虞美人、金盞菊、雛菊、美女櫻、花菱草、鳶尾、福祿考、矮牽牛、蜀葵、錦葵、三色堇、金魚草等。如庭院中有簡易大棚，則可播種文竹、旱金蓮、仙客來、報春花、蒲包花、大岩桐等。蘇鐵、竹柏、棕竹、羅漢松等的種子，洗淨後埋於盛有沙壤的花盆內，只要保持不低於0℃的溫度，來年春天即可發芽出土。

12 月份　可於簡易塑料大棚中播種的觀賞植物種類有：君子蘭、球根海棠、四季海棠、仙客來、冬珊瑚、非洲菊、雛

菊、三色堇、金魚草、旱金蓮、蒲包花、金盞菊、報春花、大岩桐、花菱草等。應根據當地的氣溫變化情況，給大棚增加保暖措施。

蘇鐵、竹柏、棕竹、羅漢松、銀杏、朱砂根、棕櫚等種子，洗淨後將其埋於裝有沙壤的花盆內，維持濕潤，保持盆土不結冰，來年春天即可發芽。

1 月份　如果庭院內有保溫性能較好的雙層塑料大棚，可在其內盆播文竹、君子蘭、四季海棠、仙客來、冬珊瑚、大岩桐、非洲菊、三色堇、金盞菊、旱金蓮、金魚草、蒲包花、花菱草等種子，但要求保證其棚內溫度能滿足不同種類花卉種子發芽和幼苗生長的最低溫度要求。

在封閉的內陽臺，可用大花盆作容器，播種蘇鐵、君子蘭、文竹、羅漢松、棕竹、桂花、含笑、朱砂根、銀杏等種子，3 月份以後即可出苗。

2. 扦插繁殖

11 月份　可行扦插繁殖的花木有梅花、月季、紅葉李、梔子花等。用黃心土或沙壤土做扦插基質，必須加蓋地膜防寒保濕。

可以用大花盆作扦插容器，內盛沙壤土或蛭石作扦插基質，進行全封閉保濕扦插，可繁育梔子花、鵝掌柴、桃葉珊瑚、茉莉、珠蘭、佛手等小苗，只要保持盆土不低於 4～5℃的溫度，來年春天即可生根。

12 月份　以廣口大花盆為容器，內盛蛭石或泥炭土為扦插基質，進行全封閉保濕扦插，可繁殖梔子花、鵝掌柴、桃葉珊瑚、茉莉、珠蘭、扶桑、佛手等，只要能維持不低於 5℃的溫

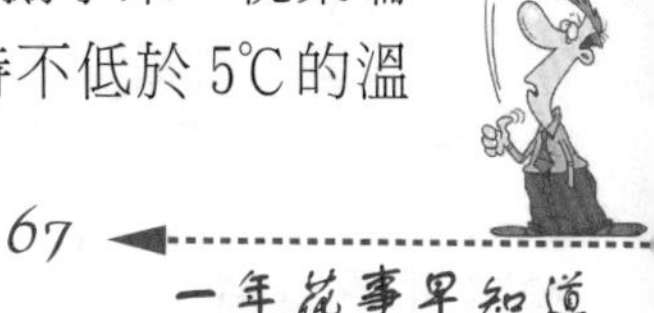

度，來年春天插穗即可癒合生根。

1 月份　在保溫性能較好的簡易塑料大棚或雙層塑料大棚中，可行扦插的觀賞植物種類有：茉莉、珠蘭、天竺葵、倒掛金鐘、比利時杜鵑、三角梅、傘草、寶石花、玉葉、佛手、石蓮花、曇花、令箭荷花、冷水花、蝦衣草、金蓮花、落地生根、長壽花、龍吐珠、鵝掌柴、橡皮樹、瑞香、紅背桂、廣東萬年青、八仙花、朱蕉、扶桑、四季海棠、竹節海棠、灰莉（非洲茉莉）等。

以廣口大花盆為容器，以蛭石或泥炭土加1／5的河沙混合後作扦插基質，實行全封閉保濕扦插，維持不低於5℃的氣溫，可少量扦插繁殖梔子花、扶桑、佛手、鵝掌柴、桃葉珊瑚、橡皮樹、茉莉、珠蘭等。

3. 嫁接繁殖

11 月份　本月可以用一二年生的春楓實生苗為砧木，套袋保濕嫁接紅楓、羽毛楓等；以一年生毛桃、杏實生苗為砧木，切接繁殖優良品種的梅花，如「骨裡紅」、「美人梅」、「朱砂」、「臺閣綠萼」、「素白臺閣」、「黃香梅」等，但嫁接部位應埋於土中；將修剪下來的「伊麗莎白」月季品種粗壯枝條，截成長約10～15公分的枝段為砧穗，劈接優良品種的月季枝條後再行扦插，加蓋地膜防寒，可促使接口癒合與下切口生根同步進行；南方地區，以一年生的柑橘實生苗為砧木，芽接金橘等；以芍藥根為砧木，嫁接繁殖優良品種的牡丹。

12 月份　可繼續以杏、桃、果梅的一年生實生苗為砧木，劈接或切接繁殖優良品種的梅花，如「骨裡紅」、「朱砂」、「素白臺閣」、「金錢綠萼」、「豐後梅」、「美人梅」、「烏

羽玉」等，嫁接完成後應覆土至接口以上。

以盆栽的青楓為砧木，套袋保濕嫁接優良品種的紅楓、羽毛楓等，嫁接後的植株應擱放於簡易塑料大棚中，以利於接口的癒合成活。

以粗壯的一般月季品種枝段為砧穗，嫁接優良品種的月季，如「黃和平」、「紅雙喜」等，然後再行扦插，蒙塑料薄膜保溫防寒，嫁接與扦插同步進行，翌春即可實現砧穗下切口癒合生根，嫁接口順利癒合成活。本月初還可以芍藥根為砧木，繼續嫁接繁殖優良品種的牡丹，如「二喬」、「青龍臥墨池」等。廣州及其附近地區，可於 12 月中下旬以西檸為砧木，單芽嫁接金橘和四季橘。

1 月份　在南方地區，若棚室內溫度能保持在 20℃以上，可用油茶或紅花油茶為砧木，進行截幹單芽穗撕皮貼接山茶花，加套塑料袋保濕，成活率較高；以青楓的一二年生實生苗為砧木，充氣套袋嫁接紅楓、羽毛楓等；以一年生的杏、果梅為砧木，切接繁殖優良品種的梅花；以「伊麗莎白」或野薔薇為砧木，切接繁殖優良品種的月季；廣州地區，以西檸為砧木，在小寒至大寒之間切接繁殖四季橘和金橘，成活率較高。

4. 壓條繁殖

11 月份　本月是進行壓條繁殖的較好時機，可行壓條繁殖的觀賞植物種類有：貼梗海棠、含笑、山茶、梔子花、梅花、紅楓、錦帶花、翠柏、迎春、金鐘、四季桂、八仙花、瓊花、噴雪花、紫玉蘭、紫珠、結香、麻葉繡球等。

12 月份　本月是進行庭院花木壓條繁殖的大好時機。可行低壓繁殖的觀賞植物種類有：羅漢松、含笑、紫玉蘭、梅花、茶

花、茶梅、桂花、貼梗海棠、雪球、錦帶花、梔子花、迎春花、金鐘、素馨、麻葉繡球、八仙花、噴雪花、石榴、結香、瑞香等。

1 月份　本月可用低壓繁殖的觀賞植物種類有：紫玉蘭、山茶、蠟梅、梅花、錦帶花、梔子花、貼梗海棠、垂絲海棠、西府海棠、雪球、瓊花、迎春、金鐘、八仙花、麻葉繡球、紅花繡線菊、噴雪花、石榴、結香、含笑、四季桂、八月桂等。

5. 分株繁殖

11 月份　可進行分株繁殖的木本觀賞植物種類主要有：十大功勞、闊葉十大功勞、小葉梔子、貼梗海棠、麻葉繡球、牡丹、醉魚草、金鐘、素馨、迎春、金雀花、金絲桃、結香、紫玉蘭、八仙花、蘇鐵等。

可行分株的草本觀賞植物種類則有：芍藥、玉簪、麥冬、大葉麥冬、蔥蘭、吉祥草、建蘭、春蘭、蕙蘭、紫萼、金光菊、鈴蘭、紅花酢漿草、一葉蘭、射干、菖蒲、鳶尾等。

12 月份　可行分株繁殖的木本觀賞植物種類有：八仙花、紅花繡線菊、金雀、金鐘、素馨、梔子花、紫玉蘭等；茉莉、珠蘭等不耐寒的種類，可於簡易塑料大棚中進行分株。

本月可行分株的草本觀賞植物種類則有：蔥蘭、麥冬、大葉麥冬、銀紋沿階草、吉祥草、玉簪、紫萼、建蘭、春蘭、蕙蘭、金光菊、鈴蘭、紅花酢漿草、紫三角葉酢漿草、一葉蘭、鳶尾、鳳梨類、君子蘭、金邊虎尾蘭、合果芋、海芋、觀音蓮、紅掌類、喜林芋類、蕨類等，對那些不甚耐寒的種類，應在保溫性能較好的塑料大棚中進行，以免發生凍害。

1 月份　本月可行分株繁殖的草本觀賞植物種類有：蔥蘭、

麥冬、大葉麥冬、銀紋沿階草、吉祥草、玉簪、紫萼、建蘭、春蘭、蕙蘭、金光菊、鈴蘭、紅花酢漿草、紫三角葉酢漿草、一葉蘭、鳶尾、鳳梨類、君子蘭、虎尾蘭、金錢樹、竹芋類、海芋、紅掌類、龜背竹、觀音蓮、多頭綠帝王等。

花博士提示

對一些不耐寒花卉種類的分株，最好在保溫性能較好的塑料大棚中進行，以免發生凍害。

值得注意的是：對一些不耐寒花卉種類的分株，最好在保溫性能較好的塑料大棚中進行，以免發生凍害。

本月可行分株的木本觀賞植物種類有：紫荊、棣棠、茉莉、珠蘭等。應注意不耐寒的種類只能在大棚中進行分株。

（二）花木管理

1. 澆　水

11 月份　進入 11 月份後，淮河以南地區的月平均氣溫一般在 10℃左右，但由於秋季空氣比較乾燥，對擱放於庭院中的一些比較耐寒的觀賞植物，應注意根部澆水與葉面噴水相結合，但盆土不能過濕，避免爛根。對花苞正處於膨大期的盆花，如梅花、蠟梅、山茶、茶梅、比利時杜鵑等，更應重視葉面和枝條噴水，為其創造一個比較濕潤的環境，以利於花苞的發育膨大。北方地區，對搬放於室內或棚室中的盆花，特別是觀葉植物，則以保持盆土濕潤為宜，不宜過多澆水。

對盆栽花卉中那些春節前後開花的種類，如山茶、茶梅、杜鵑、梅花、蠟梅、瓜葉菊等，以及觀果植物玳玳、佛手、檸檬、火棘、南天竹、冬珊瑚、寶貴籽等，不僅要保持盆土濕潤，而且必須經常給植株噴水，以利於植株花芽的膨大生長，也可使果實顯得更加色彩鮮麗。

對擱放於大棚、溫室和居室內的觀葉植物，則不僅要保持盆土濕潤，而且應經常給葉面噴水，使其始終保持葉色蔥綠光潔。

花博士提示

冬季盆花澆水時間：11 月以上午 10～11 點為宜；12 月份以正午前後 3～4 個小時為好；1 月份最好安排在中午前後 2～3 個小時，而且要求水溫與土溫基本一致，以免植株因水溫過低而產生不良反應，進而影響其安全越冬。

在氣溫較高的溫室和居室內，可加大澆水量。對不甚耐寒的觀葉植物，如合果芋、竹芋、黛粉葉、綠帝王、變葉木、銀皇后等，則應控制澆水量，以利於其安全越冬。

對繼續擺放於陽臺上的盆栽觀賞植物，在沒有因氣溫過低而搬入室內之前，澆水量以保持盆土濕潤為度，同時給予葉面噴水，借以提高陽臺局部小環境的相對空氣濕度。對搬放到室內的含笑、山茶、茶梅、比利時杜鵑及一些觀葉植物，都應以噴水為主，澆水為輔，以保持盆土稍呈濕潤狀態為度，切不可過多澆水，以免造成植株因積水而爛根。

12 月份　對擱放於庭院中比較耐寒的松柏類及其他常綠闊葉觀賞植物，除必須保持盆土濕潤外，還應經常給葉面噴水，澆噴水時間以正午前後為好。對南方地區擱放於庭院中、北方地區移放於大棚內的盆花，如梅花、蠟梅、山茶、茶梅、比利時杜鵑、瑞香等，因其花苞正處於膨大期，應特別重視葉面及枝條噴水，為其創造一個比較濕潤的環境。對擱放於大棚中或室內的觀葉植物，則應多噴水、少澆水，以保持盆土稍呈濕潤狀態為宜。水溫一定要保持與環境溫度基本一致。

對於擱放室內的大部分觀葉植物，既要保持盆土濕潤，又要給予葉面噴水，始終保持植株葉面清潔；對不甚耐寒的觀葉植物種類，如黛粉葉、合果芋、竹芋、變葉木、銀皇后等，當室溫已接近其能耐受的最低溫度限度時，應特別注意控制澆水量，方可保證其能安全越冬。

對室外新移栽的花木，要經常檢查，及時給予補充澆水；對移植的常綠樹木，可在中午前後適當給予葉面噴水，防止葉片乾縮脫落。

對搬放於室內的山茶、茶梅、含笑、比利時杜鵑、瑞香、仙客來、大花蕙蘭、鳳梨類及一些觀葉植物等，應以噴水為主，澆水為輔，以維持盆土稍呈濕潤狀態為宜。

對南方地區擺放於陽臺上的盆栽觀賞植物，應將其搬到陽臺內側，澆水以保持盆土濕潤為度，同時給枝葉及四周噴水，借以提高小範圍內的空氣濕度。

1 月份　對擺放於庭院中的一些不怕寒冷的松柏類及銀杏、蠟梅、梅花等盆栽，宜每隔半月於正午前後澆水 1 次，以保持盆土濕潤又不導致盆上結冰為度；對已搬放到簡易大棚內的盆栽花木，如梅花、山茶、茶梅、瑞香、比利時杜鵑等，因其花苞正處於膨大期或初綻期，除應給予盆土澆水外，還應重視給枝條和葉面噴水，為其創造一個比較濕潤的小環境；對擱放於大棚中的觀葉植物，也應控制盆土澆水，可每週於正午前後給葉面噴水 1 次，並要求水溫與棚室溫度基本一致，以防對葉片和根系造成傷害。

本月盆花的澆水管理，首先最重要的是要注意澆噴用水的溫度，即要保持水溫與土溫的大體一致，否則極易造成盆栽植株的不良反應，甚至使植株落葉、爛根或死亡。

其次，根據不同的植物種類，確定澆水的多少、次數和方式，對擱放於溫室中、大棚內和居室裡的大部分盆花和盆景，均以保持盆土濕潤為宜，氣溫偏低時要相應減少澆水，氣溫升高時，可增加澆水量和給予葉面噴水。

對絕大部分觀葉植物，既要保持盆土濕潤，又要注意給予葉面噴水，始終保持植株的葉片清潔；對不甚耐寒的觀葉植物種類，如黛粉葉、合果芋、竹芋、變葉木等，當氣溫接近該植物最低能忍受的下限溫度時，應特別控制澆水量。

對盆花中那些春節前後將要開花的種類，如山茶、茶梅、比利時杜鵑、一品紅、瓜葉菊、蠟梅、梅花、報春花、風信子、長壽花、金盞菊等，觀果類如火棘、玳玳、佛手、檸檬、富貴籽、金橘、金豆、冬珊瑚等，不僅要保持盆土濕潤，而且必須給植株噴水，以利於花芽的膨大，也可增加果實的鮮艷色彩。

本月儘管盆栽花卉需水不多，但應加強檢查，防止擱放在偏僻部位的盆花缺水，及時為盆土發乾的植株補充澆水，可減少越冬植株的死亡。

對新栽的綠化樹木和花灌木，要經常檢查，及時給予補充澆水，特別是對那些移栽後的常綠觀賞植物，在中午前後還應適當給予葉面噴水，以防葉片因空氣過乾而皺縮脫落。

對擱放於密封陽臺內的盆栽觀賞植物，如山茶、含笑、比利時杜鵑、瑞香、君子蘭、仙客來、一品紅、大花蕙蘭、報歲蘭、鳳梨類及一些觀葉植物，宜多噴水、少澆水，維持盆土略呈濕潤狀態即可。對各種各樣的鳳梨，在室溫低於15℃以後，其葉筒內不宜有過多的積水，以防發生爛心。對南方地區繼續擺放在陽臺上的盆栽觀賞植物，也應以噴水為主，澆水為輔，防止發生低溫條件下的積水爛根。

2. 施　肥

11 月份　對於因低溫進入休眠狀態的觀賞植物，無論是繼續擺放在陽臺上，還是已經移放至室內，都應停止一切形式的施肥。對已移放室內的山茶、茶梅、比利時杜鵑、馬蹄蓮、君子蘭、仙客來、大花蕙蘭、紅掌、鳳梨類、報歲蘭、蒲包花、報春花等，如果氣溫能達到 15℃左右，可繼續澆施低濃度的磷酸二氫鉀溶液，以利於其在春節期間開花或開春後能多開花、開好花。

12 月份　對盆栽的山茶、茶梅、蠟梅、梅花，比利時杜鵑等，無論是南方地區擺放於露地，還是北方地區擱放於棚室內，都可追施少量低濃度的磷鉀肥，以利於植株花苞的發育和開放。

對擱放於大棚中的君子蘭、鳳梨類、瓜葉菊、大花蕙蘭、報歲蘭、仙客來、報春花、瑞香、蟹爪蘭等，只要棚室溫度不低於 15℃，可繼續追施低濃度的磷鉀肥，以促使其能在冬、春季開好花。對絕大多數擱放於低溫棚室中的觀葉植物，應停止一切形式的追肥。

對擱放於氣溫 15℃以上室內的盆栽花卉，種類如西洋杜鵑、茶花、茶梅、梅花、蠟梅、金苞花、蝦衣花、瑞香、瓜葉菊、仙客來、貼梗海棠、風信子、君子蘭、鬱金香、觀賞鳳梨、蟹爪蘭、五彩鳳梨等，可繼續追施低濃度的磷、鉀肥，用 0.2% 的磷酸二氫鉀肥液，可促進其生長和開花。

對大部分擱放於一般大棚內的盆栽花木、觀葉植物、盆景等，則應停止追肥，以利於其正常休眠越冬。

本月若棚室溫度能保持在 10℃以上，則可以對大棚內的山茶、茶梅、比利時杜鵑、瑞香、蠟梅、梅花等澆施低濃度的磷酸

二氫鉀溶液。對擱放於大棚中的鳳梨、仙客來、大花蕙蘭、報歲蘭、報春花、瓜葉菊、君子蘭、長壽花、風信子、蟹爪蘭、鶴望蘭等，只要棚室溫度不低於 15℃，也可繼續追施 0.2%～0.3% 的磷酸二氫鉀溶液。對於擱放於低溫棚室中的其他觀葉植物，則應停止施肥。

對擺放於 10～15℃ 的室內的盆栽花卉種類，如山茶、茶梅，杜鵑、梅花、蠟梅、蝦衣花、鳳梨類、瑞香、瓜葉菊、報春花、仙客來、貼梗海棠、風信子、君子蘭、鬱金香、小蒼蘭等，可繼續追施 0.2% 的磷酸二氫鉀液，促進植株的孕蕾和開花。

對移放到室內的山茶、茶梅、比利時杜鵑、仙客來、馬蹄蓮、君子蘭、大花蕙蘭、報歲蘭、紅掌類、鳳梨類、蒲包花、鶴望蘭、報春花、瓜葉菊等，如果室溫能維持 15℃ 左右，可繼續澆施 0.2% 的磷酸二氫鉀加 0.1% 的尿素混合液。因低溫完全進入休眠狀態的其他觀賞植物都應停止施肥。

***1* 月份**　擺放於庭院中的絕大多數盆栽花木此時已完全進入休眠狀態，應停止一切形式的追肥。對盆體較大的高大盆栽植物，若春天不打算換盆，可於盆土四周扒開一條環形淺溝，埋入少量漚製過的餅肥末或多元緩釋復合肥顆粒，為春天的旺盛生長打好基礎。擱放於大棚內的一般觀葉植物，因此時根系已基本停止生長，應停止一切形式的追肥。對擱放於大棚中的梅花、桃花、牡丹、比利時杜鵑、山茶、茶梅、瑞香、海棠等，若棚室溫度超過 10℃ 以上，可澆施 0.3% 的磷酸二氫鉀溶液。

對擱放於大棚中的鳳梨、大花蕙蘭、仙客來、報歲蘭、瓜葉菊、君子蘭、風信子、蟹爪蘭、馬蹄蓮、鶴望蘭等，只要氣溫不低於 15℃，因其處於或接近於開花狀態，可繼續追施低濃度的磷酸二氫鉀溶液。

本月對擱放於溫度為10～15℃左右之溫室內的盆栽花卉，如比利時杜鵑、蝦衣花、金苞花、瑞香、瓜葉菊、報春花、仙客來、紅口水仙、貼梗海棠、風信子、鬱金香、五彩鳳梨、君子蘭、鶴望蘭、蟹爪蘭等，可繼續追施低濃度的磷酸二氫鉀液，以利於植株的生長和孕蕾開花。

對大部分擱放於大棚內的盆栽花木、觀葉植物、盆景等，由於冬季植株處於休眠狀態，應停止施肥，否則很容易造成植株的爛根枯死。

對擱放於全封閉陽臺內的盆栽觀賞植物，如山茶、含笑、比利時杜鵑、瑞香、君子蘭、梅花、茶梅、仙客來、馬蹄蓮、大花蕙蘭、報歲蘭、蝴蝶蘭、鳳梨類、蒲包花、瓜葉菊、鶴望蘭、報春花、風信子等，只要冬季室溫能保持不低於15℃，可繼續追施低濃度的磷酸二氫鉀溶液，以促成植株在春節期間開花。

對已進入休眠狀態的觀賞植物，包括擱放於陽臺上的樹樁和擺放於室內的觀葉植物，都應停止施肥。

3. 修　剪

11 **月份**　由於大部分盆栽觀葉植物將於本月中旬將其搬入室內，應在尚未搬入室內之前，對盆栽觀賞植物的枯死枝、病蟲枝、瘦弱枝、徒長枝、交叉枝、重疊枝等一併剪去。對去年秋天或今年春天進行造型的植株，為防止綁紮物因長期捆綁勒傷皮層，造成枝葉壞死，宜先行解去綁紮物，如尚未達到預期的造型效果，可改變原來的捆紮部位和角度，重新進行蟠紮固定。此時是對陽臺陳列的盆景進行修剪的最佳時間段。此時無論是落葉類盆景或是常綠類樹樁，絕大部分已進入休眠狀態，可進行整形修剪。對畏寒的植物種類，如榕樹、福建茶、九里香、五色梅、三

角梅等，則可在室內進行修剪整形。

12 月份　對擱放於庭院中的盆栽造型植株，為防止造型一年多的枝條被綁紮物勒傷皮層，應將其解去，尚未達到預定蟠紮效果的枝片，可以改變原來的綁紮部位和角度，重新進行吊紮調整。

對2～3年未行換土的植株，可進行換盆。對擱放於庭院中比較耐寒的木本觀賞植物種類，進行一次細致的修剪。對擺放於棚室內的觀葉植物，也應將枯枝黃葉剪去。對一般的盆栽觀賞植物，可剪去枯死的枝葉及感染有病蟲的枝葉，同時予以銷毀。對進入休眠狀態的樹樁盆景，如榔榆、雀梅、羅漢松、對節白蠟、銀杏、三角楓等，可進行一次耐心細致的修剪。對已捆紮了1～2年的綁紮物，可先行解去，如未能達到預期的固定造型效果，可調換綁紮部位和角度，另行蟠紮固定。

1 月份　對擱放於庭院中尚未完成修剪的盆栽觀賞植物，應抓緊時間進行修剪，剪去病蟲枝、枯死枝、亂形枝、重疊枝、交叉枝，同時對徒長枝、過旺枝作適度縮剪；對進行幹枝造型已有一年多時間未鬆綁的植株，則應先將綁紮的金屬絲緩緩解去，視其枝片的固定效果，對尚未吊紮到位的枝片，重新變換一個部位或角度再行吊紮牽引，以免因綁紮材料長時間的縊縮勒扣，破壞枝條的韌皮部，導致整個枝片死亡。

對擱放於棚室內的盆栽觀葉植物，應經常檢查，發現枯枝黃葉，及時剪除。對擱放於封閉陽臺內的觀賞植物，不論是觀葉植物，還是觀花種類，都應將其枯枝黃葉及有病蟲的枝葉一併剪除並銷毀。對擱放於陽臺上的樹樁盆景，如雀梅、榔榆、三角梅、福建茶（南方）、榕樹（南方）、對節白蠟、水楊梅、蚊母、小積石（南方）、清香木、胡椒木（南方）等，都應進行一次全面

到位的修剪，使其能達到冠形優美、層次分明的觀賞效果；對一些蟠紮有 2～3 年的植株，還應將原先的綁紮物解去，如尚未達到預期的固定效果，可重新變換部位和角度，再行蟠紮調整。

4. 防　寒

11 月份　對擱放於庭院中比較耐寒的大型盆景，繼續擱放於庭院中過冬，並無大礙，但對那些能耐低溫的中小樹樁盆景，在氣溫降到 0℃之前，必須將其下地或搬入簡易大棚中，以保持盆土不結冰為宜。對一些不耐 10℃以下低溫的觀賞植物種類，應及時將其搬入大棚或室內。對那些不耐霜寒的觀賞植物種類，要及時準確了解天氣變化情況，於霜降到來之前將其搬入棚室內，切不可粗心大意。北方地區，對擺放於陽臺上的附石式、提根式盆景，應將其移入室內，以防其根系受凍。

根據植物的耐寒極限，也可在陽臺上搭建雙層塑料棚，將盆栽植株擱放於其中，防止植株受凍。

12 月份　為防止庭院中盆栽觀賞植株被凍壞根系或凍裂花盆，對一些不便搬進棚室內的植株，可在澆透水後，用草包或草繩將花盆及樁頭一併捆包好。對不耐 0℃以下低溫的盆栽植物，應在最低溫度降至 0℃前搬入棚室內。對擱放於棚室內不甚耐寒的觀葉植物，當氣溫繼續下降時，可於晚上在薄膜外加蓋草簾等，借以提高棚室內的溫度。

應根據不同植物種類的耐寒性和陽臺溫度的具體情況，或將植株搬入室內，或在陽臺上搭建雙層塑料棚，或在花盆外捆綁草繩、布片，應確保其根系不受凍、花盆不受損。

1 月份　對擱放於庭院中的大型樹樁盆栽，在特別寒冷的天氣裡，可於盆面捆綁草繩或麻袋，以防止凍死根系或凍裂花盆。

對擱放於大棚內的盆花，如果遇到特大寒潮南下，出現大幅度降溫天氣，可再加蓋一層塑料薄膜，並在薄膜外加蓋草簾，使棚室內能維持觀賞植物安全過冬的最低溫度。有條件者，還可於棚室內加設電熱線增溫，確保不耐低溫的觀葉植物平安過冬。

因為本月為一年中氣溫最低的月份，防寒工作至關重要。應根據陽臺上觀賞植物種類所能忍受的最低溫度下線，參考陽臺上凌晨5點前後的最低氣溫，以確定是在陽臺上搭蓋塑料棚防寒，還是在植株上套罩雙層塑料袋，或將其搬入一般的室內，確保其能安全過冬。

5. 備　土

在庭院的空地上或樹蔭下，堆製培養土，以備來年換盆之需。通常以5份園土、2份腐葉土、1份河沙、2份漚製過的鋸末或煙末，外加5%的漚製過的餅肥末、2%～3%的復合肥，經充分拌勻後打堆，外用塑料薄膜覆蓋嚴實，來年3～4月份即可用於換盆。

如果今年春天你的庭院中有較多的盆栽觀賞植物要換盆或上盆，必須於元月上旬之前抓緊時間準備培養土。可用5份園土、2份腐葉土、1份河沙、2份漚製過的鋸末或煙末，外加5%的腐熟餅肥，2%～3%的多元復合肥，充分拌和均勻後堆圩，土堆用塑料薄膜覆蓋，到了3～4月即可用於上盆或換盆。

6. 採收種子

*11*月份　可採收的草花種子有：一串紅、千日紅、百日紅、翠菊、孔雀草、萬壽菊、槭葵等。

可採收種子進行乾藏的花木種類有：五針松、水杉、花柏、日本花柏、日本扁柏、合歡、楓香、杜仲、紅瑞木、烏桕、紫藤、紫薇、錦雞兒、麻葉繡球。

可隨採隨播或必須用濕沙貯藏的花木種類有：無患子、枸杞、紅豆杉、廣玉蘭、冬青、枸骨冬青、火棘、石楠、欏木石楠、月季（用於培育砧木）等。

12 月份　可採收的草花種子，一般為移放於溫室或冷室內的草花種類，如一串紅類、千日紅類、萬壽菊、孔雀草、仙客來、君子蘭等。君子蘭種子宜隨採隨播。

可採收種子的木本觀賞植物主要有：月季、紫藤、火棘、紅果莢蓮、枸子、赤楠、金彈子、富貴籽、石楠類，這些種子經過處理後，基本上都要進行沙藏催芽，到了來年種子裂口露白後才能下地播種，乾藏條件下容易喪失生命力，導致來年播種育苗失敗。

1 月份　若溫室內有已成熟的文竹、君子蘭種子，可隨採隨播，成熟冬珊瑚的種子，也可於此時在室內播種。1 月份可採摘南天竹、火棘、冬青類、富貴籽、虎舌紅等果實，將處理後得到的飽滿種子進行沙藏催芽，待其種粒裂口露白後方可進行播種。

本月應經常檢查沙藏的種子，包括木蘭類、含笑類、石楠類、冬青類等，看看種粒有無霉變發生，若有霉變出現，必須將種子倒出重新搓洗，並更換乾淨的細沙再行貯藏；若發現種粒乾燥，要及時給予補充噴水；若發現種子已裂口露白或胚根已經伸出，則必須立即進行播種，並加蓋地膜或稻草、松針等保溫保濕。

7. 移栽定植

11 月份　可繼續作花壇定植和花境布置移栽的草花種類

有：矮雪輪、石竹、蜀葵、錦葵、大花三色堇、金魚草、雛菊、金盞菊、羽衣甘藍等。

可進行大樹移栽的種類有：合歡、無患子、女貞、欒樹、白玉蘭、桂花、紅楓、紅葉李、梅花、蠟梅、七葉樹、二喬玉蘭、海棠等。其中移栽常綠樹，必須對枝條、主幹作適當縮剪或短截，並刪去大部分葉片，主幹用草繩捆綁好，同時帶好大土球（一般土球直徑約為主幹直徑的6～7倍），方可確保其成活；移栽落葉樹，可對主幹作短截、大枝作剪裁處理，帶好土球並捆綁包裹好主幹。大樹移栽後一定要加強澆水和樹幹噴水管理，方可成活。

另外，對主幹、大枝的切口要用蠟封或捆綁地膜，以防止樹體內水分大量蒸發。

可進行梅椿、蠟梅、茶花、茶梅、貼梗海棠、垂絲海棠等的移栽上盆，將其擱放於大棚內進行催花，以滿足春節前後室內陳列的需要。

對盆栽的風信子、鬱金香、紅口水仙等，應將其移放到大棚內，促使其於春節前後開花。

12 月份　可進行花壇、花境定植的草本花卉種類有：石竹類、羽衣甘藍、大花三色堇、金魚草、金盞菊、雛菊等。還可將某些草花上盆後放在大棚內，如雛菊、金盞菊、金魚草、羽衣甘藍、石竹、三色堇等，來年春天即可用來做街頭陳列。

本月大部分落葉綠化樹木和花灌木均可進行移栽定植，如木槿、石榴、紫荊、海棠類、蠟梅、梅花、白玉蘭、紫玉蘭、無患子、欒樹、合歡、櫻花、木瓜、二喬玉蘭、紫薇、紫藤、凌霄、紅楓、碧桃等。而對常綠類樹木和花灌木的移栽則應謹慎一些，冬季可移栽的常綠樹種有桂花、廣玉蘭、杜鵑、冬青等，移栽

時，先要對主梢和大枝進行強度縮剪，並刪去大部分葉片，同時還要帶大土球，主幹捆綁草繩包縛地膜，主幹、大枝剪口封蠟或包裹薄膜，減少水分蒸騰；移栽後還要經常給葉片、樹幹噴水，方可確保其正常成活。

可上盆的樹樁和花木有：梅花、蠟梅、茶花、茶梅、貼梗海棠、垂絲海棠。將其擱放於大棚內，進行催花處理，可望在春節期間開花。

12月對盆栽的風信子、鬱金香、紅口水仙等，繼續放在大棚內催花，可促成其於春節前後開花。

1月份　在不太寒冷的地區可移栽定植的草花有：石竹類、羽衣甘藍、金盞菊、雛菊等；在比較寒冷的地區，可將石竹、羽衣甘藍、金魚草、三色堇、報春花等播種苗上盆後，先擱放於簡易塑料大棚中，待春回氣暖後再用作街頭花壇、綠地和花境的陳列。

本月大多數落葉花灌木和綠化樹木，均可進行移栽定植，如木槿、石榴、紫荊、海棠類、銀杏、楓香、槭類、蠟梅、梅花、白玉蘭、紫玉蘭、無患子、欒樹、合歡、七葉樹、紅葉李、櫻花、木瓜、二喬玉蘭、紫薇、紫藤、凌霄、椴樹、馬褂木、碧桃、烏桕、紅花繡線菊、三椏、月季、國槐、龍爪槐等。

常綠樹種，特別是香樟、法青等，本月除特殊情況以外，一般應提前到12月或延遲到2月份再進行移栽，當然，在避風場所，移栽後進行強度縮剪，並加強移栽後的防寒和澆水管理，也無不可。

本月儘管天氣寒冷，但在長江以南地區並不影響在林業造林整地過程中收集野生樹樁，主要以落葉類樹樁為主，如榔榆、雀梅、三角楓、映山紅、紫薇、雞爪槭、紫藤、蠟梅、野梅、胡頹子、垂絲衛矛等；對常綠類樹樁，如南天竹、貓兒刺、枸骨冬青、柞木等，則必須做強度縮剪並刪去大部分葉片。

無論是落葉樹樁，還是常綠樹樁，都應採取淺埋高培法定植，並加蓋草簾防凍。

8. 病蟲害防治

11 月份　秋末冬初，全面清理盆栽植株，特別是對已感染過病蟲害的植株，主要指薔薇科的盆栽花卉，要進行全面仔細的修剪，並將盆中的落葉一併清理集中後燒毀，可減輕來年病蟲害發生的程度。對粗大主幹，特別是一些枯幹式、劈幹式、「舍利幹」樹樁盆景，應在主幹或剝皮部位塗抹石硫合劑，以防主幹發生蟲蛀或霉爛。

對移入溫室或大棚內的盆栽花木上出現的粉虱、蚧殼蟲等（玳玳、佛手、蘇鐵、蘭花、山茶、君子蘭、一葉蘭上均有可能發生），一是用濕布抹除，二是用速撲殺等農藥噴殺。對移入室內的盆栽植物上出現的蚜蟲（在白蘭、米蘭、玳玳、月季上均有可能發生），可噴灑煙草水進行防治。對放在大棚內的西洋杜鵑，要停止噴施葉面寶類肥料，否則由於室內通風不良且空氣濕度大，極易發生霉污染。對陽臺上所有盆栽植物的枯枝落葉，經徹底清掃收集後，一併燒毀。對樹樁主幹木質部有部分裸露的植株，可自行配製石硫合劑塗抹樹幹，既可防止來年發生新的病蟲害，又可防止木質部因臟水浸潤感染而出現霉變腐爛。

12 月份　全面清理盆栽花木上的枯枝落葉，集中後燒毀。對枯幹式、劈幹式、「舍利幹」等樹樁盆景，應在主幹或大枝上露出木質部的部位，塗抹石硫合劑，以防木質部腐爛或發生蟲蛀危害。對盆栽瓜葉菊的白粉病、報春花的灰霉病，前者及時用三

唑酮或甲基硫菌靈防治，後者用甲基硫菌靈防治。對溫室大棚中易出現蚧殼蟲的花木種類，如玳玳、佛手、蘇鐵、山茶、一葉蘭等，可先用抹布擦拭一遍，再用速撲殺等農藥防治。對通風不良時，盆栽植株上常出現蚜蟲的花木種類，如白蘭、米蘭、玳玳、月季、福建茶等，可用煙草水進行防治。對樹幹上木質部有部分裸露的盆景植株，可用石硫合劑塗於樹幹，特別是外露的木質部，以防病蟲的侵入。檢查盆栽植株，發現有感染病蟲的枝葉，應一併剪除銷毀，以防來年再度浸染。

1 月份　對去年發生過病蟲害的盆栽植物，要將其周圍的枯枝落葉清理集中後燒毀，可明顯減少今年病蟲害的發生；對一些造型優美的大樁，特別是枯幹式、劈幹式、「舍利幹」等，應在其樹幹、大枝上露出木質部的部位，塗抹石硫合劑，以防霉變或蟲蛀；對擱放於塑料大棚中的盆栽觀賞植物，要注意防治蚜蟲、蚧殼蟲、白粉虱等。放於封閉陽臺內的觀賞植物上出現的蚜蟲，可用煙頭泡水殺滅；對植株上出現的蚧殼蟲、白粉虱等，可用濕布抹去。對放在陽臺上的樹樁盆景裸露的木質部塗抹石硫合劑，以防木質部發生漸進式的霉爛腐朽或被蟲蛀。

(三)盆景造型

11 月份　適於造型的盆景植物種類主要有：羅漢松、翠柏、圓柏、絨柏、偃柏、垂絲衛矛、六月雪、梅花、蠟瓣花、柞木、枸骨冬青、瓜子黃楊、珍珠黃楊、榔榆、垂絲海棠等。對於用棕繩吊紮已有一二年的盆景樁頭，當發現其幹、枝上有較深的縮縊痕時，可於 11 月拆解去舊棕繩，重新進行幹枝的吊紮調整。

對榔榆、雀梅、三角梅、水楊梅、火棘、胡頹子等新樹樁，在進行了初步的栽根、截幹、斷枝後，在沙壤地塊上採用淺埋高培的方法將其栽好，待來年抽枝後再行修剪造型。

經一二年的養護和造型，已基本成型的樹樁，可於11月份根據樹樁主幹、側根、大枝的造型特點，選擇合適的盆器重新上盆栽好，並配以拳石，點鋪青苔，即可於春節前後供室內陳列。

造型好的高大梅樁、羅漢松、碧桃、紫薇、圓柏、貼梗海棠等，可於11月份選擇合體的盆器上盆栽種好，加強水分管理，可於來年春天用於廣場、公園、大禮堂的陳列。

12 月份　適於本月進行盆景造型的觀賞植物種類有：羅漢松、羅漢柏、圓柏、翠柏、絨柏、側柏、鋪地柏、真柏、黑松、五針松、赤松、水楊梅、枸骨冬青、垂絲衛矛、銀杏、六月雪、金雀、榔榆、雀梅、三角楓、蠟瓣花、檉柳、貼梗海棠、垂絲海棠、木瓜海棠、瓜子黃楊、珍珠黃楊、紫藤、紫薇、榕樹、福建茶、對節白蠟、柞木等。

對用棕絲（繩）或金屬絲進行蟠紮造型固定的盆景植物，若固定時間已有一年，或發現幹、枝上有明顯的縊縮痕，應將原來的綁紮物解去，重新用金屬絲或棕繩作吊紮牽引。

對地栽已造型的梅樁、羅漢松、海棠、銀杏、圓柏、紫薇等，在進行一些必要的修剪整形後，選擇合體的盆鉢栽種好，加強管理，以便來年用於公共場所或居室的陳列。

冬季對一些淺盆的山水盆景、樹樁盆景，一定要細心管理，一是要防止盆土上凍傷及植株根系，二是要防止冰凍使人為膠結的山石解體，三是要防止假山上栽種的植物被凍死或乾死。可將其擺放於不結冰的場所，並定期給予澆水噴水，使其能安全越冬。

1 月份　因為特別寒冷，適於進行造型的植物種類必須是那

些枝條柔軟、韌性好、容易進行造型操作的植物種類，如羅漢松、翠柏、銀杏、瓜子黃楊、絨柏、圓柏、六月雪、鋪地柏、真柏、五針松、黃山松、黑松、水楊梅、金雀、蠟瓣花、垂絲衛矛、榕樹、紫藤等。

造型過後的植株最好將其擱放於室內或簡易塑料大棚中，待到春回氣暖後再搬到室外，這樣有利於造型時可能造成損傷部位的癒合。

對於一二年前用棕繩或金屬絲等造型的植株，若發現捆紮部位有明顯下凹的縊縮痕，應將原來的綁紮物解去，重新進行蟠紮牽引。

本月對一些淺盆樹樁盆景、淺盆山水盆景及小型、微型盆景，要嚴格加強管理。小、微型盆景，應埋放於室內的沙床上；樹樁盆景要防止盆土上凍，傷害植株的毛鬚根，並可導致人為膠結的山石解體，還要防止山石上栽種的植株受凍後枯死，宜將它們擱放於不結冰的場所，並定期給予澆水和噴水，方可確保其能安全越冬。

四季養護技術

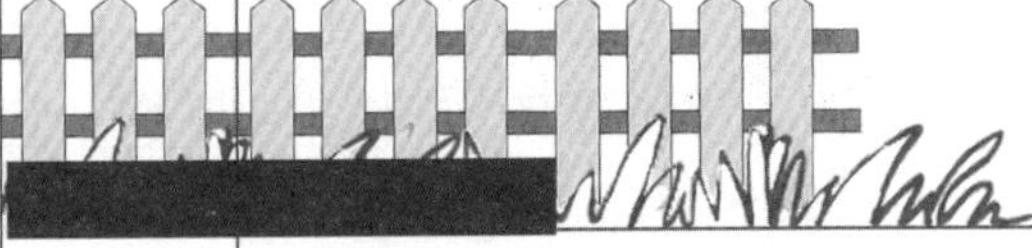

- 球根花卉
- 觀葉花卉
- 木本花卉
- 草本花卉
- 多漿多肉花卉

球根花卉

朱頂紅（*Amaryllis vittaya Ait.*）俗名孤挺花、百枝蓮、華胄蘭。石蒜科、孤挺花屬。原產秘魯。現世界各國廣泛栽培，中國在昆明一帶栽種最適。花期5～6月。

多年生草本。鱗莖肥大球形。喜溫暖、濕潤，陽光不過於強烈的環境，生長適溫16～25℃，發芽溫度18～20℃，開花溫度25～30℃。冬季休眠，稍能耐寒。栽培土質不拘，但以富含腐殖質而排水良好的沙質壤土為佳，忌水澇。

春季管理

盆栽：在開花前的2～3月進行分栽。母鱗莖周圍可以著生多個小鱗莖，把母株從盆內倒出，然後將母鱗莖上著生的小鱗莖剝離下來，另栽於盆中。種前將球莖用40～44℃溫水浸泡1小時，能防治赤斑病和根腐線蟲危害。盆土用腐葉土3份、園土1份、礱糠灰2份混合配製，並添加少量過磷酸鈣和石灰，盆底施少量堆肥。一盆種植1～3顆鱗莖，栽種不宜太深，使鱗莖頂部1／3露出土面即可。種後澆透水，放入半陰處，保持盆土濕潤，

待葉片生出後再移至陽光充足處養護。葉片有6～7公分長時（4月）開始追肥，最好用淡肥，一般每10天追施腐熟豆餅或花生肥水1次。分栽1～2年後可再次開花。

> **花博士提示**
>
> 朱頂紅催花較易，為使早春開花，可於12月份將休眠盆球置於溫室的暖氣管上（溫度約20℃），盆土乾時澆水，約兩個月便可開花。此外，還可行短日照處理；每日給予11小時的黑暗處理，一個月後便可開花。

庭園地栽：3～4月間，將貯藏或購買的大鱗莖，在陽光下晾曬2天，然後在已整好的地塊開溝施基肥（腐熟雞糞、廄肥等）種植，株行距為15公分×20公分。按葉的伸展方向將種球排在溝內，覆薄土，使種球頂部略露出土面1／4，澆足定根水。待新根、新葉長出後，再逐漸增加澆水，並開始每半月追肥1次，以促進花芽分化。種植後6～8週便可開花。

夏季管理　花謝後，及時剪去花葶（如果不收種子）。每半月繼續施肥1次，並增施磷、鉀肥，以促進鱗莖充實生長及繁殖。夏季花後也可進行分栽。6～7月份種子成熟後也可進行播種繁殖，在18～20℃條件下，盆播後10～15天即可發芽。播種苗經兩次移植，便可移至小盆內，當年冬天需在冷床或低溫溫室越冬，次年春天換盆栽種，第三年便可開花。

秋季管理　秋涼後要控制水分，以免徒長，影響安全越冬。如需要掘起鱗莖時，應注意連根挖起，帶土貯藏。無霜降地區，可不必掘球貯藏，任其留在田地自然繁衍，到翌年春天繼續開花。霜降前剪葉越冬可促其來年花開得更大。

冬季管理　露地栽種的冬季休眠，地上葉叢枯死，於鱗莖上覆土越冬，隔年挖球1次。

小蒼蘭（*Freesia refracta Klatt*）俗名香雪蘭、小菖蘭、洋晚香玉。鳶尾科、香雪蘭屬。原產南非好望角一帶。花期 2 月中下旬至 4 月（溫室盆栽）。

多年生球莖草本。喜涼爽濕潤環境，要求陽光充足，耐寒性較差，也不耐高溫。為秋植球根，秋涼生長，冬季於冷室或冷床栽培，春天開花，夏季休眠。中國多數地區均在溫室或塑料大棚內栽培。

春季管理　春季生長期間經常施追肥，並保持土壤濕潤，加強室內通風，2 月中下旬便可開花。小蒼蘭花期易倒伏，應立支柱紮縛。

夏季管理　開花後，生長逐漸衰敗而轉入休眠，應減少澆水量，以偏乾為宜，在莖葉泛黃枯萎時，停止澆水，取出球莖，剪掉枯葉，自然風乾後貯藏於通風、乾燥、無直射日光處。也可連盆一起放置涼爽處貯藏，但不要澆水。

秋季管理　立秋後分栽小球，母球基部一般發生 5～6 個子球，挑選最大者栽植，次春便可開花，小子球需培養 3 年方能開花。種植前，在土壤中施足腐熟堆肥或緩效復合肥。地栽按株行距 9 公分×8 公分直接排入畦內，覆土 3～4 公分左右。盆栽用直徑 20 公分花盆，每盆 4～6 個種球，覆土 2～3 公分，盆土用等量的腐殖土和園土，再摻入 20%的礱糠

灰為宜。定植後要保證水分充足，並保持土壤濕潤，以促進球莖早發芽、快生根，同時給予充足日照，這樣7～10天出苗。種植初期適當遮蔭降溫，能促進種球發芽和幼苗生長。幼苗期澆水要適度節制，不可多澆，若水分過多，植株長勢不夠健壯，易倒伏。同時幼苗期也不要急於追肥。在旺盛生長期（植株長至3片葉後），水分要適當加大量，切忌土壤乾燥，並適當追施2～3次稀薄水肥，但開花前後應停止用肥。整個栽培過程都應加強光照和通風，否則植株生長細弱而易倒伏。在展葉3～4片時，還應拉網或立杆綁紮扶枝。

花博士提示

小蒼蘭地栽最忌連作，應避免在以前曾栽種過鳶尾科植物的地點栽培。

冬季管理　霜降時移入室內，初期室溫不宜過高，以後逐漸升高溫度，生長適溫10～18℃，低溫不宜低於5℃，高溫不宜超過25℃。如果長期處於20℃以上的環境，花芽分化受抑制，花莖縮短，容易產生盲花。

晚香玉(*Polianthes tuberosa L.*)俗名夜來香、月下香。龍舌蘭科、晚香玉屬。原產墨西哥及南美。中國各地均有栽培。花期7月至11月中旬。

多年生草本。喜溫暖、陽光充足之環境，稍耐寒。栽培要求黏質壤土或壤土，土壤以中性或偏酸性為宜。好肥喜濕，於低濕而不積水之處生長良好。

春季管理　4月分栽小球或子球，一個母球每年繁衍8～15個子球，大子球當年栽種當年開花，小子球需培育2～3年才

能開花。種植時將土地翻耕好，按行距 20～25 公分開溝施足基肥。種植前將塊莖用水浸泡 1 天，讓其充分吸收水分，以利發芽。晚香玉種植球深度應較其他球根為淺，球頂微露土面為宜。最後澆足定根水，保持土壤濕潤，但切忌土壤積水，以免塊莖發生腐爛。栽植初期因苗小葉少，灌水不必過多，這有利於根系發育。同時施肥不宜過多，防止葉片生長過旺而影響開花。晚香玉植球後，出苗較慢，需一個多月，但苗期以後生長較快。

> **花博士提示**
>
> 晚香玉可在溫室中進行促成栽培，方法是：11 月份植球於高溫溫室內，放置陽光充足、空氣流通處，2 個多月便可開花。

盆栽者選用口徑 20 公分花盆，每盆栽種 3～4 個球莖；先在盆底墊些有機肥作基肥，再放入部分培養土，忌塊莖直接與肥料接觸。栽後覆土要露出塊莖頂尖，澆足水，置於半陰環境下，待抽出葉片後，再移至陽光充足處。澆水掌握「乾則澆透」的原則，盆土既不能乾燥，又不能過濕。生長期每隔 10 天澆一次稀薄肥水，直至綻蕾吐芳。在溫室中可進行晚香玉促成栽培，2 月植球，5～6 月份可開花。

夏季管理　花莖抽出時正值夏季乾旱，要注意勤澆水，經常保持土壤濕潤，並追施 3～4 次液肥，以提高開花質量。從塊莖種植到開花大約需要 3 個月時間。開花期應充分澆水，以促進開花，若乾旱則會導致葉片枯卷、花蕾皺縮。晚香玉自 7 月開始陸續開花不絕，直至 11 月中旬。

秋季管理　每年秋後莖葉枯萎，可於初霜後掘起塊莖，剪除上部莖葉和底部鬚根，放置通風處晾曬半個月，然後貯藏在乾燥的室內越冬。球莖應充分乾燥後收藏，乾燥有利於花芽分化，而潮濕易霉爛。亦可每隔 2～3 年挖掘 1 次。

冬季管理　貯藏期間，室溫必須保持在 0℃以上，並注意通風乾燥，否則遇低溫和潮濕球莖易發生腐爛。

鬱金香（*Tulipa gesneriana L.*）俗名洋荷花、草麝香、鬱香。百合科、鬱金香屬。原產地中海沿岸及中亞細亞、土耳其等地。荷蘭栽培甚為著名，成為商品性生產。花期 3～5 月。

多年生草本。喜冬季溫暖濕潤、夏季涼爽稍乾燥、向陽或略有疏陰的環境，較耐寒，忌酷熱。要求土層深厚、疏鬆肥沃、排水良好的沙壤土，忌低濕黏重土壤。土壤宜中性偏鹼。秋季種植，冬季鱗莖生根，春季抽葉開花，夏季休眠。花白天開放，夜間及陰雨天閉合。

春季管理　早春芽萌動出土後，澆水量一定要充足而均衡，土壤要始終保持濕潤而又不能積水，如果長期土壤水分不足，會抑制植株生長，導致花葶短矮、花徑極小，甚至產生「盲花」；反之則會引起爛根爛球。植株展葉和現蕾後，澆水應特別小心，切忌澆入葉腋和株心，以防產生病腐和「盲花」。宜在上午澆水，傍晚澆水容易誘發病害。除施足基肥外，在幼芽出土、展葉、著蕾和花謝四個時期，分別追施一次低濃度速效復合肥。在孕蕾期，給葉面噴施 2～3 次 0.2%的磷酸二氫鉀溶液，能有效提高開花質量。

夏季管理　5～6 月間當地上莖葉枯黃、地下鱗莖外表變為淺褐色時，掘出球莖，曬乾後除去土塊和殘根，用 0.1%的高錳酸鉀溶液浸泡消毒 20 分鐘，然後貯藏於乾燥通風背光處。貯藏期間氣溫超過 35℃或低於 17℃都會對第二年的生長開花不利，

最佳貯藏溫度為 20℃左右，進入 8 月以後溫度逐漸降至 15℃。鬱金香鱗莖含澱粉多，貯藏期間易被老鼠啃食，應注意防止鼠害。

> **花博士提示**
>
> 鬱金香品種間易雜交使品種混雜，應注意隔離栽植。如果種球未經冷藏處理，上盆後應置自然低溫（9℃）環境下養護，經歷低溫春化階段後才會正常開花。

秋季管理　秋季 9～10 月分栽小球。母球需每年更新，花後即乾枯，其旁生出一個新球及數個子球，秋季分離新球、子球栽種即可。種植土壤以中性偏鹼為好，若使用酸性培養土必須預先混合適量石灰。盆栽宜選擇充實肥大種球，每盆（口徑 20 公分）種植 3～5 個，種植深度以種球頂部與土面平齊為宜，種後澆足定根水。秋季選購種球時，應選播球莖豐滿、外表皮光亮無損傷、無病蟲危害痕跡、球莖周長 11 公分以上者。如果要提早在 2 月前開花，須選購經過冷處理的種球。

冬季管理　促成栽培：若想提前在冬季或早春開花，可選用經過低溫處理的種球，提前 50～60 天在溫室內進行促成栽培。促成栽培的基質用蛭石和腐葉土混合配制，消毒後上盆，種後覆土與球莖頂尖平齊，先在 9～12℃條件下養護約 30 天，促使球莖生根，再將花盆移放到溫室內光照充足處養護，保持室溫 20℃左右，大約 30 多天即可開花。

促成栽培中一定要保持盆土濕潤，切忌忽乾忽濕。展葉後，用 0.2%磷酸二氫鉀溶液噴施葉片 2～3 次，無需增施其他肥料，就能花開艷麗。

百合（*Lilium spp.*）俗名卷丹、番山丹。百合科、百合屬。百本類約 100 種，分布於北溫帶，中國產 30 餘種。花期 7～10 月。

多年生草本。多數種類喜冷涼氣候，耐寒力較強，而耐熱性較差，12～20℃為栽培適溫。要求日照充足，也適應半陰環境，但不耐暴曬和濃陰。由於多具底根和莖根兩層根系，故栽培土壤一定要深厚疏鬆、排水保濕良好，並富含腐殖質，不喜石灰質土質和鹼性土。

春季管理　春季可進行分栽，分株後的小鱗莖需培養 2 年才可開花。盆栽不宜每年翻栽，一般隔 3 年分栽 1 次，每次需換新土。盆栽種植宜選用矮生品種，每盆（口徑 20 公分）栽種 3 個球莖。盆土用園土、堆肥和河沙的混合土，並添加少量過磷酸鈣。種植前應在土壤中施足緩效的有機肥，基肥不宜施在球莖底層，最好與土壤充分混合攪拌，這樣有利於根系吸收。栽種宜深植（15～20 公分），種植後，必須灌足定根水。出苗前，應適時澆水，保持土壤適度濕潤，以利發根和迅速出苗。生長期宜偏乾，土壤太濕葉片易發黃，因此要適度控制澆水。

澆水的最佳時間是上午 10 時前後，這樣到傍晚時植株上的水分會收乾，可減少病害發生。萌芽出土到現蕾期間，應追施 2～3 次稀薄液肥，但不可追施過多的速效化肥。

夏季管理　夏季應創造涼爽的環境，溫度高於25℃會阻礙正常的生長發育，甚至產生盲花現象。

秋季管理　9月進行鱗片扦插繁殖，具體方法：將成熟健壯的百合老鱗莖取出，陰乾數日後用利刀切取鱗莖中部肥厚的鱗片，帶鱗莖盤，凹面向上斜插沙土中，鱗片應深插土中，頂端略微露出即可，最好扦插土先行消毒。

冬季需加防寒，宜置於15～18℃室內越冬。第2年春可萌生多個子球。自鱗片生根、發芽至植株開花，一般約需3～4年時間。

冬季管理　百合為無皮鱗莖，不能貯存於通風處，以免風乾。宜藏於微濕潤的沙、木屑或水苔中，置於陰涼處保存（適宜溫度為0～15℃）。

大岩桐（*Sinningia speciosa Benth.et Hook.*）俗名落雪泥。苦苣苔科、苦苣苔屬。原產巴西，世界各地溫室均有栽培。花期3～6月(溫室栽培)。

多年生肉質草本。喜溫暖潮濕，好肥，忌陽光直射，在生長期要求高溫、濕潤和半陰的環境，通風不宜過多，花期長。生長適溫為18～28℃。

春季管理　春季可播種：由於種子細小，需用3倍的細沙土混合後才能撒播均勻，將種子播於裝有培養土的盆中，播種不宜過密，以免出苗瘦弱和移植不便。播後覆以薄土，也可不覆土，輕輕鎮壓即可。播種完畢，將盆置水缸中，使盆土充分浸透，為避免水分蒸發，盆上蓋以玻璃，保持盆土的潮濕，並將盆

置半陰處。發芽適溫為 20～22℃，約 10 餘日就可發芽，發芽後揭去玻璃，以利幼苗生長。

由播種至開花需 5～7 個月。3 月播種，7 月開花，但春播植株小而花少，不及秋播植株生長好、開花多。大岩桐春季還可用葉插繁殖：選取健壯葉片，連葉柄一起取下，將葉片剪去一部分，葉柄基部修平，斜插於溫室沙床內，保持高濕、高溫，適當遮蔭，不久，葉柄基部生根，但葉插苗後期生長緩慢。因大岩桐播種容易，生長迅速，所以除保留品種外，多不採用葉插繁殖。

大岩桐多自花不孕，須進行人工授粉，可選有優良性狀之品種進行雜交。因花瓣很易霉爛，影響結實，所以，受精後，宜將花瓣去掉。一株上如花過多，也可摘去部分花朵，而使養分集中，有利於種子發育。花後一個月左右，種子成熟即可採種，採種宜在晴天進行。種子採收後，曬乾收貯於乾燥處，發芽力可保持一年左右。在開花期，如溫度逐漸降至 15～12℃，能使花期延長。

夏季管理　夏季（4 月以後）陽光強烈後要適當遮蔭，方能生長良好；否則，光線過強，則生長緩慢。開花後，逐漸減少澆水至停止澆水，植株進入休眠期。因大岩桐較耐高溫，夏季可置溫室蔭蔽、乾燥處休眠，嚴防過於潮濕而腐爛。

秋季管理　秋季翻盆後，開始澆水，促其重新萌發新葉。大岩桐秋季播種最好：8 月份播種，翌年 5 月開花，分批播種，可延長花期。當播種苗長出 2 枚葉片時，及早用竹筷將苗移植於

盆中，可防止小苗猝倒病的發生，移苗時也須注意遮蔭，避免強光。經過二次移苗後，長出 5～6 片葉時，再移入 3 寸盆中。盆土可用腐葉土、園土、廄肥等量配合。幼苗期間要加強養護管理，植株長出 3～4 片葉時，可施淡肥水 1～2 次，施肥前要鬆土，宜薄肥勤施，也可追施化學肥料，將其稀釋成 0.1%的溶液，每週施用 1 次，一般氮、磷、鉀比例為 1：1：1.5。

澆水須注意均勻，過濕根葉易爛。澆水、施肥時，切忌將泥土濺到葉面上和肥水沾污葉面、花蕾，通常施肥後應立即灑水沖洗，葉面和芽處如有水滴，必須用棉花吸去，否則易發生斑點和腐爛。如有黃葉，宜小心摘除，避免引起腐爛。同時，還需保持室內較高的濕度，如室內空氣過於乾燥，葉片易發黃，因而每日除澆水外，還應給環境噴水 1～2 次，以增加空氣濕度。陰天，因室內空氣濕度較大，可不必噴水。高溫時，注意通氣，但不能對流通風，以維持室內較高的空氣濕度。大岩桐生長期間，常有尺蠖偷食嫩芽，危害嚴重，應立即捕捉或及時噴藥。

冬季管理　大岩桐為喜溫暖、陰濕的半陰性植物，冬季室溫宜維持 18℃以上。

風信子（*Hyacinthus orientalis L.*）俗名洋水仙、五色水仙。百合科、風信子屬。原產南歐、地中海東部沿岸及小亞細亞一帶。荷蘭栽種最多。花期 3～4 月。

多年生草本。喜涼爽、空氣濕潤、陽光充足的環境，要求用排水良好的沙質土，低濕黏重土壤生長極差。稍耐寒，有春化要求。如果種植的鱗莖沒有經過低溫處理，那麼，種植後必須經歷一個低溫階段才能正常開花。對光照要求不嚴，在人工光照條件下也能正常生長開花，適宜室內栽培。

春季管理　2月開始長葉叢，應追一次以磷鉀為主的肥料，這有利促進生長開花。3月進入花期，4月花期結束後再追肥1次。

夏季管理　花後植株繼續生長，球根開始發育。炎熱天氣常使植株早衰，不利球根發育。為此應保持涼爽濕潤。5月下旬果實成熟，應及時採收。6月地上部分全部枯萎，球根進入休眠狀態。在休眠期進行花芽分化，分化適溫為25℃左右，分化過程需一個月左右。在花芽伸長之前還要經過兩個月的低溫環境，氣溫不能超過13℃。風信子在球根貯藏期間進行花芽分化，故需保持涼爽環境。

秋季管理　8月份為了擴大繁殖，可在休眠期間對大球採用閹割技術，以刺激長出更多的小球。操作時先將底部莖盤均勻地挖掉一部分，使莖盤處的傷口呈凹形，再自下而上縱橫各切一刀，呈十字切口，深達芽心，有黏液流出時用0.1%升汞消毒，然後在烈日下暴曬1～2小時，再平攤室內，將溫度控制在20℃左右，使其產生癒傷組織，再提高到室溫30℃、85%的相對濕度，3個月左右可長出許多小鱗莖。9～10月進行分球繁殖栽培，大球來年春可開花，子球需3年開花。一般家庭多購買商品種球種植。

地栽土壤要求為排水良好的沙質壤土或腐殖土。如果將其種植在黏土中，必須摻入草木灰和河沙進行改良。盆栽土壤用腐葉

土（或泥炭土）、苔蘚和河沙混合，盆土一定要瀝水快，若積水會造成花序枯萎。最好選用經過低溫處理的球莖種植。先將球莖用水噴濕後再上盆種植，每盆 1～3 球，覆土不宜過深，留鱗莖頂端露出土外，種植後最好在盆土表層覆蓋一層粗沙。先將花盆置於冷暗處（低於 10℃）40～60 天，保持盆土濕潤，當鱗莖長出發達根系後（有根須從盆底孔穿出），再移至 16～20℃且有光照的場所，這可提前到元旦、春節開花。

花博士提示

選購種球時應注意：鱗莖外表皮為紫紅色就開紫紅色花，白色開白花。紫紅色花的香味較為濃馥，粉紅色花較為清香，而白色花的香味最淡。

冬季管理　室內種植要加強通風，以免葉片發黃。養護時要注意經常澆水，保持盆土濕潤。如果土壤缺水，會嚴重影響生根發葉。

水養風信子

可於 12 月，選健壯飽滿的鱗莖，剝淨球莖的外表，放置在帶頸口的玻璃瓶上，口頸大小正好托卡住鱗莖。瓶中注入少量清水，也可搭配沙石粒等，但不要讓鱗莖直接接觸到水。

先將水養瓶放置在冷涼黑暗處（低於 10℃）。當芽與根長到 5～6 公分時，再轉至有明亮光照處，在 10～20℃條件下養護 40～50 天便可開花。

水養要經常轉動花瓶，使植株各個部分受日照均衡，每隔 3～4 天更換清水 1 次。換水時，只須傾倒容器，絕對不可將種球自容器內拔出，否則會因傷根而導致其生長開花欠佳。

馬蹄蓮（*Zantedeschia aethiopica Spreng.*）俗名慈姑花、野芋、水芋。天南星科、馬蹄蓮屬。原產南非。現世界各地廣為栽培。花期3～4月（溫室盆栽）。

多年生草本。喜溫暖、濕潤及稍有遮蔭的環境，但花期宜有陽光，否則佛焰苞常帶綠色。耐寒性不甚強，理想的生長溫度為8～25℃。冬季低溫和夏季高溫均會導致植株休眠。冬季要求有充足的光照，其他季節需遮光30%，夏季忌暴曬。

春季管理　馬蹄蓮喜水喜肥，生長期間澆水一定要充足，甚至可以直接將花盆擱置淺水槽中水養。除施基肥外，每隔10天左右追施一次液肥，2月後還要增施磷肥，以促使花蕾萌生。澆水施肥切忌澆淋株心和葉柄，以免腐爛。枝葉繁茂時需將馬蹄蓮外部老葉摘除，以利花梗抽出。春節時始花，3～4月份開花繁茂。

夏季管理　5月以後天氣變熱，葉片逐漸發黃，此時要減少澆水，將盆側放，令其乾燥，促其休眠。葉片全部枯黃後，倒盆取出球莖，用清水沖淨泥土，風乾後放置通風陰涼處貯藏。貯藏期間不要分割子球，以免造成傷口而引起球莖霉爛。

秋季管理　秋季取出塊莖栽植，栽植前應將塊莖底部衰老部分削去。球莖周圍每年分生出許多小球莖，在休眠期將母株上的小球莖剝離，另行栽植培

養1年，第二年即能開花。盆栽於9月下旬栽植，每盆植球4～5個，培養土要肥沃疏鬆，既瀝水又保濕，可用腐葉土2份、礱糠灰1份，或用泥炭土、園土、粗沙各1份混合配製，內加骨粉、廄肥或過磷酸鈣做基肥，以增加土壤肥力。由於地下根莖強健，宜選用較大（盆徑20～30公分）、較深的高腳盆種植，每盆種植3～4個粗狀帶芽的球莖，覆土後盆口應留較大空間，並覆蓋一層乾淨松針，以利於澆水和保濕。澆透水後，把盆放在半陰處，經過10～14天後出芽，約30天葉片基本生長齊整。霜降前（10月下旬），移入溫室或室內朝南向陽窗臺上養護。

冬季管理　冬季室溫應保持在10℃以上，並注意通風換氣，給予充足光照，少施氮肥，促進多開花。這樣春節後可陸續開花，到3～4月開花最盛。

大麗花（*Dahlia plnnata*）俗名大理花、天竺牡丹、西番蓮、大麗菊。菊科、大麗花屬。原產墨西哥高原地區。花期夏季至秋季。

多年生草本。喜陽光充足、溫暖及通風良好的環境，土壤以富含腐殖質，排水良好的沙質壤土為宜。既不耐寒又畏酷暑，喜高燥涼爽之氣候。生長發育適溫為15～25℃，氣溫超過30℃，生長發育受阻。

春季管理　春季繁殖：

①**分株繁殖**　在3～4月份將越冬貯藏的塊根埋植濕潤沙土中，在15～22℃條件下催芽，待新芽長出2～3公分後，用鋒利小刀將塊根從根莖處切割，因為僅根頸部有芽，所以分割的每個塊根上，必須有帶芽的根頸，切口處用草木灰塗抹，以防腐爛。

②**扦插繁殖**　盆栽多選用扦插苗，尤以低矮的中小花品種為好，適於室內點綴觀賞。3 月間將塊根在苗床或溫室中假植催芽，待芽高 6～7 公分時，下留兩片葉，採取插穗，進行扦插。當留下的兩片葉子葉腋處的腋芽長到 6～7 公分時，又可留下兩片葉，採下梢端扦插。這樣，可繼續扦插到 5 月為止。扦插苗經充分生長，當年即可開花，扦插早的，5～6 月份就能開花。

③**播種繁殖**　春播苗秋天即可開花，其長勢較扦插和分株者均為強健。大麗花性喜肥沃，尤其對大花品種更應注意施肥。盆栽土一定要混拌 30%腐葉土，並在盆底施放基肥,基肥勿與塊根接觸；春季生長期每週追施淡肥 1 次，花蕾吐色後加施 5%過磷酸鈣水溶液，能促使花色鮮艷。施肥時間以晴天傍晚最好。栽植園林中時，應選高燥處，或做高床栽植，嚴防漬水。栽植深度使根頸部低於土面 6 公分左右。

夏季管理　在生長期應注意修剪，6 月底到 7 月初，第一次花後，天漸熱而植株生長停滯，此時應進行修剪。方法是：自枝條中部兩葉之間扭折下垂，留高 20～30 公分，過幾天後，傷口部分乾縮再剪，這樣可以避免雨水灌入中空的莖內，引起腐爛。至 10 月份，可再次開花。生長季節應注意節制灌水，防止徒長。夏天植株處於半休眠狀態，一般不施肥。遇連雨天時，應傾倒花盆，避免盆內漬水爛根。

秋季管理　大麗花具有很大的變異性，每年都會出現大量的新品種，主要是由人工雜交、播種選育而出。一般雜交育種，

應於 9 月初授粉，20～30 天後種子成熟。秋涼待種子成熟後採收。

冬季管理　初霜（11 月）後，離地面 10 公分處剪去枯杆，壅土越冬，或挖起塊根，晾曬 2～3 天後，再埋藏於乾沙（木屑）中，貯於室內越冬。盆栽植株可將塊根留在盆內，連盆一起放在室內越冬。貯藏期間室溫宜保持 5～7℃，維持塊莖稍呈乾燥，不可澆水，待翌年分栽。

唐菖蒲（*Gladiolus hybridus Hort.*）俗名菖蘭、劍蘭、扁竹蓮、十樣錦。鳶尾科、唐菖蒲屬。原種來自南非好望角，經多次種間雜交而成。花期夏秋季。

多年生草本。喜溫暖，怕嚴寒，亦不耐高溫，尤忌悶熱，以冬季溫暖、夏季涼爽的氣候最為適宜。4～5℃時球莖萌動生長，生育適溫白天為 20～25℃，夜間為 10～15℃。栽培要求陽光充足，長日照有利於花芽分化。短日照能促進開花。要求土層為深厚肥沃、排水良好的沙壤土，不宜在黏重水澇的土壤中種植。唐菖蒲在長出 3 枚葉片時，基部開始抽花莖；4 葉時花莖膨大已明顯可見，6～7 葉時開花。一般種球至開花約需 70～75 天，亦有少數品種長達 80 天以上。

春季管理　秋季播種後到 3 月下旬，當小球莖如黃豆大時，即可定植露地。定植後老葉萎黃，進入休眠。不久重發新葉，生長至 6 月底至 7 月中旬開花。球莖的壽命為一年，老球莖每年進行一次更新。老球莖周圍著生許多子球，大子球當年栽種當年開花，小子球需培育 1～2 年才開花。選擇地勢高燥、空間

開敞、通風良好的場所，切忌選擇低窪陰冷環境，避免連作。

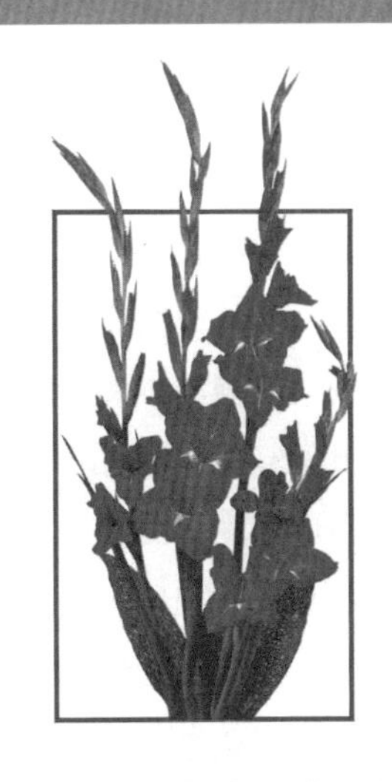

種植前，除去球莖外膜，浸入清水15分鐘後，再用50%的多菌靈可濕性粉劑500倍液消毒30分鐘。採用溝栽，溝距為30～50公分，株距為20～30公分。種球深度視土質而異，沙土偏深，黏土略淺，一般覆土標準為球莖高的2～3倍，並在土表覆蓋一層枯草。種植後要充分澆水，並保持土壤濕潤，有利於出芽整齊。整個生長期間必須保證水分充足供應，尤其在2～3葉期，如果供水不足，開花數量將顯著減少。但若遇連續雨天，則要及時開溝排漬，以免積水爛球。唐菖蒲喜肥，種植時可混施少量骨粉，也可在深耕後施腐熟有機肥，半月後再作畦種球。

生長期至少追施3次速效化肥：第一次在2～3葉期，促進花芽分化；第二次在5～6葉期，促進花穗生長；第三次在花後2週內，促進子球發育充實。植株生長至3～6片葉時，環境必須維持20℃以上溫度，否則不利於開花。

盆栽宜設立支架，以防植株倒伏而造成花序的彎曲。栽種的具體時間視地區條件、栽培目的及品種特性而定，一般從種植到開花需要60～90天。春季3月中下旬種植，6月中旬開花；4～5月種植，7月開花。

夏季管理　夏季7月種球，9～10月開花；8月初種球，10月底、11月初開花。一般6月份多不種球，否則花時適逢盛暑，開花不良，開花率不高。夏季如遇乾旱，應充分灌溉。入夏時如尚未種植，部分球莖開始抽芽，但對種植後的生長開花影響

不大。如在 5 月冷藏於 4～5℃冷室中，就不會有抽芽現象發生。

夏季炎熱而乾旱時，葉片易發生枯梢病，症狀為葉片頂梢枯黃，嚴重時全葉枯黃，應注意防治。

秋季管理 花後 40～60 天新球已充分成熟，即可挖掘，過遲採收會增加球莖的發病率。華中地區栽培可以不挖掘，讓球莖在土壤中自然越冬，但東北地區和華南地區都必須掘起球莖貯藏越冬。晚植者可於 11 月中下旬掘取。如掘球時梗葉仍綠，可先紮束或攤開曬乾，然後扯去葉片，取球貯藏。雜交育種時，要採取播種法繁殖，種子在 8 月份盆播或直播於冷床，盆播者須在發芽後移植冷室內苗床。

冬季管理 種球宜攤於室內多層架上，要求通風而乾燥，防止凍害。

球根海棠（*Begonia tuberhybrida*）俗名球根秋海棠、塊莖海棠。秋海棠科、秋海棠屬。原產秘魯和玻利維亞。花期夏秋季。

多年生草本。喜溫暖、潤濕及日照溫和的環境，栽培以富含有機質的微酸性疏鬆土壤為宜，畏嚴寒及酷暑。生長適溫 20～24℃，要求冬季不低於 10℃，夏季不高於 30℃，在炎熱或嚴寒地區均不適宜種植。不耐強直射光，長日照促進開花，短日照促進塊莖生長。

春季管理 以播種繁殖為主，播種常於 1～2 月份在溫室中進行。播種時，選淺平播種盆，用沸水燙洗消毒，裝入過篩的培養土。培養土用泥炭土（或腐葉土）與河沙（或蛭石）按 1：

1的比例混合配製，並添加1%過磷酸鈣粉。因種子相當細小，可將種子摻些細沙後均勻撒播。播後不覆土，用浸盆法灌水，放置半陰處，保持盆土濕潤，在20～23℃條件下，約20天發芽。小苗需移植二次促壯，最後定植於口徑15公分盆中。

栽種前用乾淨涼水（10℃）浸泡種球2小時，使其充分吸水，然後種植於口徑為15公分的花盆中。

種植土要求疏鬆、肥沃、排水良好而又保濕，可用泥炭土、腐葉土、粗沙等比例混合配製，並加入少量充分腐熟的有機肥。種後覆土1公分厚，澆足定根水，保持盆土濕潤，置於15～20℃的暗室或以報紙覆蓋其上，待芽長出2～3公分時，揭去報紙逐漸增加光照。

夏季管理 夏季養護是關鍵，要重視光照調節和溫度控制。球根海棠喜柔和的光線，強光會導致植株矮化、葉片捲縮、花被灼傷，但光線太弱，易引起植株徒長，開花稀少。因此，夏季必須適度遮蔭，尤其應避免西曬。高溫（超過32℃）對其生長極為不利，會造成葉片花芽脫落，甚至死亡，最好將環境溫度控制在25℃以下。生長期間忌暴雨澆淋和烈日暴曬，平時宜保持盆土濕潤，但澆水一定要適當，澆水不足會引起爛根、落蕾落花，而澆水過多常引起塊莖腐爛。一般每隔7～10天澆一次稀薄液肥，花蕾形成後，每10天追施一次0.3%的過磷酸鈣液肥，則可提高開花質量。開花前，應立支柱將植株綁紮好。

秋季管理 秋季葉片泛黃時，應逐漸節制澆水，促使植株逐漸轉入休眠。

冬季管理 晚秋氣溫低於15℃以後，植株逐漸枯萎，進入休眠期。此時將休眠塊莖連盆一起放在5～10℃的室內乾燥處貯藏越冬，控制澆水，以防塊莖腐爛。

鳶尾（*Iris tectorum Maxim.*）俗名蝴蝶藍、蝴蝶花、鐵扁擔、菖蒲。鳶尾科、鳶尾屬。原產中國中部。花期 5～6 月。

耐寒性強，但不耐炎熱。露地栽培的最適溫度為 13～17℃。喜生於排水良好而適度濕潤之土壤，而以含石灰質之弱鹼性土壤為最適宜。

春季管理　選購種球：選購球莖的周徑標準為 9～10 公分，最好選購未開過花的球莖。早春萌動前可進行分株繁殖。發芽展葉齊全時，應追施復合肥 1 次。

夏季管理　夏季現蕾和花謝後，各施追肥 1 次。鳶尾最忌乾燥，尤其是在抽生花蕾時，所以必須經常保持土壤適度濕潤。花期結束後應儘早摘除枯花，以促使球根肥大。

秋季管理　以分株繁殖為主。在秋季植株停止生長後，分割根莖或子球。根莖橫切 2～3 段，每段帶 2～3 個健壯芽種植。大量繁殖可分割根莖，扦插於 20℃的濕沙中，促其生長不定芽。10～11 月份霜降前開始栽種，翻耕土壤，混施腐熟的堆肥，也可用油粕、骨粉、草木灰等為基肥。種植前幾天充分灌水，以降低土溫和保持土壤濕潤。根莖類鳶尾宜淺植，覆土厚 3～5 公分。球莖類鳶尾宜深植，將球莖芽眼朝上，用手指按壓，將大部分球莖鑲入土中，然後覆土厚 7～10 公分，澆足定根水，並在土表覆蓋一層乾草。深植和覆蓋乾草都可為球莖生長提供理想的土壤溫度和濕度。整個生長期必須保持土壤適度濕潤，否則會導致花莖低矮。秋季

> **花博士提示**
>
> 鳶尾種球的選擇方法：未開過花的球莖呈卵圓形，具有 3～4 層皮；開過花的種球呈扁圓形，僅有一層皮。

也可播種繁殖，應於種子成熟後立即進行，則在第二年春季容易發芽，播種後2～3年開花。若種子成熟後（9月上旬）浸水24小時，再冷藏10天，播於冷床中，10月份即可發芽。

冬季管理 葉片枯黃後應及時清除殘葉，並應集中燒毀，以防病害等傳播。以根狀莖在露地過冬。小氣候良好之處，地上莖葉在冬季也不完全枯死。越冬時注意不要讓盆土積水。

網球花（*Haemanthus multiflorus Martyn.*）俗名網球石蒜、繡球百合。石蒜科、網球花屬。原產南非熱帶，我國引入栽培，在上海、北京、廣州常見。花期6～7月。

多年生草本。喜溫暖、濕潤及半陰環境。土壤以疏鬆、肥沃而排水良好的沙壤土或泥炭土為好。耐寒性差，春季氣溫回升到20℃以上，球莖開始萌動生長。生長期間宜有20～30℃溫度，到秋季降溫後葉片枯黃脫落，冬季休眠期也應保持5～10℃，否則易受寒害。

春季管理 4～5月份換盆時進行分株繁殖，將母球周圍的小子球掰離分栽即可。由於母球分生能力不強，故繁殖系數不大，且極為緩慢，3～4年方能繁殖1株。也可採用切割球莖底盤的方式促使其產生子球。多用盆栽，亦可地栽。盆栽培養土用腐葉土1份、園土1.5份、堆肥0.5份混合配製。每盆栽種1株，覆土避免深埋，以露出球莖1／3為

花博士提示

為使網球花延遲至國慶開花，可將休眠的盆球繼續乾燥，夏季放置半陰處，直至8月下旬後方給澆水，使其花葶迅速抽生，國慶前夕便能開花。

度。每年需翻盆重新種植，每年春季換盆時施足基肥。

夏季管理　球莖發芽後，澆水要適度，既要保持盆土濕潤，又不能讓盆內積水，以免因盆土過濕而爛根。生長期間常施以追肥，萌芽生長至開花期間，每半月追施一次液肥，花後再追肥 2 次。播種可在花謝後 50～60 天種子成熟時採種，隨採隨播。播後約 15 天出苗，長成第 1 片葉時移栽 1 次。苗期用 0.2%的磷酸二氫鉀溶液噴灑葉片 3～4 次以壯苗。從播種至開花，需培養 4～5 年。夏季光線太強時，宜將花盆移至半陰、涼爽通風處，尤其是花期，半陰的涼爽環境可適當延長開花。

秋季管理　入秋後，植株逐漸進入休眠，應嚴格控制澆水和施肥，僅保持盆土微潮即可。

冬季管理　11 月份葉片開始枯黃，逐漸進入休眠，此時應使盆土乾燥，鱗莖不必挖出，連盆一同放置室內維持 5℃左右的室溫，使其休眠。若露地栽植時，冬季需挖回鱗莖於室內越冬。

中國水仙（*Narcissus tazetta var. Chinensis*）俗名凌波仙子、金盞銀臺。石蒜科、水仙屬。原產於中國東南沿海一帶。花期 1～4 月。

多年生草本。喜溫暖、濕潤和陽光充足環境，較耐寒，尤喜冬無嚴寒、夏無酷暑、春秋多雨的環境。對土壤適應性較強，但以土層深厚疏鬆、濕潤而不積水的地塊生長最好。秋季生長（11 月開始），冬季開花，春季長球，夏季休眠（6 月上中旬開始）。適合淺盆水養。

春季管理　一般經水養開花後，鱗莖內的養分已耗盡而空癟，這種鱗莖沒有產生更新鱗莖的能力，來年不能開花。

夏季管理　6月中下旬莖葉逐漸枯黃進入休眠狀態，花芽分化常在休眠期間進行，中國水仙花芽一般在8月上旬分化。

秋季管理　中國水仙是三倍體，具有高度不孕性，不結實，只能分球繁殖。9～10月間，將母球上自然分出的小鱗莖（俗稱腳芽）掰下來作為種球分栽，經3年翻種培養即可成為能開花的種球。

盆栽方法：9～10月間選用碩大鱗莖，每盆種1株。盆土用腐葉土與河沙混合，盆底墊施有機堆肥，種後覆土超過頂部2～3公分厚。置於陽光充足處，霜降後轉入室內，放置在朝南的窗臺上，加強肥水管理，可使其冬季開花。盆栽要避免急劇溫度變化和過渡乾燥。

冬季管理　**水養方法：**秋冬之際，在氣溫10～15℃條件下，若想元旦開花，需要提前50天左右水養；若想春節開花，則需提前40天水養。

具體方法：剝去鱗莖的褐色表皮，用鋒利刀具將球莖頂部切割一個十字形開口，以幫助鱗莖內的芽抽出，注意勿傷莖芽。然後用清水浸泡1天，取出擦淨切口流出的黏液，再用脫脂棉花敷於切口和根基，這樣既利吸水保濕、促進生長，又可避免造成切口和鬚根焦黃而影響美觀。最後以水石養於淺盤中，灌入清水至鱗莖基部，要防止水面浸過鱗莖雕刻過的傷口部位，以免使傷口因浸水而腐爛。水養時還可用雕琢鱗莖的方法，創造各種姿態，以增加水仙花賞玩的藝術性和趣味性，雕刻水仙時千萬勿傷及花芽。初期3～5天，放置陰暗處，給予10℃以下的低溫，以促進根系生長，待根系長至3公分時，再放置於室內向陽的窗口處，室溫保持10～15℃，使其充分接受光照，這樣葉片才長得肥短蔥綠，花開得大而香。水養溫度不宜過高，光線不宜過暗，否則葉片和花葶生長弱而易倒伏。每隔1～2天換清水1次，以保證水質清潔。為了達到矮化植株的目的，也可傍晚將水倒盡，次日清晨再灌水。水養勿需施肥，但添加3～4次0.2%的磷酸二氫鉀水溶液，可使其開花茂盛，並能延長花期。

花博士提示

選購商品球莖的方法：一般球徑大的，其花枝數多。從球莖的外型也能大略判斷其質量好壞。優質球莖扁圓肥大，側球勻稱，上部芽尖飽滿，下部根盤寬厚，並完好無損。若用手指擠壓球莖有堅實感，表明其花芽多，反之則品質不好。

藏紅花（*Crocus spp.*）俗名番紅花、西紅花。鳶尾科、番紅花屬。原產小亞細亞。春花者1～2月， 秋花者10～11月。

多年生草本。喜溫和涼爽，畏炎熱，有一定的耐寒性。生長適溫10～20℃。要求日照充足，也耐半陰。在富含腐殖質、排水良好的沙壤土中生長最佳。

春季管理 花謝後應及時剪除殘花減少養分消耗，並追施一次硫酸鉀，可以促進新子球增殖。

夏季管理 待葉叢枯黃時，將球挖起，曬乾，貯藏於通風涼爽之處。

秋季管理 以分球繁殖為主。花後，母球莖逐漸萎縮（球莖壽命為一年），其基部的主芽和側芽膨大形成大小不等的新子球。每年 8～9 月份將新子球挖出分栽，大子球當年或翌年開花，小子球要繼續培養 2～3 年後才可開花。園林布置中，可 3～4 年掘起分栽 1 次。

花博士提示

藏紅花促成栽培：9 月初將球莖置於 6～10℃的低溫下，乾燥貯藏 8～10 週，然後栽培於溫室內，注意養護管理，12 月中下旬即可開花。

盆栽：宜選春季開花的種類，培養土用腐葉土（或泥炭土）2 份、園土 1 份、河沙（或珍珠岩）0.5 份、有機堆肥 0.5 份混合配製，9～10 月份上盆種植，每盆種 5～6 個球。球莖主芽向上輕壓溝內，植深 5～8 公分。每年翻種更換新土，這有利於生長。生長期保持土壤乾濕適宜，以利生根。以基肥為主，生長期僅追施 2～3 次稀薄液肥，不宜多施肥，尤其是氮肥，否則易造成球莖腐爛。

冬季管理　初冬時不必把盆移至溫暖處，放置稍寒冷的地方反而可延長花期。藏紅花可水養，水養時應每天至少接受 4 小時的光照。其他方法與水養水仙相同。

花毛茛（*Ranunculus asiaticus*）俗名芹菜花、波斯毛茛。毛茛科、毛茛屬。原產歐洲東南部及亞洲西南部。花期 4～5 月。

多年生草本。喜涼爽及半陰環境，較耐寒，只要保持夜溫高於 5℃，植株就能正常生長。生長期不耐高溫（10℃以上），溫度過高反而對其生長開花不利。忌炎熱和強光直射，5 月底或 6 月初即休眠。既怕

濕又怕旱，要求排水良好的肥沃中性或偏鹼性土壤。

春季管理 當春季旺盛生長時期應經常澆水，保持濕潤（花期盆土宜稍乾），花前施追肥 1～2 次，可促成花開茂盛。在現蕾初期，每株選留 3～5 個健壯花蕾，其餘摘去。生長時期忌土壤積水，不然會導致黃葉。花後若不留種，應及時剪去殘花，並追施 1～2 次液肥。

夏季管理 夏季炎熱時，植株休眠，將塊根採收後，曬乾放置於通風乾燥處，使其休眠，否則塊根易爛。盆栽者也可仍留原盆中越夏。

秋季管理 以分株繁殖為主，9～10 月間，將塊根帶根莖掰開分栽。種植時間在立秋後，應愈早愈好，可促使株叢充分長大，次春能開好花，但早栽溫度高，塊根易腐爛，故最好是盆栽，放置冷涼和半陰環境中。種前用溫水先浸泡塊根 2～3 小時，有利於發芽。培養土用腐葉土（或泥炭土）2 份、園土 2 份、河沙 1 份混合配製，在酸性過強的土壤中生長不良，盆土要添加少量石灰進行調節，並施基肥。

秋季將塊根上盆，覆土應淺，使土面與根莖平齊為宜。室溫最好控制在 8～12℃，不宜太高，並注意通風換氣，如果高溫高濕，很容易引起植株徒長、黃葉和莖基病腐。秋季露地也可播種繁殖，溫度不宜超過 20℃，否則種子不發芽或發芽遲緩。在 7～10℃條件下，20 天就可發芽。小苗移栽後，轉至冷床或塑料大棚內培養，翌春即能開花。花毛茛若作促成栽培，必須在種植前對塊根進行 5℃冷藏處理。

冬季管理 冬季氣溫下降後，加上塑料薄膜保護。在晴天，注意換氣。

美人蕉（*Canna Spp.*）俗名苞米花、曇花。美人蕉科、美人蕉屬。原產美洲熱帶、幾亞洲熱帶。花期夏秋（6～11月）。

多年生草本。喜溫暖而炎熱的氣候，好陽光充足。不耐嚴寒，遇霜凍地上莖葉枯萎。在淮河以南地區可露地越冬，以北地區需掘出塊莖保護越冬。對土壤適應性強，不擇土質，較耐乾旱，但在肥沃濕潤的土壤中生長最好。

春季管理　在4～5月間芽眼開始萌動時進行分株繁殖，將根莖切割，每塊帶2～3個芽，栽植深度8～10公分。栽植時宜施基肥，多用遲效性肥料。育種用播種繁殖，4～5月用利具將堅硬的種皮割口，或在26～30℃中溫水浸種一晝夜後露地播種，播後2～3週出芽，長出2～3片葉時移栽1次，當年或翌年即可開花，但第一年花色、花型常不穩定，第二年才較為穩定。盆栽宜選用矮生品種，盆土用有機質含量豐富的壤土，加少量河沙混合。春季晚霜後種植，每盆栽1～2株，栽後澆足水，並保持盆土濕潤，否則會導致葉邊焦枯，甚至開花稀少。

夏季管理　盆栽者植株長至3～4片葉後，每10天追施一次液肥，直至開花，開花期可連續追施2～3次復合肥液。美人蕉雖耐乾旱，但水分充足才能花繁葉茂。花後及時剪去殘花，促使其不斷萌發新的花枝，方可開花不斷。

秋季管理　盆栽者秋季霜凍前及時移至室內養護越冬。

冬季管理　地栽者等地上部分枯萎後，剪去枯葉蓋於植株上，並壅園土，可安全越冬。寒冷地區，應掘起根莖置於室內乾燥貯藏，受潮易腐爛，也勿過乾，否則使根莖幹縮。

萱草（*Hemerocallis fulva L.*）俗名金針花、黃花菜。百合科、萱草屬。原產中國南部，各地園林多栽培。歐美各地近年栽培頗盛。花期 6～7 月。

性強健而耐寒，對環境適應性較強，喜光照，也耐半陰。在華東不加防寒就可露地越冬。對土壤要求不嚴，但以富含腐殖質、排水良好之濕潤土壤為好。栽培管理簡便。

春季管理　春季進行分株繁殖，將掘出的根系剪去老根和過多鬚根，每叢帶 3～4 個完整的芽頭分栽。一般不宜每年分栽，一般 3～5 年分株 1 次。早春分栽的新植株當年即可開花。

適宜庭園露地栽植，按行距 50 公分穴植。種前施入腐熟之堆肥做基肥，種後覆蓋一層細土，覆土厚度僅蓋住芽頭即可，尤其是較黏重的土壤更不宜太深。

盆栽宜選用大盆種植，每盆至少栽種 3 株，每年換盆 1 次。植株生長 4～5 年後，長勢漸弱，開花漸少，最好 3 年左右時間分株 1 次，以刺激植株旺盛生長。

夏季管理　夏季注意抗旱，生長期間須經常鬆土除草，開花前追施 2～3 次肥水。高溫多雨容易產生蚜蟲和鏽病危害，注意及時防治。萱草雖比較耐陰，但過度蔭蔽會導致開花減少。

秋季管理　秋季 10～11 月間葉枯後也可進行分株繁殖。播種繁殖者，可於秋季採種後即播，翌春發芽；春播當年不發芽。

冬季管理　秋季地上部分枯萎後，剪去殘留的枝葉，略加壅土越冬。

鶴望蘭（*Strelitzia reginae*）俗名天堂鳥花、極樂鳥花。旅人蕉科、鶴望蘭屬。原產南非好望角。花期春夏。

多年生常綠宿根草本花卉。喜溫暖濕潤，不耐寒，冬季溫度應保持 5℃以上。適宜在肥沃、疏鬆、排水良好的土壤中生長，畏水澇。用鹼性土栽種會引起黃葉。

春季管理　分株繁殖在早春結合換盆進行，選取分蘗多的植株，按 2～3 個芽為一叢，用利刀從根莖結合薄弱處分割，同時每叢至少要帶 2～3 條肉質根。切口應充分乾燥，並塗抹木炭粉或硫磺粉，以防腐爛。種後不要立即澆水，放於陰處 2～3 天後再澆水養護。由於根系發達，盆栽者需選用較深大的瓦盆，每隔 2～3 年換盆 1 次，去掉舊培養土和老根，促進植株萌生新根。換盆時間以 4～5 月份為宜，要用疏鬆排水良好的培養土，並在盆底多墊一些碎瓦片或碎石，以利排水，同時施足基肥。種植深度以根莖與土表平齊為宜，不要過深，以免影響出芽。

初上盆讓盆土稍微偏乾，有利於生根和恢復生長。鶴望蘭春夏開花，維持環境溫度 15～22℃能促其開花不斷，花期長達 3～4 個月。

夏季管理　喜日照充足，但忌烈日暴曬，春秋冬三季需放於日照充足處，夏季則應置於半陰處。夏季除日常澆水外，尚應用清水噴灑葉片及周圍地面，借以增加空氣濕度。整個生長季，每 2 週施稀薄肥水 1 次，多雨季節要注意排水。

秋季管理 鶴望蘭一般不結實，人工授粉後可結實，授粉後 3 個月種子成熟，採種後需立即播種，在 20～30℃時將其點播於沙床上，保持沙土濕潤，約一個月後生根發葉，2 片葉時移栽。從播種至開花約需 3～5 年。鶴望蘭不耐寒，入秋後必須轉入到溫室或室內保護越冬。

冬季管理 冬季室溫最好維持在 10℃以上。澆水要適中，注意盆土不能積水，不然會引起根部腐爛。常給葉片噴水，提高空氣濕度，有利於植株的生長。冬季室內養護若通氣不暢，易孳生蚧殼蟲，應注意防治。

荷包牡丹 (*Dicentra spectabilis Lem.*) 俗名兔兒牡丹。罌粟科、荷包牡丹屬。原產中國北部及日本、西伯利亞。中國各地園林均有栽培。花期 4～5 月。

多年生宿根草本。性耐寒而不耐夏季高溫，忌日光直射。喜土層深厚、排水良好、富含腐殖質的沙壤。不耐乾旱，更不耐水濕。春季萌動較早，4～5 月即可開花。花後至 7 月間莖葉漸黃而休眠。

春季管理 早春萌動前應追一次肥。長年栽植會老化，應每 2～3 年分栽 1 次。早春分株應搶在莖葉萌動前，宜早不宜遲。分株時挖起地下根莖，用手按自然縫隙處順勢將根莖掰開，稍曬乾傷口後分栽即可。栽種後不要立即澆水，待 4～5 天後再澆。盆栽宜選用深盆，培養土用腐葉土、園土及少量有機肥料混合配製，並應在盆底多墊些瓦片，以利排水。種後覆土 2～3 公分，不宜太深。分株時也可利用斷根進行根插，插床用砂質壤土

或河砂均可。由於荷包牡丹花莖鮮嫩，易折斷，開花時需設立支架綁縛保護。生長期澆水一定要均衡適度，注意始終保持土壤適度濕潤，忌過乾或過濕，不然易導致黃葉、落葉或爛根。

荷包牡丹可進行促成栽培，待秋季落葉後栽於盆中，放於冷室，至 12 月中旬再移至 10～13℃溫室內，經常保持濕潤，2 月間即可開花，花後再放置冷室內，早春來臨重新栽植露地。根據促成栽培開始的時間早遲，可分別在 2～6 月間開花。

夏季管理　花期可剪去花蕾進行枝插。花後再追肥 1 次。夏季要加強通風，盡量創造涼爽的環境條件，以保證其能安全越夏。

秋季管理　秋季落葉後須追一次肥，10 月也可進行分株栽植。秋季可進行播種繁殖，實生苗約需 3 年方可開花。

冬季管理　地栽者冬季倒莖後，土表覆蓋稻草或壅土防寒。

芍藥（*Paeonia lactiflora Pall.*）俗名將離、婪尾春、沒骨花、余容、犁食。毛茛科、芍藥屬。原產中國北部、日本及西伯利亞一帶。花期花期 4～5 月。

多年生宿根草本。性耐寒，夏季喜冷涼氣候。要求陽光充足，以疏鬆、肥沃、排水良好的壤土及砂質壤土為宜，忌土壤黏重積水。

春季管理　早春植株萌動前少澆水，萌動生長至開花後再適當增加澆水，並保持土壤乾濕適度，但不能積水。春季在芽萌動及開花前後各施追肥 1 次，追肥用復合肥較為理想，並注意

氮、磷、鉀三要素的均衡。在開花前須保持濕潤，才可開花良好。芍藥開花前應保留 1～2 個頂蕾，其下的 3～4 個側蕾通常疏去，使養分集中於頂蕾，保證開花質量。開花時對易倒伏之品種，應設立支柱。

夏季管理　花後還應及時摘除殘花，避免因結實而消耗養分。

秋季管理　芍藥要在秋季分栽，不能春季分栽。中國花農有「春分分芍藥，到老不開花」之諺語。原因為：芍藥在 9 月下旬至 10 月上旬分株後，可於冬季來臨前使根系有一段恢復生長時間，產生新根，對次年生長有利。

分株的方法是先掘起數年生的老植株，震落附土，然後順自然已分離之處分開，也可用刀劈開，使每叢附有 3～5 芽。注意勿傷芽頭，在切口處塗抹木炭粉或硫磺粉以保護傷口。然後再種植，到翌春即可開花。

一般家庭養花，6～7 年分株 1 次。芍藥根系較深，栽植應行深耕，並應施足基肥，如腐熟堆肥、廄肥、油粕及骨粉等均可。栽植深度不宜過深或過淺，種植深度以剛好掩沒芽頭為度，在覆土同時予以適度鎮壓。種後不必立即澆水，經過 7～10 天後再澆水，以防爛芽爛根。

冬季管理　每年秋冬之際視土壤肥瘠情況，可再施一些遲效性肥料。

觀葉花卉

龜背竹（*Monstera deliciosa*）俗名蓬萊蕉、電線蘭。天南星科、龜背竹屬。原產南美洲、主要分布在墨西哥的熱帶雨林。花期 8～9 月。

大型蔓性多年生草本。龜背竹葉形奇特，姿態優美，是極好的室內觀葉植物，其裝飾性強，耐陰性也極強，適合單獨放置於展覽大廳、辦公室或客廳美化環境。

喜溫暖、濕潤及半蔭的環境。不耐寒，冬季溫度不低於5℃。忌強光暴曬和乾燥，較耐陰。甚耐肥，適宜生長在富含腐殖質的土壤中。

春季管理　春季是換盆和繁殖的季節。重點要做好扦插繁殖工作，換盆土壤以腐葉土為主，適當摻入壤土及河沙。

扦插繁殖方法如下：從莖節的先端剪取插穗，每節插穗需帶 2～3 個莖節，除去部分氣生根，去葉或帶葉插入沙床中，一般 4～6 週生根，10 週左右可以長出新芽。

老植株要追肥，用一般的腐熟的餅肥液即可，也可用 0.2%的磷酸二氫鉀溶液噴灑葉面。

夏季管理　夏季要注意遮蔭，不可曝曬，否則會引起葉片失去光澤，甚至灼傷。盆栽應置於半陰處養護，要多澆水，並經常進行葉面噴水，保持環境的空氣濕度。每半月施一次腐熟的餅肥，注意不要把肥水澆到葉面上，以免葉片腐爛，影響其觀賞效果。

秋季管理　秋季要繼續防曬，繼續遮蔭，要經常給葉面噴水，保持環境的空氣濕度。保持寧濕勿乾的澆水原則，將春季扦插的苗子上盆分栽，並進行遮蔭養護。初栽時應設架支撐，定型後注意整枝修剪和更新。

冬季管理　冬天應置光線明亮處，如果長期放置光線過暗的環境，葉片會長得偏小，而葉柄又顯得細長。冬季還要減少澆水，保持盆土稍乾以能提高抗寒力。溫度保持在5℃以上。在北方要進溫室養護栽培，由於室內空氣不流通和長期乾燥容易引起葉斑病、灰斑病及莖枯病，可用65%代森鋅可濕性粉劑600倍液噴灑。蚧殼蟲是最常見的蟲害，可用透明膠帶黏去，再用40%氧化樂果乳油1000倍液噴殺。

鵝掌柴（*Solefflera octophylla*）俗名土葉蓮、鴨腳木。五加科、鵝掌屬。原產中國南部及日本。花期一般不開花。

多年生常綠灌木或小喬木。喜溫暖、濕潤，不耐旱；不耐寒，過於乾燥，葉色會變黃。耐肥沃，要求疏鬆、肥沃土壤。

冬季溫度不低於 8℃。稍耐陰，忌夏季烈日直曬，其他季節需適當光照。

春季管理　春季是生長和換盆的季節，也是繁殖的大好時期，常用播種繁殖，一般在 4 月下旬用腐殖土或沙壤土盆播，將種子均勻撒入盆土中，並覆蓋上一層碎壤土，其厚度不能大於種子直徑的 1～2 倍。保持土壤濕潤，如果溫度保持在 20～25℃，半月後即可出苗。換盆土壤一般用腐葉土和園土混合而成的培養土。換盆時可施放適量基肥。在北方春季剛從溫室出房，要注意防止早春的凍害，以免葉片受傷壞死，從而影響觀賞效果。

夏季管理　夏季也是繁殖的好季節，一般用扦插法繁殖。具體的方法是：5、6 月份，剪取當年生枝條作插穗，每支插穗保留一片復葉，插於沙床中，保持濕潤，注意遮蔭，經過 20～30 天便可發根。夏季也是鵝掌柴生長的旺季，要注意遮蔭，適當多澆水，保持盆土濕潤，還要給葉片噴水，增加環境濕度。適當施肥，每隔 10 天施一次液體肥料。注意不要將肥水濺在葉片上。夏季還應注意修剪，由於鵝掌柴容易生長徒長枝，要經常修整從而使株型豐滿。

秋季管理　秋季除了繼續日常養護外，要將扦插苗和播種苗上盆分栽，上盆後，澆透水，置半陰處養護。室內擺放時間不宜太長，否則會引起落葉。在室內擺放時不能過多澆水，否則引起葉尖發黑。適當減少施肥次數。

冬季管理　入冬後應少澆水，不施肥，以增強抗寒能力，並且保持溫度在 8℃以上；在寒冷的地方要進溫室養護，否則遇

冬季低溫會落葉。

此時植株應置於光線明亮處，在濕熱及通風不良的情況下常有蚧殼蟲、炭疽病發生。蚧殼蟲一般人工用刷子蘸水刷去，炭疽病一般用多菌靈噴灑。

波士頓蕨（*Nephrolepis exaltata cv. Bostoniensis*）俗名羊齒植物、雛葉腎蕨。腎蕨科、腎蕨屬。原產亞洲、中南美洲等地熱帶雨林中。

多年生常綠草本。此品種的野生種分布在熱帶雨林中，附生或陸生，性喜溫暖、濕潤、蔭蔽的環境。喜高溫，20℃以上才開始生長。

春季管理　首先是進行換盆，換盆土宜用富含腐殖質的培養土，植株上盆後，置遮蔭處養護。生長期需保持在20℃以上，此時也可以進行分株繁殖，即從匍匐莖上分離出小植株，分別栽植上盆。

夏季管理　夏季應置於閃射光的環境下，充分澆水，且時常進行葉面噴水，保持較高的空氣濕度，否則空氣乾燥會導致葉緣枯焦。若生長不旺，最好追施含氮濃度較高的肥水，但肥水不要過濃。

秋季管理　仍要經常保持較高的空氣濕度。由於波士頓蕨的根芽生長很快、老葉易枯，容易造成盆中擁擠不通氣，故應適時整形疏剪，去掉枯枝老葉。還

要防止蚜蟲、蚧殼蟲危害，一旦遭危害，可用 40%氧化樂果乳油 1000 倍液噴殺。

冬季管理 冬季植株生長緩慢時，應少澆水，停止施肥。盆土不能積水，否則葉片發黃。入冬後保持 5℃以上即可越冬。如果冬季長期處於 5℃以下的環境中，葉片會脫落。

吊蘭（*Chlorophytum comosum*）俗名掛蘭、折鶴蘭、釣蘭。百合科、吊蘭屬。原產南非。花期 3～6 月。

多年生常綠草本。喜溫暖、濕潤及半陰的環境。既不耐寒冷也不耐暑熱，生長期室溫宜 20℃左右，冬季溫度不可低於 5℃。稍耐陰，在強烈陽光直射或嚴重光照不足時，均會導致葉片枯尖。好疏鬆、肥沃的沙質壤土。

春季管理 每年春季翻盆一次，去掉一部分老根，以促進新根生長。盆土一般用腐葉土與園土混合，盆底多墊些碎瓦礫以便於濾水，使盆土保持濕潤而不積水。在室內擺放時，要放置在有陽光斜射的地方。

也可結合換盆進行分株繁殖，將叢狀較大的株叢用利刀將根莖分成若干帶有根系的小叢進行分栽上盆，或將枝節上長滿葉叢和氣生根的幼株剪下進行分栽，然後放在蔭蔽處養護，保持土壤濕潤。這種方法成活率高，植株成形快速。

夏季管理 夏季是生長旺季，要加強肥水管理，要有充足的水肥供應，夏季注意遮蔭，利用噴水保持較高空氣濕度。每隔 10～15 天施一次液肥，肥水不要太濃，最好是澆完肥水後再澆一遍清水，以免葉片上殘留肥水，使葉片發黃，並出現黃斑。要

防暑降溫，加強通風，避免蚧殼蟲危害，如果出現蚧殼蟲要及時發現及時人工刮除。應放置在半陰環境，光線太暗或日照太強都會造成葉片枯尖。

秋季管理　秋季要繼續水肥供應和遮蔭，用噴水保持較高空氣濕度。澆水應避免灌入株心，否則易造成嫩葉腐爛。盆土不能積水，否則會造成黃葉，甚至爛葉。此時繁殖主要以扦插為主，即將枝節上長滿葉叢和氣生根的幼株剪下插入土壤中，並保持土壤濕潤，很快即可生根。

冬季管理　冬季室溫保持在5℃以上，並適度控制澆水量，以盆土稍乾為宜，盆土過於潮濕會誘發灰霉病、炭疽病和白粉病危害而爛葉。一旦發病，可用50%多菌靈可濕性粉劑500倍液噴灑。

文竹（*Asparagus plumosus*）俗名雲片竹、刺天冬。百合科、天門冬屬。原產南非南部。花期6～7月。

多年生蔓性常綠亞灌木。喜溫暖，不耐寒，越冬應在5℃以上，低於3℃莖葉會凍死。喜濕潤，忌積水，不耐乾旱，盆土過濕會爛根落葉。較耐陰，怕強光直射。要求肥沃、通氣、排水良好的沙壤土。

春季管理　春季是最佳繁殖季節，一般用播種法和分株法進行繁殖。

①播種繁殖 文竹的種子在冬季或初春成熟，種子採收後搓洗去果皮和果肉，就可直接進行播種。也可洗後曬乾、貯藏備用。大批量播種可在溫室或塑料棚內作床進行，少量的可用淺盆或木箱放腐殖土播種，種子播下後覆細沙 0.5 公分左右，隨後用噴水壺澆透水，蓋上玻璃，放在日光下，並保持土壤濕潤，切勿過濕和用不透氣的塑料鉢播種。文竹的種子發芽緩慢，如果溫度過低，需要 2 個月才能出芽，一般 40 天左右就可出苗，小苗可在秋季或來年春季進行移栽，移栽環境一定要做到遮蔭、通風，土壤要乾濕適度。否則葉片會發黃，甚至死亡。

②分株繁殖 文竹是多年生草本植物，叢生性極強，極易從根部萌發出新的根櫱，使整個株叢不斷擴大，因此，要想快速繁殖文竹，可結合春季換盆，把整個植株分切成若干小叢，直接上盆培養。但這種方法培育出的植株，株型一般不太好看，要經過修剪才能達到預期的效果。換盆土壤用腐葉土、園土與河沙混合配成。

夏季管理　文竹夏季養護管理的關鍵是澆水，生長期要均衡澆水，始終保持盆土適度濕潤，不能過濕，更不能乾旱，否則都會造成黃葉。文竹較喜肥，生長期每個月追施 1～2 次薄肥。開花後要停止追肥，適當控水，不要讓雨水淋著，文竹在半陰條件下生長最佳，夏季應放在沒有陽光直射的地方養護；夏季易發生蚧殼蟲和蚜蟲危害，可用 40%氧化樂果乳油 1000 倍液噴殺。

秋季管理　此季節可以適當給予光照，以使文竹葉色蒼翠。蒔養多年的老植株，大多枝葉密集，株形高而散亂，葉色暗淡泛黃，為控制植株高度和促進生長繁茂，可在生長期間從根莖處剪掉全部枝叢，促使其重新從根際萌發新的枝葉，這樣得到的新枝將長勢旺盛。要繼續施肥，也要適當遮蔭，要防止灰霉病、葉枯病危害葉片，可用50%托布津可濕性粉劑1000倍液噴灑。

冬季管理　入冬後應減少澆水，停止施肥，保持溫度在5℃以上。如果溫度低於3℃，整個植株就會因受寒害而致死，注意不能讓盆土乾燥或漬水，兩者都會引起葉片泛黃。重者會發生根腐病。盡量多見陽光。

武竹（*Asparagus myriocladus*）俗名密花天冬、松葉文竹、天門冬。百合科、天門冬屬。原產南非。花期7～8月。

多年生常綠亞灌木。喜溫暖，生長適溫20～30℃，稍耐寒，冬季最低溫度在3℃以上即可越冬。較耐陰，怕強光直射。喜濕潤，忌積水，要求土壤通氣及排水良好。

春季管理　春季是換盆和分株繁殖的時間。分株常結合換盆時進行，將豐滿的株叢倒出舊盆後，分切成數小叢，剪去部分老根，另行栽植上盆即可。培養土用腐葉土7份與河沙3份混合配成，以利於通氣和排水。春季也可進行播種繁殖。大量繁殖可採用播種法。收取變紅成熟的種子，直接播於盆土中，覆土以不見種子為度，在20溫度條件下，30天左右可出苗。播種繁殖成苗慢，時間長，家庭很少採用。

夏季管理　夏季是生長旺盛的季節，應經常澆水，保持盆土濕潤，但不能積水，尤其在夏季雨水多的時候，不然會引起根爛葉落。夏季要注意遮蔭，避免強光直射，以免造成焦葉。生長期宜半個月施一次肥，並適當增施氮、鉀肥，以促使枝葉更加翠綠。

秋季管理　秋天隨著氣溫慢慢下降，　武竹的長勢也逐漸減弱，應逐漸減少澆水量。適當修剪，增施氮、鉀肥，使其莖枝挺拔，枝繁葉茂。健康的植株不易染病。偶爾受蚜蟲、蚧殼蟲危害，可用40%氧化樂果乳油1000倍液噴殺。

冬季管理　冬季減少澆水，保持盆土見乾見濕，切忌積水。以偏乾為宜，不然易引起葉片發黃。不宜長期放置於光線過暗的環境中，否則會導致葉片發黃脫落。

蟆葉秋海棠（*Begonia rex hybrids*）俗名蝦蟆海棠、毛葉秋海棠。秋海棠科、秋海棠屬。印度阿薩姆地區。花期6～8月。

多年生草本。喜溫暖、濕潤的生活環境，冬季溫度不低於10℃，不耐寒冷，也不耐酷暑，夏季需要涼爽、半陰和空氣濕度大的環境。不耐高溫，怕強光直射。不耐鹽鹼和乾旱，也不耐瘠薄。

春季管理　每年春天要進行換盆，盆土用2份腐殖土、2份淋去鹼性的爐渣、1份園土混合。由於蟆葉秋海棠的小苗比較嬌嫩，換盆移栽時要特別細心，起苗時適當帶些原土，栽入裝好培養土的花盆之後，用手輕輕將小苗根際區培養土壓實，澆透水，置蔭棚下養護，栽植時切忌埋土過深。分株繁殖與春季換盆

同時進行，將根狀莖掘出，選擇鮮嫩具頂芽的根莖分段上盆，每盆栽 2～3 段。

夏季管理 夏季要每隔 10 天追施稀薄肥水 1 次，由於天氣炎熱澆肥水時應注意不要將肥水濺落在葉面上，以免爛葉，還要注意加強通風，最好是放置在室外通風的蔭棚下面。夏季也可以進行葉插繁殖。

葉插較易成活，一般在夏季摘取已展開的葉片，用鋒利的刀片在葉背主脈分枝處將葉作扇狀切開，再將每個扇狀插葉平鋪在扦插床面上或插入床內，使切口與床面接觸。插葉用土是在河沙中加入等量的珍珠岩或蛭石配成。插植完畢後要充分澆水，保持床面潮濕，但空氣濕度不宜太高，否則易爛葉；溫度保持在 20℃左右。一個月後，在切口處形成癒傷組織並長出許多小苗，可分株進行移植。

秋季管理 繼續遮陰和加強水肥管理，可每隔 10 天左右追施稀薄肥水 1 次，保持盆土濕潤，忌積水。

除澆水外，每天需向植株周圍噴水 1～2 次，以保持較高的空氣濕度，同時注意通風。最好將盆株置於室內明亮的北窗下，避免強光直射。陽光過強或空氣乾燥會造成葉片邊緣或葉面出現枯焦的塊斑。秋季常有薊馬咬食葉片，可用 40%氧化樂果乳油 1000 倍液噴殺。

冬季管理 冬季置於南窗，減少澆水次數，切忌盆土積水，否則易引起根莖腐爛，重者整個植株死亡。還應加強通風，通風不良易誘發白粉病危害，出現斑葉，影響觀賞效果。如果發生灰霉病、白粉病、炭疽病及斑葉病等病害，可用 200 倍波爾多液噴灑防治。

袖珍椰子(*Chamaedorea elegans*)俗名矮生椰子、袖珍棕、袖珍椰子葵。棕櫚科棕竹屬。墨西哥、瓜地馬拉。花期 3～5 月。

多年生常綠小喬木或灌木。喜溫暖、濕潤及半陰環境。生長適溫為 20～30℃，秋末冬初當氣溫低於 13℃時進入休眠狀態，不可低於 5℃。在半陰環境下生長，其葉色濃綠，當強光直射時葉色會漸漸變成黃綠色，過多的強光甚至可產生焦葉及黑斑。

春季管理　由於袖珍椰子的根部生長快速，纖細的根團糾結在一起，會使葉色變黃，一般春季都要進行換盆，盆土用園土 6 份、腐葉土 2 份、河沙 2 份配製混合。

換盆栽植後，澆透水，置於不受冷風吹襲的半陰處養護，半月後給予正常管理。當發生紅蜘蛛或蚧殼蟲危害時，可噴施 40%三氯殺蟎醇乳油 1500 倍液。春季也可進行播種繁殖，種子播於濕潤的素沙土中，保持 20～25℃，一般需要半年才能出苗，當其根系較多後方可上盆，實生幼苗應常年保持盆土濕潤。

夏季管理　夏季是生長旺季，在生長期間每個月要澆一次肥水，澆水量掌握寧濕勿乾原則，炎熱夏季應經常給葉面及周圍地面噴水，增加空氣相對濕度。梅雨時期易發生褐斑病及白粉病危害，可用 200 倍波爾多液噴灑防治。

秋季管理　秋季要進一步加強肥水管理，每半月澆一次肥水，適當增加空氣相對濕度，並要繼續給予遮蔭，以免葉片出現灼傷和枯邊，影響觀賞效果；植株上出現了枯枝或黃葉要及時剪掉。

冬季管理　冬季要減少澆水，以防盆土過濕引起爛根。在寒冷的地方要搬入溫室越冬養護，在室內要注意通風，如果通風欠佳易招致紅蜘蛛危害。冬季可少遮陰或不遮陰。

飾葉肖竹芋（*Calathea ornata*）俗名紅羽竹芋、美麗竹芋。竹芋科、肖竹芋屬。原產美洲熱帶地區。

多年生常綠草本。喜溫暖、濕潤及排水良好的環境。不耐寒，畏酷暑，氣溫低於15℃或超過35℃，對其生長不利。喜半陰，怕強光直射。耐旱性差，也不耐積水。

春季管理　盆栽最好每年春季換盆1次，培養土用疏鬆、肥沃的腐葉土和泥炭土。由於其根系較淺，宜用稍淺的花盆栽種。栽植後根莖不能外露，充分澆水、保持盆土濕潤，但不能有積水。換盆時可進行分株法繁殖：將過密的植株脫出，掰下幼株重新上盆，充分澆水後置於半陰處養護。一般每隔2～3年分株1次。

夏季管理　夏季放半陰處，經常給葉面噴水；保持栽培環境有較高的空氣濕度是養護的關鍵。如果空氣乾燥，會發生捲葉現象。夏季是飾葉肖竹芋生長的旺季，在生長期間每月施肥1次，注意不能常施氮肥，否則易引起植株徒長、葉色不艷。天氣炎熱和乾燥，易染葉斑病和枯葉病。可在發病初期，用200倍

波爾多液噴灑防治，每隔一週噴施 1 次。

秋季管理　初秋、中秋管理同夏季，直到晚秋應減少施肥，適當多見陽光，加強防病治蟲。給盆栽鬆土，防止積水。

冬季管理　冬季保持適當乾燥，停止施肥。冬季澆水寧乾勿濕，否則會導致老葉枯黃。飾葉肖竹芋屬於喜高溫植物，冬季要特別加強保暖，保持環境溫度不低於 12℃，並讓其多見陽光。

玫瑰竹芋(*Calathea roseo-picta*)俗名彩葉竹芋。竹芋科、肖竹芋屬。原產巴西。

多年生常綠草本。喜溫暖、濕潤和半陰的環境。與其他竹芋相比，其耐寒性較差，在 15℃以下生長不良，10℃以下逐漸死亡。怕強光直射，要求半陰環境，但過於蔭蔽，又會使植株生長柔弱，葉片易失去色彩。要求土壤疏鬆、肥沃，排水好。

春季管理　春季是換盆和分株繁殖的時間。一般在春季結合換盆，將過密的植株脫出，扒開株叢，從根莖結合薄弱處切開，重新分栽。栽後充分澆水，置半陰處養護。一般每隔 2 年分株 1 次。換盆宜用疏鬆、肥沃的腐葉土摻少量粗沙即可。由於植株矮生，宜用小盆栽植。

夏季管理　夏季要進行遮蔭，防止陽光暴曬，養護過程中應注意適度遮陰，但又不要過於蔽陰，否則葉片會失去艷麗色彩，降低觀賞價值。夏季是生長期，需充分澆水，保持盆土濕潤，但不宜過濕。生長期間還要每隔半月施肥一次，盡量避免將

肥滴濺落到葉片上，否則會使葉片產生斑點或爛葉。

秋季管理 秋季要繼續注意適度遮陰，但不要過於蔽陰，否則葉片會失去艷麗色彩；繼續給予充分澆水，保持盆土濕潤，但不宜過濕，還要堅持每隔半月施肥1次，並盡量避免將肥水澆到葉面上。由於秋天氣候乾燥，一定要給植物周圍噴水，從而增加空氣濕度。但同時要防止葉斑病和鏽病發生，一旦發病可用等量式波爾多液噴灑防治。

冬季管理 一般在冬季生長緩慢或停止生長，因此應減少澆水量，並停止施肥，保持盆土稍乾燥。冬天還要注意保溫，由於其在10℃以下會逐漸死亡，所以最好將其放置在溫室養護。此時常見病害為蚧殼蟲，可用40%氧化樂果乳油1000倍液噴霧防治，也可用透明膠帶黏去活蟲體。

斑紋竹芋（*Calathea zebrina*）俗名斑馬竹芋、天鵝絨竹芋。竹芋科、肖竹芋屬。原產巴西。

多年生常綠草本。喜溫暖、濕潤和半陰環境條件。不耐寒，冬季溫度不能低於12℃。要求空氣保持70%～80%的相對濕度。能耐陰，但怕強光暴曬。土壤以疏鬆、肥沃、排水良好的腐葉土或泥炭土為好。

春季管理 春季主要是進行繁殖和換盆，一般採用分株法。在4～5月結合換盆進行，將過密的植株從盆內脫出，將大型株叢撕開，分別上盆，上盆栽植時不要栽得太深，栽後充分澆水，置半陰處養護。換盆時盆土要求採用通氣、透水性好的偏酸性土壤，可用泥炭土加少量粗沙配製而成。

夏季管理　夏季是斑紋竹芋的生長旺季，生長期要求有較高的空氣相對濕度，特別在新葉長出後，濕度最好能達 80%以上，因此，每天早晚應噴霧數次，但盆土不宜過濕，以免根系腐爛。夏季還應適當遮陰，以半陰環境為好，光照過強或太弱都會影響葉片色澤。生長期每半月施肥 1 次，並應適當加施磷肥。

秋季管理　秋季的管理同夏季差不多，除了繼續適當遮陰和要求較高的空氣相對濕度外，還要繼續每半月施肥一次。同時要加強防止病蟲危害，主要病害有葉枯病和葉斑病，可用等量式波爾多液噴灑防治。粉虱為主要蟲害，可用 25%的撲虱靈可濕性粉劑 1500 倍液噴殺。

冬季管理　冬季由於溫度較低，一般都生長不良。因此要進入溫室栽培養護，在北方地區，更應放在高溫溫室中養護，停止施肥，適當控水，讓盆土稍乾。冬季在溫室中也應適當遮光 30%，因為斑紋竹芋最忌陽光直射，光線稍強就會出現葉片發黃、捲曲，嚴重時影響其生長。

魚尾葵（*Caryota ochlandra*）俗名魚尾棕櫚、魚尾椰子。棕櫚科、魚尾葵屬。原產亞洲的熱帶、亞熱帶及大洋洲地區。

多年生常綠喬木。性喜光照充足、溫暖通風的環境，也能耐受半陰，盆栽怕陽光直射。不耐寒，生長最適溫度為 15～25℃，冬季越冬不能低於 5℃。不耐瘠薄，怕乾旱，也畏積水。

春季管理　在原產地春季可以進行播種繁殖。但在一般的栽培地主要是利用莖杆基部萌發的根櫱芽進行分株繁殖，結合換盆，將植株從盆中脫出，用利刀將根櫱芽切割下來，分別上

盆栽種，然後澆透水，放置在陰棚下養護。如果根櫱芽沒有鬚根，則要將其放在素沙池中催根，待其根系長出後再上盆。上盆土壤以沙質酸性土為宜。一般每隔3～4年換盆1次。

夏季管理 夏天是生長旺季應多澆水，保持盆土濕潤，最好多向其葉片噴水，保持較高的空氣濕度，並要適當遮陰，不要使陽光直接照射在葉片上，但不宜長期在室內擺放，應每隔1個月時間換至半陰處養護一段時間。還要加強通風和防暑降溫工作，因為溫度太高會抑制其生長。在高溫高濕的情況下，易發生霜霉病而導致其葉片變成黑褐色。染病的葉片要及時剪去，以防病情擴散。並且在生長期每月要施肥水1次。

秋季管理 秋季與夏季一樣，應多澆水，保持盆土濕潤，最好多向其葉片噴水，保持較高的空氣濕度，並要適當遮陰，避免強光直射；繼續每月施肥水1次，施肥水時不要將肥水濺灑在葉片上，以免招致爛葉，影響觀賞效果。

冬季管理 到了冬季應減少澆水，掌握間乾間濕的澆水原則。停止施肥，並將其放置在溫室內光照充足處養護。在溫室內也要防止霜霉病發生而導致葉片變黑褐，最好加強室內通風。

散尾葵（*Chrysalidocarpus lutesens*）俗名黃椰子。棕櫚科、散尾葵屬。原產馬達加斯加。

多年生常綠木本觀葉植物。喜溫暖、濕潤和半陰的環境。不耐寒，越冬溫度在5℃以上，若低於此溫度，易導致其死亡。怕強光直射，但過於陰暗對其生長也不利。要求含有較多有機質和養分且排水良好的土壤。

春季管理　春回氣暖出房時要進行換盆，有的盆栽植株生長得比較豐滿，需要進行分株，當植株長到大約 50 公分高度時，易從基部發生分蘗、長出子株。4～5 月間，可結合換盆將子株扒下，另行栽種。由於在長江中下游及其以北地區的氣候不適宜培養成年母本，即植株不容易結實，所以播種繁殖通常在南方廣東等地進行。盆土宜用黏質壤土與腐葉土各半，再摻以少量黃沙混合配製，並且應摻入充足的遲效性復合肥或漚製過的餅肥等。

夏季管理　夏季主要以澆水和施肥為主，夏天生長旺盛時，要加強水肥管理每天要給葉片表面及其周圍噴水，保證環境有較高的空氣濕度，如果夏季澆水不足或空氣乾燥會造成葉片發黃和枯尖。每隔 10 天就要施一次液肥，注意不要將肥水灑在葉面上。夏季還要適當給予遮陰。

秋季管理　秋季要繼續遮陰，最好遮去 40%的陽光，因為陽光太強會使植株失去光澤，降低觀賞價值。施肥以酸性肥料為好，最好追施硫酸亞鐵來調節土壤酸度。每隔 20 天就要施一次液肥即可。還要保持盆土濕潤和植株周圍有較高的空氣濕度，以防止葉片發黃。

冬季管理　由於散尾葵耐寒力不強，對低溫反應十分敏感，冬天應將室溫控制在 5℃以上，否則不能安全越冬；冬季應減少向盆土澆水，可向葉面少量噴水，應保持葉片清潔；冬季環境冷濕很容易導致葉片出現葉斑病和凍害。葉斑病可利用修剪和

噴殺菌劑來防治。

棕竹（*Rhapis humilis*）俗名棕櫚竹、矮棕竹。棕櫚科、棕竹屬。中國南方及日本。花期 4～5 月。

多年生常綠灌木。棕竹以其瀟灑脫俗、高貴典雅的姿態，成為觀葉植物的上品，適合作室內大、中型盆栽，裝飾現代建築的廳堂及其過道拐彎處。

喜溫暖，稍耐寒，怕暑熱，夏季氣溫高於 35℃，加上通風不良，葉片就會發黃、焦邊，停止生長。冬季溫度不能低於 4℃。怕強光直射，適於半陰處生長。適應性強，要求疏鬆肥沃的酸性土壤，不耐瘠薄和鹽鹼，在僵硬板結的土壤中生長不良，嚴重時導致死亡。不耐乾旱，較耐水濕，以質地疏鬆含豐富有機質的土壤為好。

春季管理　一般應在早春新芽尚未長出之前，結合換盆進行分株。具體方法是：從花盆中脫出母株叢，將其縱切成幾個子株叢，分別栽種。分切時千萬小心別傷及嫩芽和根系，每個芽都可成為一個新植株。也可 2～3 芽分一株，這樣植株株型成形快且株型豐滿，分株上盆後的苗木，澆透水後，應放在蔭蔽、溫暖、較濕潤的地方進行精心養護 1～2 週，然後再給予正常管理。盆土用腐葉土與河沙等量混合配製。

夏季管理　要防止陽光曝曬，在室外應搭陰棚遮陰；夏季要多澆水，澆水掌握寧濕勿乾的原則，保持盆土濕潤，如果盆土乾燥持續 3～4 天，葉片頂端就會變成茶色而枯萎。較高的空氣濕度對其生長十分有好處，應經常用清水噴灑植株及周圍地

面。生長期每隔 30 天施肥一次，適當增施氮肥，並在肥料中加入少量硫酸亞鐵粉末可以使葉色更加濃綠。

秋季管理　繼續遮陰、防止陽光暴曬，否則葉子易枯焦。澆水仍然掌握寧濕勿乾的原則，保持盆土濕潤，也要經常用清水噴灑植株及周圍地面，以增加空氣濕度。同時每隔 20～30 天施肥 1 次，最好以酸性肥為好。加強通風，在悶熱的環境中植株易遭受蚧殼蟲危害，一旦發生，可用 40%氧化樂果乳劑 800～1200 倍液噴殺，同時也可用濕布抹去。

冬季管理　適當減少澆水次數，保持盆土排水良好，盆土要間乾間濕，若積水會引起爛根而阻礙生長。為使其安全越冬，冬季室溫應在 5℃以上。冬天陽光光線較弱，可以適當見些陽光。

變葉木（*Codiaeum variegatum BL*）俗名灑金榕。大戟科、變葉木屬。原產馬來半島和澳洲大陸及太平洋島嶼。花期 5～6 月。

多年生常綠小喬木或灌木。喜高溫、多濕和日光充足的環境。不耐寒，生長溫度宜 20～30℃以上，但冬季溫度不低於 15℃，若低於 10℃，就會引起植株落葉，並有枯死的危險。

春季管理　由於變葉木喜高溫氣候條件，春天盆栽一直在

溫室養護和繁殖，在 4 月上旬，剪取長度約 10 公分的新梢作插穗，洗去切口白色乳液，稍曬乾後插於溫室沙床中，室溫保持在 25℃以上，約 30 天後可生根。壓條繁殖在春、夏、秋三季均可進行。

具體方法是：選取健壯的枝條，在壓條之處行環狀剝皮，剝皮寬度約枝條直徑的 3 倍；用塑料膜把泥炭土或苔蘚包裹在切口處，保持濕潤，然後插立竹竿固定，在溫度為 27℃條件下，約 2 個月即可產生癒傷組織繼而生根，待根鬚長多後再剪離母株，另行栽植上盆。

夏季管理　變葉木是熱帶樹種，喜溫度高且無多大溫差變化的氣候條件，耐陽光直射，因此夏季是其最適宜生長的季節，對土壤無特殊要求，但以中性或偏酸性的腐殖土為好，在中國南方可露地栽培，在華中華北各地可作溫室盆栽。初夏可進行換盆，盆土按黏質壤土 4 份、腐葉土 2 份、壤土 2 份、河沙 2 份的比例混合配製。植株上盆初期，澆透水，置室內向陽處，但要避開直射光線，生長期除夏天需要適當遮陰外，其他季節光線越強，葉片的色彩越漂亮。但葉片多，水分蒸發量大，故生長期要充分澆水，保持盆土濕潤，但盆內又不能有積水。生長期還要每週施肥一次。

秋季管理　秋季氣候乾燥，要充分澆水，保持盆土濕潤，為增加室內空氣濕度，還應在早晨和中午向葉面及周圍地面噴水，但盆內不能積水，若積水會引起爛根而阻礙生長。每隔 10 天要施肥一次。秋天可以進行壓條和嫁接繁殖。

冬季管理 變葉木極不耐寒，冬季稍受凍害就引起落葉，但只要植株有芽點存活，可於春季氣溫回升後剪去受凍枝條，加強養護，仍可恢復生長。因此，冬天一定要進入溫室養護才行。在乾燥、不通風的條件下，莖和葉背易受蚧殼蟲、紅蜘蛛危害，除注意通風透光、增加空氣濕度外，可用 40%三氯殺蟎醇乳油 1500 倍液噴殺，或用 40%氧化樂果 1500 倍液防治。冬季還易發生煤污病，可用 25%多菌靈 600 倍液防治。

> **花博士提示**
>
> 家庭盆栽有少量植株發病時，可用濕布抹去病污後，用清水反覆噴淋葉片，並及時吹乾葉片，對病蟲防治都不失為一個好方法。

朱蕉（*Cordyline terminalis*）俗名紅葉鐵樹、千年木、朱竹。龍舌蘭科、朱蕉屬。原產喜馬拉雅東部、中國、馬來西亞、大洋洲北部。

多年生常綠灌木。為熱帶與亞熱帶植物。性喜溫暖、濕潤及半陰的環境，越冬溫度應保持在 10～20℃，夏季怕暑熱，最適宜生長的溫度為 20～25℃。怕日光暴曬，在疏蔭環境和蔽蔭環境下均能正常生長。對土壤要求不嚴，但以酸性土壤且保水力強的腐葉土為最佳，同時也能在瘠薄土壤中生長。但不耐鹽鹼。

春季管理 一般要進行換盆，盆土以腐葉土、黏質壤土及河沙混合配製。到 4 月下旬才可出溫室，如果要進行分株繁殖，就要將換盆時間推遲，在 5 月份結合換盆進行，一般是將莖基部萌發的小苗帶根分割下來，另行栽植在盆中，當年即可觀賞。對於多年生莖杆較高的大植株，可攔頭回剪，促其萌生分枝，使株

形短化。另外，截下的莖段也可用於扦插繁殖。

夏季管理　夏季是生長的最佳季節，同時也是繁殖的大好時間，扦插繁殖、高壓繁殖、分櫱繁殖、播種繁殖都可在此季節進行，但以扦插繁殖和高壓繁殖為主。

操作如下：朱蕉的分枝能力差，以扦插為主，全株所有部分都可作為扦插材料。在扦插時一般選用比較高大的植株做母體，於6～7月將莖切成長5～6公分長的小段，橫埋沙中，覆塑料薄膜加以封閉，保持高溫高濕，30～50天生根。當新芽長到6片葉以上時再分別切開另插。亦可用帶有生長點的枝端作插穗，去掉大部分葉片，插於素沙中，30天即可生根；還可用根插法。

高壓繁殖是為了快速培養大型植株，可在5月中旬利用分枝較多的母株進行高枝壓條。自生長點向下30～40公分處做一圈環狀剝皮，寬1～2公分左右，用苔蘚或濕泥炭纏繞包成泥球，外面再包上塑料薄膜，並保持泥球濕潤，約30天即可生根，60天後剪離母體另行栽種。

用高壓繁殖的植株成形較快。夏季要加強水肥管理，不僅要多澆水，而且還應經常給葉面噴水；保持盆土濕潤不乾燥，但要避免積水，施肥要多次、少量，保持養分的平衡。夏天還要避開強光直射。若放置處的光線較弱，過一段時間應輪換到室外養護，以免葉色淡化。

秋季管理　一般播種繁殖在秋季進行，朱蕉的種子在夏末秋初成熟。種子較大，是漿果，待其成熟後採收，洗淨漿汁後曬乾，用淺盆或木箱裝入疏鬆土壤進行點播，

放入室內，室溫保持 25℃ 以上，20 天左右即可萌芽出土。待幼苗長到 5 公分左右時移栽定植。秋季也應加強水肥管理，要多澆水，並向葉面噴水；保持盆土濕潤不乾燥，但要避免積水，因為空氣乾燥會引起葉尖和葉緣枯黃。施肥要少量多次，保持養分的平衡，並適當給予遮陰。

花博士提示

朱蕉與龍血樹的株形相似，常被人混為一談，若切開根部，則容易區分。龍血樹的根呈黃色，而朱蕉的根為白色。

冬季管理　冬天應進入溫室養護，室溫應保持在 8℃ 以上，以免受凍害。減少澆水次數，放置場所光線要明亮，否則葉片彩紋會變得暗淡，但也不宜受強光直射，不然會灼傷葉片。易感染病毒，症狀一般表現為在葉片上出現黑褐斑。為預防病毒感染，扦插時用的工具和基質都應消毒，並且要及時銷毀病株。

彩葉鳳梨（*Neoregelia carolinae*）俗名鳳梨、美艷羞鳳梨。鳳梨科、彩葉鳳梨屬。原產巴西熱帶森林中、附生於樹皮上。

多年生草本觀葉植物。喜溫暖、濕潤及適度遮蔭的環境。生長適溫 22～28℃，冬季溫度 15～18℃，不宜低於 10℃。要求土壤疏鬆，通氣良好，呈偏酸性（pH 值為 3.5～4.5）反應。

春季管理　可以結合換盆進行分株繁殖，一般植株會從基部側生幾個蘗芽。當蘗芽長至 8 公分左右時，將蘗芽扒下，盆土以疏鬆的泥炭土和腐葉土加 2／3 的珍珠岩或細沙混合配製。上盆後澆透水，置於室內光線明亮且溫暖潮濕處，並保持溫度

25℃左右。注意分開的新株一定要帶有自身的根系。因為其蘖芽生根能力較差，一旦離開母體則更難生根。分株法的繁殖系數不大，目前已開始用組織培養法快速大量繁殖。

夏季管理 夏天避免強烈陽光直射，但過暗的光線又會影響葉片的色彩。在日常管理中要特別重視澆水，必須保持基部葉筒內始終有水，夏季的早晨和中午可向葉面噴水，但傍晚後不能噴水，需肥量較少，可每月施薄肥 1 次，若能多施些 0.2%～0.3%的磷、鉀肥水在葉筒中，則葉色更艷。

秋季管理 秋季也要避免強光直射，秋末後停止施肥。要特別重視澆水，必須保持基部葉筒內始終有水，早晨和中午可向葉面噴水，但傍晚後不能噴水，需肥量較少，每月施薄肥一次即可，如果用 0.2%的磷酸二氫鉀水溶液澆入葉筒中，則效果更好。

冬季管理 冬天要進入室內養護，並保證越冬溫度在 15℃以上，若低於 15℃則停止生長，如果長期低於 10℃則會受寒害甚至死亡。在養護過程中，常見鏽斑病危害。可每半月噴灑 100 倍波爾多液 1 次，連續噴霧 3～4 次。開過花的老葉叢會逐漸枯萎，要及時剪除。

彩苞鳳梨（*Vriesea poelmannii*）俗名火炬、大劍鳳梨。鳳梨科、斑氏鳳梨屬。原產南美洲及西印度群島。

多年生草本觀葉植物。喜溫暖、濕潤和半陰的環境。不耐寒，冬季溫度不能低於 12℃。怕強光直射，較耐陰。土壤以疏鬆、肥沃及排水良好的腐葉土為好。

春季管理　每年春季要進行換盆，盆土用腐葉土、泥炭土加1／3的珍珠岩混合配成。老植株開花後，在植株基部可以側生出許多蘗芽。結合換盆進行分株繁殖，具體操作如下：將老株倒出盆外，扒下蘗芽分切下來，單獨上盆栽植，置遮蔭處養護，約需用2個月才開始生根。一般2～3年分株1次。春天養護要多見陽光，如果光線不足，苞片會由鮮紅色變為紫紅色，並且失去光澤，從而降低觀賞價值。

夏季管理　夏季要遮蔭，多澆水，應保持較高的空氣濕度，若空氣過於乾燥會導致葉片乾尖。最好用噴淋法澆水，保持盆土中等濕潤。在生長期需要每半月施肥1次，同時每半月進行一次葉面施肥效果更好。

秋季管理　秋天天氣乾燥，更需要多澆水，應保持較高的空氣濕度，若空氣過於乾燥會導致葉片乾尖。適當遮陰和施肥，每半月施肥1次。間隔進行一次葉面施肥。還要防止病蟲危害，主要容易受紅蜘蛛和蚧殼蟲危害，可用40%氧化樂果乳油1000倍液噴殺。

冬季管理　冬季要進入室內養護，要多見陽光，如果長期光線不足對開花不利。苞片也會由鮮紅色變為紫紅色，並且失去光澤，降低觀賞價值。越冬溫度最好不低於8℃，維持在12℃以上，否則對其生長不利。

南洋杉（*Araucaria heterophylla*）俗名異葉南洋杉、諾福克南洋杉、南美杉、鱗片南洋杉。南洋杉科南洋杉屬。原產南美、大洋洲及太平洋諸島、東南沿海地區。

南洋杉為多年生常綠喬木。性喜溫暖、潮濕的環境，不耐寒，冬季應防凍保暖。怕乾旱，夏季怕陽光直射，要適當遮蔭，經常向葉片噴水，防止針葉乾尖，盆土保持濕潤，但不能有積水。

花博士提示

南洋杉的枝條向（極）性特別明顯，扦插時不能選用倒枝頂梢作插穗，否則其扦插苗會匐地生長，但可選用萌　枝的梢端作插穗，切不可粗心大意哦。

春季管理　作為盆栽植物，一般在春天進行換盆，盆土用腐葉土、壤土及少量草木灰混合，栽植時不要植得太深，以埋至根莖處為宜。為避免苗木彎曲，影響成長後的樹形，栽植後需在苗旁插一細竹竿給予支撐。不宜長期在陰暗的環境下養護，否則植株生長得又瘦又高。春天還可以進行扦插繁殖，一般在 5 月份進行最佳，選用蛭石或河沙作基質，基質一定要消毒處理才能使用，插穗選擇一年生粗壯飽滿的木質化或半木質化萌櫱枝梢端，長度 6～8 公分，摘掉下部的針葉，用刀片把基部削平，用消毒的竹棍在基質表面插個洞，把插穗插進去，插進枝條 1／2 的深度，然後澆透水，用塑料薄膜把插床覆蓋嚴密，使其中的濕度保持在 70%以上，溫度保持在 20℃左右，並採取遮蔭措施，2～3 個月後可望發根，生根後去掉薄膜進行煉苗 20～30 天方可上盆定植。還可以進行播種繁殖，在亞熱帶地區以 3 月份播種為宜，最好點播，行距 15～20 公分。種子播下後，在其上面覆土厚度為 1～2 公分，然後蓋上草簾保溫。一個月後可萌芽出土，幼苗階段要遮蔭，2 年後間苗，3 年後出圃上盆或定植。

夏季管理　夏季適當遮蔭，避免強光直射；其他季節應置於室內光線明亮或向陽處，並且每半月轉盆 1 次，以均衡光照。夏季要適當多澆水，因為夏季盆土過乾會引起下層葉子發黃而

軟垂。夏季是生長季節，宜每兩週施一次肥。夏季還可以進行壓條繁殖，一般是採用高壓法，選擇 1～2 年生的萌蘗枝梢端，在其基部環狀切割一圈寬 2～3 公分的傷口，待傷口稍微曬乾再包紮，最好塗一點生根粉溶液，以便生根快而多。用濕泥炭和苔蘚包裹，外包塑料薄膜，保持泥炭和苔蘚濕潤。一般在 5 月份進行高壓，到 9 月份就可剪離母體，另行栽植。

秋季管理　秋天要繼續多澆水，最好多向其葉片噴水，以增加周圍空氣濕度，因為空氣乾燥會導致下層針葉枯落而變得稀疏。適當遮陰，避免強光直射。

冬季管理　冬季要減少澆水量，保持盆土濕潤即可，因為冬季盆土過濕也會引起下層葉子發黃而軟垂。且土壤水分過多時，易發生枝枯病和根瘤病。枝枯病用 65%代森鋅 500 倍液噴灑，根瘤病用鏈霉素 1000 倍液浸泡。若有蚧殼蟲危害，可用 40%氧化樂果乳油 1000 倍液噴殺。

常春藤（*Hedera helix*）俗名洋常春藤、旋春藤、英國常春藤。五加科、常春藤屬。原產英國。

多年生常綠藤本植物。喜溫暖、較耐寒，最適生長溫度為 25～30℃，冬季 0℃以上可安全越冬。耐陰，忌強光暴曬，長期光照不足會使葉片失去美麗色彩而變為全綠色。要求土壤疏鬆

肥沃。

春季管理　盆栽植株在春季要進行換盆，培養土用腐葉土與園土等量混合，外加1／5的河沙；每盆栽植小苗3株或大苗1株，澆透水，置半陰處緩苗。同時也可結合修剪進行扦插繁殖，扦插在生長期均能進行。剪取二年生營養枝作插穗，長約10公分，去掉部分葉片，插於沙床或直接插入培養土中，注意遮蔭和保濕，20天左右便可生根發芽。換盆後10天左右即可開始施肥，注意不要將肥水灑濺在葉片上，以免爛葉，影響觀賞。

夏季管理　在生長期，特別是夏季要遮蔭，要多澆水，經常給葉面彌霧，保持較高的空氣濕度，以免空氣乾燥引起葉尖端枯褐，每半月施肥一次。在枝葉萌發期，可以根據不同用途進行修剪整形或紮景，同時也可以進行扦插繁殖。常受葉斑病危害，預防可用200倍波爾多液噴灑。家庭少量盆栽可於病斑上塗抹達克寧軟膏。

秋季管理　秋季空氣比較乾燥，更應要多澆水，並經常給葉面彌霧，保持較高的空氣濕度，以免空氣乾燥引起葉尖端枯焦，還要適當遮蔭，經常給植株摘心可促成其多分枝，從而使株形豐滿，此時也可以進行扦插。繼續施肥，每20天施肥1次。

冬季管理　冬季要減少澆水，防止土壤積水爛根，並停止施肥。在氣候寒冷的地方，要放人室內養護，並應注意通風透光，防止蚧殼蟲和紅蜘蛛發生。

防治方法是：除注意室內透光通風外，可用 25%的倍樂霸可濕性粉劑 1500 倍液噴殺。

冷水花（*Pilea cadierei*）俗名花葉蕁麻、白雪草。蕁麻科、冷水話屬。原產越南。

多年生常綠草本。適應性強，栽培容易。喜溫暖、濕潤氣候，冬季溫度不能低於 5℃。有較強耐陰性，忌強光暴曬。對土壤要求不嚴，既耐肥、又耐瘠，但以富含有機質的栽培壤土最適。

春季管理　春季要出房，同時要換盆，由於其對土壤要求不嚴，培養土用普通園土加沙即可栽培。換土上盆後，要充足供水，每半月施一次肥。為促進分枝，使株形豐滿緊湊，應及時截頂整枝。至少每年換盆 1 次，利用分株進行植株更新。

夏季管理　夏季要遮蔭，除每天澆水外，還應向葉面噴水；還可以進行扦插繁殖，剪取枝條頂端，扦插於沙床中，1 週後生根，3 週後就可盆栽。也可以水插，10 天後可生根。水插時要每天換水。

由於扦插剪去了一些枝條，所以要加強施肥，應每 10 天施一次肥。夏季還有金龜子危害，除人工捕捉

外，可用 80%的敵百蟲晶體 1000 倍液噴殺 2～3 次。

秋季管理 秋天要適當遮蔭，除每天澆水外，還應向葉面噴水；可以繼續進行扦插繁殖，一般是結合修剪整形進行扦插。為促進分枝，使株形豐滿緊湊，應適時截頂整枝。

冬季管理 入冬後要減少水肥供應，並且給予充足陽光。如果長期光線不足，植株會生長得細長而雜亂。冬季還要防寒，一旦受冷空氣侵襲或盆土積水會造成黃葉、落葉。因此冬天最好放置在室內養護管理。

鴨趾草（*Tradescantia albiflora cv. Tricolor*）俗名白花水竹草、銀線水竹草。鴨趾草科、紫露草屬。原產南美。

多年生草本植物。適應性強，蒔養和繁殖都很容易。喜溫暖，不耐寒，生長適溫 15～25℃，冬天 10℃左右。喜明亮散射光，怕強烈陽光直射。要求中等水量和 50%～60%的空氣濕度。對土壤要求不嚴。

春季管理 作為盆栽植物每年到了春季都要進行換盆，盆土用一般的園土即可，還可以結合換盆進行分株繁殖，將老株倒出盆後，用利刀將其分切成幾叢，然後分別上盆栽植，經常澆水，保持盆土濕潤，半個月後即可開始施肥，以後每個月可施一次稀薄液肥。

夏季管理 夏季置盆於室內向陽處，避免強烈陽光直射。若光照過強，可使葉色變黃，甚至枯焦。當莖長到一定長度後，要及時摘芽，促進分枝；當株形顯得凌亂時，應及時修剪和整形。此時也可以結合修剪進行扦插繁殖，即剪取帶有 4～5 片葉

的枝條先端，扦插於沙床中，10天即可生根。夏季還可水養，直接剪取枝條插於清水溶器中，能長時間觀賞，但要注意每天換水。盆栽要經常澆水，保持盆土濕潤。並且每個月可施一次稀薄液肥。

秋季管理　秋季與夏季的管理差不多，要避免強烈陽光直射。要經常給葉面噴水，保持較高的空氣濕度，因為空氣乾燥會導致基部老葉枯萎。當莖長到一定長度後，要及時摘芽，促進分枝；當株形顯得凌亂時，應及時修剪和整形，也可以進行扦插繁殖，還是每個月可施一次稀薄液肥，注意氮肥不能過重，否則會造成莖節徒長而細弱。鴨趾草一般不感染病害，但有時受蚜蟲襲擊，可用1：50的煙草水噴灑。

冬季管理　入冬後，減少澆水，停止施肥，使盆土稍乾勿濕，並保持溫度在10℃左右，如果遇冷濕，會導致葉片發黃，莖葉腐爛。冬季要放置在光線充足的地方，因為環境光線太弱會造成莖節徒長而細弱。

綠蘿（*Scindapsus aureus*）俗名黃金葛、石柑子。天南星科、藤芋屬。原產印度尼西亞及所羅門群島。

多年生常綠草質藤本。喜溫暖、濕潤，怕寒冷，冬季溫度不低於10℃。喜半陰，怕強光直射，但光線長期過於陰暗，葉片上的黃斑會變少，甚至全部變成綠色，枝條也變得細弱。栽培用土要求疏鬆、肥沃、排水良好。

春季管理　盆栽土壤通常用腐葉土與園土對半混合摻少量細沙即可。一年四季均可在室內栽培，但春天氣溫升高後亦可搬出室外半蔭處養護，千萬不能置於烈日下曝曬，否則會嚴重灼傷葉片。綠蘿喜水濕，要經常澆水，保持盆土濕潤，每半個月施肥 1 次，宜多施磷、鉀肥，少施氮肥，這樣可防止植株徒長，使其葉色更顯亮麗。

夏季管理　夏季要遮蔭，忌烈日暴曬，否則會嚴重灼傷葉片。少施氮肥，多施磷、鉀肥，每半個月施肥 1 次，充分澆水，並經常向葉面噴水。水培也能生長，植株應修剪或更新，可結合修剪進行扦插。

具體方法如下：剪取 10～25 公分長的枝條，將基部葉片去掉，保留上部 1～2 片葉，直接上盆栽植或插入沙床都行，經常保持土壤潮濕和空氣濕潤，在半陰環境下 20 天左右即可生根抽梢。扦插苗生根後生長迅速，應設立支柱、讓莖葉攀援而上，或吊掛花盆，讓枝條自然懸垂。

秋季管理　秋季室內空氣乾燥，要經常給植株噴水，並擦洗葉面上附著的纖塵。秋天也是扦插繁殖的大好季節，將攀援莖剪切成 20 公分長的穗段，插於沙床或用水苔包裹，約 1 個月生根。秋季也要適當施肥，每 20 天施一次即可。

冬季管理　綠蘿對低溫敏感，冬春季植株出現黃葉、落葉

或莖腐都是寒害的典型表現。因此一定要注意防寒，最好放置在溫室中養護。冬季要適當少澆水，停止施肥，盆土以間乾間濕為好，不能讓盆土積水，否則容易造成爛根。還要預防根腐病和葉斑病危害。如果病害發生，可施用 3%呋喃丹顆粒毒殺引起根腐病的線蟲，用 70%代森錳鋅可濕性粉劑 500 倍液防治葉斑病。

椒草（*Peperomia obtusifolia*）俗名豆瓣綠、圓葉椒草。胡椒科、草胡椒屬。原產巴西、委內瑞拉。

多年生常綠草本。喜溫暖、濕潤的氣候條件，既不耐酷暑，也不耐寒，超過 30℃或低於 10℃都對其生長不利。喜半陰環境，怕強光直射。要求通氣、排水良好的土壤。較耐乾旱，在室內幾天不澆水，也不會乾枯。耐蔭能力也很強。

春季管理　春天結合換盆進行分株繁殖，即將老株從盆中脫出後分成幾叢，另行栽植。盆土用腐葉土、園土加少量粗沙混合而成。培養土配製必須要求排水性良好，若積水很容易引起根腐。易感染環斑病毒病，應注意用具和盆土消毒。由於其較耐乾旱，所以澆水要適度，相對其他觀葉植物的澆水量要少，但保持較高的空氣濕度對生長有利。

夏季管理　夏季要重視遮陰，避免強光直射；生長期澆水要適度，不能讓盆土積水或過濕，否則很容易引起莖腐，但應保持較高的空氣濕度，每月施肥 1 次。夏季也可進行扦插繁殖，剪取長約 10 公分的枝條頂

花博士提示

盆栽椒草易發生根頸腐爛病和栓痂病，除注意保持盆土稍乾勿過濕外，可噴波爾多液控制病害蔓延。

端，帶3～5片葉，插於沙床，3週後生根；或剪取成熟葉片，帶葉柄1公分，插於泥炭內，20天後生根，1個月後長出小植株。

秋季管理 秋季天氣乾燥，更應保持較高的空氣濕度，適當多澆水，保持盆土濕潤，但不能積水。還要繼續給予遮陰，避免強光直射。繼續每月施肥1次。

冬季管理 冬季不需遮蔭，更不能讓盆土積水和過濕，否則很容易引起莖部腐爛。冬季還要避免受寒風吹襲，否則會導致植株大量落葉。

白掌（*Spathiphyllum x cv. Man-naLoa*）俗名白鶴芋、銀苞芋。天南星科苞葉芋屬。原產哥倫比亞。

多年生常綠草本植物。喜溫暖和濕潤的環境，不耐寒，越冬溫度不低於8℃。十分耐蔭，只要60%的散射光即可滿足其生長要求。對土壤要求不嚴。

春季管理 春季要進行換盆，一是為了使盆土不板結，去掉老根，有利於萌發新根，促進植株生長；二是為了分株法繁殖子株，由於植株葉片大而多，分株時要多帶根，以利於子株的生長。盆土可用腐葉土、園土摻少量粗沙混合配製。澆透水，保持盆土濕潤，放置在室內光線明亮處養護。

夏季管理 夏季要遮去一大半的

陽光，經常澆水，保持盆土濕潤，每半月施薄肥 1 次，適當增施磷、鉀肥，以使葉色更鮮綠。

秋季管理　秋季氣候乾燥，一定要經常澆水，保持盆土濕潤，並要多給葉片及周圍噴水，借以增加空氣濕度。白掌生性健壯，容易栽培，病蟲害少。秋季可繼續每月施薄肥 1 次。

冬季管理　白掌為熱帶植物，喜高溫，冬季要放置在高溫溫室中養護才能生長茂盛，但要置於室內光線明亮處，因為在陰暗處長久養護不利於開花。在北方乾冷季節，冬季室內養護要增加空氣濕度，以使其葉色更鮮活。入冬後應停止施肥，盆土不能長期過濕，因為潮濕易引起葉片萎黃及根腐爛。

酒瓶蘭（*Noina recurvata*）俗名大肚樹蘭。龍舌蘭科、諾林屬。原產墨西哥。

喜溫暖、能耐寒，只要不結冰就能安全越冬。喜日照充足，也較耐蔭，忌烈日長時間照射，否則會導致葉片乾枯。喜濕潤，也耐乾旱。

春季管理　每年春季要換盆，盆土宜用肥沃的沙壤土或用腐葉土、園土加少量河沙混合。栽種不宜太深，盡量露出其肥大的幹莖；盆土中加入少量的含磷、鉀基肥最佳。要充分地供給水分，室內置向陽處養護。

夏季管理　夏季可以放置在室內向陽處養護，也可置於在室外進行栽培管理。若置於室外，夏季應適當遮蔭，不要讓陽光直射植株，在散射光條件

下，其生長最佳，並要多澆水和勤施肥，尤其要多施鉀肥。

秋季管理 中秋之前還要繼續適當遮蔭，不要讓強光直射植株，繼續給予適量的水肥，以施鉀肥為主。

冬季管理 冬季要由室外移入室內養護，溫度保持 0℃以上，以防凍死。在室內應放置於光線明亮處，如果長期擺放於光線過暗處，葉片會長得稀疏而凌亂。冬季要停止施肥，減少澆水次數，但不能讓盆土過於乾旱，否則會導致葉片乾尖，降低觀賞價值。

花葉榕（*Ficusbenjamina cv. Goldea princess*）俗名金葉榕。桑科、榕樹屬。原產印度、馬來西亞等亞洲熱帶地區。

多年生常綠灌木。喜溫暖、濕潤的氣候，生長適溫 25～30℃，冬季溫度若低於 5℃，就會受寒害。喜陽光充足，忌強光暴曬，在夏天的強光直射下，葉片上的黃斑會呈現焦黃現象。生長緩慢，要求均衡供給養分。

春季管理 花葉榕作為盆栽，最好每年春天換盆一次，由於花葉榕生長緩慢，需均衡供給養分，因此盆土中混入一些基肥最佳，讓其在整個生長過程中陸續發揮效用。每隔 2 個月施一次液肥，宜少施速效肥。施肥過多，會引起肥害。經常澆水，保持盆土濕潤；置室內光線明亮處養護。

夏季管理 夏季要適當遮蔭。經常澆水，保持盆土濕潤，每個月施追肥 1 次即可。根據不同需要進行造型修剪，花葉榕非常耐修剪。由於其扦插不易發根，故常用壓條法進行繁殖。一般採用高壓繁殖，選擇二年生的側枝，在其基部環狀切割一圈

寬1公分左右的傷口，待傷口稍微曬乾，最好塗一點生根液，以便生根快而多；繼之用濕泥炭和苔蘚包裹，再包上塑料薄膜，保持泥炭和苔蘚濕潤。一般5～6月份進行，到了9～10月份或來年春天剪離母體，另行栽植。

秋季管理　秋季也應適當遮蔭。用澆水噴水，保持盆土濕潤；宜薄肥勤施，少施濃肥。繼續進行修剪整型，促成株型飽滿。花葉榕一般無病蟲危害。

冬季管理　冬季應放置在室內通風向陽處養護，如果長時期光照不足或通風不良會導致植株落葉。入冬後，應減少澆水，停止施肥，使盆土稍乾勿濕，確保其能安全越冬。

八角金盤（*Fatsia japonica*）俗名八手、手樹。五加科、八角金盤屬。原產臺灣和日本。

常綠灌木或小喬木。喜溫暖的氣候條件，畏酷熱，稍不耐寒，冬季溫度不能低於5℃。較耐水濕，怕乾旱。極耐蔭，在室內陰暗處也能生長，怕陽光暴曬。在疏鬆、肥沃的土壤中生長良好。

春季管理　一般在春季要換盆，以補充新鮮肥沃土壤，盆土用腐葉土（或草炭土）加粗沙以5：1的比例進行混合。由於其是灌木狀植物，故一般結合換盆進行分株繁殖。由於植株生長快，需肥水量大，應經常澆水，每半個月施肥1次。春、夏、秋三季也可進行扦插繁殖。

夏季管理　夏季在室外養護要適當遮陰，要大量澆水，並且常向葉面噴水，夏季高溫乾旱會造成葉片枯黃脫落。但同時要防止盆土積水，盆土過度潮濕也會導致黃葉。每半個月施肥一次。在夏季梅雨季節可進行扦插繁殖，即剪取嫩枝扦插，插後1個月左右生根，當年盆栽可供觀賞。夏季在高溫、高濕和通風不良的情況下，常受蚧殼蟲危害，可用25%撲虱靈可濕性粉劑1500倍液噴殺。

秋季管理　秋季在室外養護仍要繼續適當遮陰，大量澆水，而且要經常向葉面噴水，保持其周圍有較高的空氣濕度。如果在室內養護，則要注意通風，因為在濕熱和通風不良的情況下易受蚧殼蟲危害。還是每半個月施肥1次。

冬季管理　入冬後要減少澆水，冬天如果盆土過度潮濕會導致黃葉；還要停止施肥，注意防寒。最好置於室內養護，由於植株對天然氣敏感，應置盆於遠離天然氣的地方。八角金盤常受炭疽病和葉斑病危害，可用50%多菌靈可濕性粉劑1000倍液噴霧防治，少量病斑可塗抹達克寧霜進行防治。

合果芋(*Syrernium podophyllum*)俗名長柄合果芋、白蝴蝶。天南星科、合果芋屬。原產美洲熱帶墨西哥到巴拿馬一帶。

多年生常綠蔓生草本植物。喜高溫和高濕的氣候環境，不耐寒，不耐旱。生長適溫15～25℃，當溫度低於10℃時，葉片出現枯黃，最低越冬溫度為8℃。較耐陰，怕強光直射。栽培宜用富含腐殖質的偏酸性土壤。

春季管理　一年四季均可在室內栽培，春天要換盆，盆土用泥炭土與園土摻沙混合，加入少量基肥最好。一般老植株盆栽，最好設支架任其攀援比懸垂吊盆、任其枝條自然下垂的效果好，因枝條在下垂生長過程中，節間會越來越長、葉片越來越窄。宜置於半陰處，避免強光直射。生長季節，經常澆水，並向葉面噴水，盆土寧濕勿乾，並保持較高空氣濕度。還可以結合換盆，同時進行分株或扦插繁殖。

夏季管理　夏季需要遮光70%～80%，經常澆水，並且向葉面噴水，盆土宜濕勿乾，需維持較高空氣濕度，每2週施一次稀薄液肥，對於斑葉品種切忌偏施氮肥，應適當補充追施磷、鉀肥。在室內盆栽時，為減慢其生長速度，可減少肥水供應量。夏季可大量繁殖，用莖蔓插或芽插均可，只要溫度適宜，一年四季均可進行，生根非常容易。

秋季管理　秋季空氣乾燥，若環境溫度過高易誘發紅蜘蛛危害，並造成葉緣枯焦。因此更要經常澆水，增加向葉面噴水，保持較高的空氣濕度，維持盆土濕潤，寧濕勿乾，每2週施一次稀薄肥液。將植株置於半陰處，避免陽光直射。不宜將植株在陰暗處擺放太久，否則植株會出現徒長，導致莖幹和葉柄伸長而株形散亂。

冬季管理　入冬後有短暫休眠，要適當減少澆水，並注意防寒。冬季低溫是造成落葉的主要原因，因此要放入溫室內栽培養護。室內不通風易遭蚧殼蟲危害，家庭盆栽少量的要及早用濕布抹去活蟲體。

鳥巢蕨（*Neottopteris nidus*）俗名巢蕨、山蘇花。鐵角蕨科、巢蕨屬。原產亞洲、非洲及澳洲的熱帶雨林中。

喜高溫、高濕及半陰的生長環境。生長適溫為 15～25℃，冬天溫度不得低於 5℃，空氣濕度宜在 60%以上。較耐陰，忌烈日照射。要求疏鬆、肥沃及排水良好的栽培基質。

春季管理 作為盆栽置於室內擺放，每年春天要更換一次栽培基質，盆土最好用草炭、腐葉土、苔蘚、樺樹皮及少量腐熟馬糞混合。這樣的基質透氣性很強，有利於鳥巢蕨生長。澆透水，保持栽培基質濕潤。換盆 20 天後就可開始施肥，以後每 2 週施一次薄肥，但忌盆內積水或將肥水直接施到株心。春天還可以進行繁殖，從葉片上刮下成熟的孢子，播於腐葉土中，蓋上薄膜保持濕潤，置於陰涼處，待出根後，移入腐殖質豐富的栽培基質中養護。

夏季管理 夏季生長期需要多澆水，並經常向葉面噴水，提高空氣濕度；每 2 週施一次薄肥，避免強光直射。

秋季管理 秋季氣溫仍然很高，空氣仍很乾燥，因此需大量澆水，並向葉面噴水、保持空氣濕度，注意澆水時儘可能不要造成植株的蓮座狀株心積水，否則易導致爛心。同時避免強光直射，繼續每 2 週施一次薄肥。因為光照太強或養分不足均會導致葉色變淡發黃，從而使其生長受阻。初秋可以進行孢子繁殖。

花博士提示

由於鳥巢蕨只需少量光照就能生存，可將盆栽植株置於起居室中或廳堂較暗處養護，但切忌盆內積水或將肥水直接施到植株的株心。

冬季管理　冬天如果讓其繼續生長，則要將植株置於溫室養護，保持溫度在 20～25℃之間，繼續給予適量的肥水。如果是家庭栽培，入冬後要減少澆水，保持盆土稍顯濕潤即可，但室溫不能低於 5℃，否則植株會死亡。鳥巢蕨的主要蟲害為紅蜘蛛和蚧殼蟲。紅蜘蛛可用 25%的倍樂霸可濕性粉劑 1500 倍液噴殺；而蚧殼蟲則用 25%撲虱靈可濕性粉劑 1500 倍液防治。

蘇鐵（*Cycas revoluta*）俗名鐵樹、鳳尾蕉。蘇鐵科、蘇鐵屬。原產中國福建和廣東、日本、印尼。

木本觀葉植物。喜溫暖、多濕的環境，耐肥、喜充足陽光，但忌烈日，怕強風，不甚耐寒，氣溫低於 5℃時即易受凍害。生長緩慢，壽命非常長。要求肥沃而略偏酸性的沙質壤土。

春季管理　盆栽在春天進行換盆，盆土用園土摻少量腐葉土及沙混合。盆底宜多放些瓦片，以利於排水。由於蘇鐵不易開花結實，因此常用分株繁殖。在早春換盆時，將母株基部萌生的蘖芽切割下來，待切口稍乾燥後上盆栽植，盆土用腐葉土與粗沙對半混合，葉片剪去一半，放半陰處養護。春天也可以進行播種繁殖，由於播種苗生長較慢，一年生幼苗，只長出 2～3 片葉，所以一般不採取播種繁殖。蘇鐵也可用切取莖幹進行扦插繁殖。

夏季管理　初夏溫度升至 20℃以後，新芽開始生長，並且抽出新葉，應將其置於充足陽光下，經常澆水並向葉面噴水，每個月施一次油粕類有機肥，同時加施硫酸亞鐵，以使葉色更綠、更有光澤。平時在土壤表面可放些鐵屑或廢爛鐵皮也行，還要注意排漬。值得注意的是盆栽植株抽新葉時，應減少澆水，停止追肥，以防止葉片生長過長。

秋季管理　入秋後，開始減少澆水和施肥，經常給葉面噴水即可，澆水要間濕間乾，若土壤積水會造成黃葉和爛根。當新葉展開成熟時，可逐步將下層老葉剪除。在高溫、通風不良條件下，蘇鐵葉片易遭蚧殼蟲侵襲，可用 25%的撲虱靈可濕性粉劑 1500 倍液噴殺。

冬季管理　冬季以稍乾燥為好，不然盆土過濕會引起葉片發黃。冬季溫度應保持在 0℃以上，否則會凍死。因此在北方寒冷的地方，到了冬天要放在室內過冬。但應放置在陽光充足的地方，否則葉片會發生徒長而出現衰弱的現象。在冬季生長停止時也可進行分株繁殖。

具體方法如下：把腋芽用利刀割下，曬乾傷口，用沙或疏鬆土壤培植，注意沙土要壓嚴實，一次性澆透水，2～3 個月就可以生根。

鹿角蕨（*Platycerium bifarcatum*）俗名蝙蝠蕨、鹿角羊齒。鹿角蕨科、鹿角蕨屬。原產澳洲東部至玻利尼西亞。

多年生常綠附生草本植物。喜溫暖，宜濕潤，有一定耐旱能力，其耐寒能力也較強。可耐 3～5℃的低溫，生長適溫為

20～25℃，越冬溫度不能低於10℃。喜具散射光的半陰環境，但畏強光直射。

春季管理　鹿角蕨為附生植物，可貼附在樹幹上生長，亦可栽培於吊盆或吊藍中。為使其順利貼附於樹幹上，通常用細鐵絲或棕線將植株固定在帶樹皮的木段或木片上。作吊盆或吊藍栽培時，先在吊盆或吊藍底部鋪墊棕片，然後裝入用等量腐葉土和苔蘚混合配製成的栽培基質。栽植後澆透水置半陰環境養護。鹿角蕨一般不需要很多肥料，一個月施一次肥即可。

夏季管理　夏天可多澆水，最好是將根部侵入水中，每星期將植株連盆浸在水中 1 次，並在水中加入少量肥料，每次浸泡 8～10 分鐘。夏季應遮光 60%～70%，當營養葉生長過密時，應結合分株繁殖進行調整。一個月施一次肥。

秋季管理　秋季應遮光 50%～60%，多澆水，也可採取將植株連盆浸在水中的辦法進行澆水，一個月左右施一次肥。葉斑病為常見病害，可用 65%代森鋅可濕性粉劑 600 倍液噴灑。少量病斑可塗抹達克寧或皮康王霜軟膏。

冬季管理　冬季為其休眠期，應少澆水，保持土壤略呈濕潤即可，冬季不宜過度潮濕，以免營養葉內漬水而發生腐爛。少遮光或不遮光，冬季若植株所處環境的溫度太高會受到蚧殼蟲危害，因此，冬季應放在較涼的房間。一旦發生蚧殼蟲可用人工刮除和用 40%氧化樂果乳油 1000 倍液噴殺。

斑葉木薯（*Manihot esculenta cv. Variegata*）俗名五彩樹薯、花葉木薯。大戟科、木薯屬。原產南美巴西。

多年生落葉灌木。喜溫暖和陽光充足環境，在蔭蔽處生長不良。不耐寒，冬季溫度要求不低於 10℃。栽培用土要求疏鬆、肥沃、排水良好、微酸性，不能過濕或過乾。

春季管理　春季一般要換盆，剪去老根及老枝，以促發新枝。一般在植株未萌發新葉前截頂修剪，促其多生側枝。盆土用腐葉土、園土與沙混合。在春天還可以進行扦插繁殖，選擇健壯莖幹，剪成長約 10 公分的莖段，用水清洗切口處的乳汁，曬乾後扦插，約 20 天生根。扦插苗定植後需摘心一次，以促進側枝的發育。

夏季管理　夏季要充分澆水，保持盆土濕潤但不積水，每月施肥一次，適當增施磷、鉀肥，施肥時注意勿使肥料觸及枝葉。其耐陰性不強，全年均需給予充足陽光，因此，不可長久在室內擺放。夏天也可結合修剪進行扦插繁殖。

秋季管理　秋天氣候乾燥，除給盆土澆水外，還要向葉面噴水，要使盆土不過濕、亦不過乾；每月施肥一次。要防止病蟲危害，主要病害為褐斑病和炭疽病，可用 65%代森鋅可濕性粉劑 500 倍液噴灑。粉虱和蚧殼蟲是主要蟲害，可用 40%氧化樂果乳油 1000 倍液噴殺。

冬季管理　入冬後要減少澆水，停止施肥。養護溫度應不低於 15℃，因此，要放入溫室進行栽培管理，要放在有陽光照射的地方，否則會使葉片脫落。

孔雀木（*Dizygotheca elehantissima*）俗名手樹。五加科、孔雀木屬。原產澳洲、太平洋上的玻利尼西亞群島。

多年生常綠灌木或小喬木。喜溫暖，不耐寒，生長適溫 18～22℃，冬季溫度要求不低於 6℃。喜充足陽光，但不耐強烈陽光直射。要求疏鬆、肥沃的土壤。

春季管理 一般盆栽春天都要換盆，每年換盆一次，剪去部分老根，促發新根。盆土用腐葉土、園土、河沙等量混合。一般扦插苗也在春天上盆，小苗上盆後，澆透水，置於半陰處養護，但生長期應置光線明亮處，不要放在陰暗的地方，這樣葉色較為紅褐色，觀賞性更高。

夏季管理 孔雀木不耐強陽光直射，夏季需遮蔭，要經常澆水，多向葉面噴水，保持較高的空氣濕度，每半月施肥一次速效肥料。每年抽新芽之後應適當摘心，促發分枝，以免植株生長過高。

秋季管理 秋天空氣乾燥會造成落葉，應經常澆水，並多向葉面噴水，每半月施肥一次。還要繼續適當遮蔭，防止病蟲危害，蚧殼蟲是常見害蟲，可用 40%氧化樂果乳油 1000 倍液噴殺。病害有葉斑病及炭疽病，可用 50%托布津可濕性粉劑 500 倍液噴灑。

冬季管理 冬季要少澆水，盆土應間乾間濕，不施肥，在寒冷的北方，要放入室內養護，室溫應保持在 5℃以上，溫度太低，會導致葉片脫落。應接受充足日照，否則光線不足會導致植株徒長而株型鬆散。

春羽（*Philodendron selloum*）俗名春芋、羽裂喜林芋。天南星科、喜林芋屬。原產南美洲巴西、巴拉圭熱帶雨林。

多年生常綠草木附生植物。喜溫暖、濕潤及半陰的環境，葉片趨光性較強。不耐寒，生長適溫為 20～30℃，要求冬季溫度不低於 5℃。栽培宜用疏鬆、肥沃、排水良好的微酸性土壤。

春季管理　春季是分株繁殖的時期，一般結合換盆進行，盆土用等量的腐葉土和園土再加少量堆肥和河沙混合配製。換盆時，將老株基部長有不定根的糵芽分割下來，另行栽植。應經常澆水，保持盆土濕潤，並且向葉面或花盆周圍噴水，以增加空氣濕度，對其生長十分有利。

每半月追施液肥 1 次，注意不要將肥水濺落於葉面上，以免誘發病害。

夏季管理　進入夏天氣溫逐漸升高，太陽光線也很強烈，一定要適當遮蔭，千萬不可暴曬，否則會引起葉片大面積灼傷；但也不能長期放置於光線過暗的環境，否則葉片會長得偏小，而葉柄又顯得細長，失去觀賞價值。

夏天應多澆水，保持盆土濕潤，為了增加空氣濕度，要經常向葉面或花盆周圍噴水，每半月追施液肥 1 次。夏季還可以進行扦插和播種繁殖：扦插宜在 5～9 月進行，一般是把較老植株莖的上半段剪下，另行上盆種植，而留下的莖的下半段又可萌發數個腋芽，待腋芽稍大後，再割下上盆。由於扦插法的繁殖系數低，生產上多用播種繁殖，播種時種子的發芽適溫為 25～30℃，溫度太低會影響種子萌發。

秋季管理　秋天空氣乾燥，除了經常澆水，保持盆土濕潤外，更應向葉面或花盆周圍噴水，以保持較高空氣濕度，澆肥間隔時間可適當延長，每20～30天施一次液肥即可。不可讓陽光暴曬，否則會引起葉片失去光澤，甚至灼傷葉片，影響其觀賞價值。秋天還要預防葉斑病危害，可用50%多菌靈1000倍液噴灑防治。蚧殼蟲是常見害蟲，可用25%的撲虱靈可濕性粉劑1500倍液噴殺，少量發生可用透明膠帶黏去活蟲體。

冬季管理　入冬後，應減少澆水，停止施肥，溫度保持在5℃以上。室內養護應置於有明亮散射光處，而且要求採光均勻，定期轉換盆的方向，以免發生株形偏冠現象。冬季保持盆土稍乾能提高抗寒力，但空氣不能太乾燥，如果冬季室內空氣長期乾燥會導致葉緣乾枯形成褐斑。

皺葉冷水花（*Pilea mollis*）俗名蛤蟆草、月面冷水花。蕁麻科、冷水花屬。原產美洲中部的牙買加、哥倫比亞、哥斯達黎加。

多年生常綠草木觀葉植物。喜溫暖、多濕的半陰環境，忌陽光直射。稍耐寒，越冬溫度要求在6℃以上，盆栽要求疏鬆、肥沃、富含腐殖質的沙壤土。

春季管理　每年春季需換盆1次。培養土用腐葉土、園土與沙混合。換盆時要將老枝或枯枝剪掉，以利於萌發新枝。同時也可將修剪時剪下的半成熟枝條插入沙床中，10天左右可生根，待長出3～4枚新葉時移栽上盆。也可將葉片帶柄部插入濕潤的沙床或水苔中，同樣容易生根形成新植株。枝插、葉插繁殖在春、夏、秋三季都可進行。

夏季管理　夏天應經常澆水，最好早、晚各澆一次，保持盆土濕潤，每個月施肥1次即可。要進行多次摘心，促發側枝，使株型豐滿緊湊。夏季不能讓陽光直射，在半陰或有明亮散射光的環境中生長良好，否則易引起葉片灼傷。

秋季管理　秋季也應適當遮蔭，不能讓陽光直射植株，澆水要按間乾間濕的原則進行，一定要待盆土稍乾時再補充澆水，否則易爛根，使其生長不良。秋天還可根據觀賞要求，適當進行修剪。

冬季管理　冬季要防寒，防止受寒風吹襲而導致葉片發黃，因此，入冬後應搬入室內光線明亮處養護，減少澆水，澆水要見盆土稍乾時再澆水，加強通風，若環境通風不好，加之盆土太濕時，易發生根腐病。室內養護還容易發生葉斑病，可用200倍波爾多液噴灑防治。冬天一般不施肥。

灑金桃葉珊瑚（*Aukuba japonica cv. variegata*）俗名東瀛珊瑚。山茱萸科、桃葉珊瑚屬。原產臺灣、日本及北韓南部。

多年生常綠灌木。喜溫暖，有較強抗寒能力，在 -5℃低溫條件下也不發生致凍害。喜潮潤及半陰的環境，不苛求土壤。

春季管理　每年在春天換盆一次，培養土用腐葉土、園土

與沙混合，或用一般園土也可種植。從溫室裡搬到室外養護管理，保持盆土濕潤，當盆株長到一定高度時，應摘除頂芽，促發側枝，以控制植株高度適中為宜。

夏季管理　夏季是生長旺盛時期，應經常澆水，保持盆土濕潤，每半月施1次液肥。夏季宜置盆於濕潤而有庇蔭的環境養護，切忌暴曬，否則會導致葉片被灼傷。還要適時修剪整形，保持株形美觀。夏季可進行扦插繁殖，一般在6月中下旬，剪取當年生半木質化枝條6～10公分長作插穗，上端留一對葉，插於用腐葉土與粗沙等量混合成的基質中，蒙罩塑料薄膜保濕，搭棚架遮陰，約1個月左右生根，9月份即可起苗上盆。

秋季管理　秋季陽光也很強烈，而且空氣乾燥，因此，一定要經常澆水，保持盆土濕潤，切忌陽光直射，避免葉片枯焦。此時還要注意防止炭疽病及褐斑病危害，可用50%退菌特800倍液噴灑。

冬季管理　冬季可露地越冬，有條件地方可移入冷室內越冬。其蟲害較少，但偶有蚧殼蟲寄生在葉面，危害植株，使樹葉逐漸衰弱變黃，甚至脫落。一般人工用小刀刮去或將有蟲害的枝葉剪去，也可用40%氧化樂果乳油1000倍液噴殺。冬季要減少澆水，停止施肥。

蜘蛛抱蛋（*Aspidistra elatior*）俗名一葉蘭、葉蘭。百合科、蜘蛛抱蛋屬。原產中國西南部、常生於山谷溪邊、林緣。

多年生常綠草木觀葉植物。喜涼爽、潮濕及半陰的氣候環境，耐蔭性特

別強，在較弱光線下葉片仍然翠綠。畏高溫，耐低溫，在～9℃的低溫條件下也能安全越冬。栽培要求用疏鬆、肥沃、排水性能好的土壤。

春季管理　一般在春季結合換盆進行分株法繁殖，分株時，將母株從盆中倒出，剪去老根，摘除枯葉，把根狀莖按每叢 4～5 葉分割成數叢，另行上盆。盆土用疏鬆、肥沃的沙壤土。由於移栽後恢復生長較慢，故不宜每年分栽或換盆。將其放置在陰濕環境中進行栽培管理，經常澆水，保持盆土濕潤，並且每半月施一次液肥，可使其生長良好。

夏季管理　夏天氣溫高，陽光強烈，要放置在蔭蔽的地方養護，並要多澆水，保持盆土濕潤，千萬不能失水乾燥，還要經常向葉片及其周圍地面噴水，以提高空氣濕度，從而使葉片生長翠綠光亮。應每隔 10～15 天施一次液肥，肥水不宜太濃。加強通風，預防蚧殼蟲危害葉片，發現後可用 40%氧化樂果乳油 1000 倍液噴灑，也可用人工刮去。

秋季管理　蜘蛛抱蛋可常年在室內置於有較強散射光的地方養護，在室外擺放時要遮蔭，應避免陽光暴曬，同時保持較高的空氣濕度。生長期要經常澆水，保持盆土濕潤，並且每半月施一次液肥，施肥時不要將肥水灑落在葉片上。

冬季管理　冬季可放在居室或冷室越冬。適當減少澆水，停止施肥。注意防止枯葉病和根腐病危害，發病初期，每隔半月用 50%多菌靈 1000 倍液噴灑 2 次。

紫鵝絨（*Gynara aurantiaca*）俗名紫絨三七、爪哇三七。菊科、三七草屬。原產印度尼西亞、熱帶東非。

多年生常綠蔓性草木。喜溫暖，不耐寒，生長適溫 18～25℃，冬季溫度不得低於 10℃。喜半陰環境，怕強光直射，但也不耐濃蔭，否則葉色變淡。喜稍微潮濕的環境，忌過濕和積水，栽培要求用疏鬆、肥沃、排水良好的壤土。

春季管理　一般在溫室養護，過了清明節後出房，在室外養護。培養土可用等量泥炭土與園土混合配製，置盆株於有充足明亮散射日光處養護。經常澆水，保持盆土濕潤，但澆水量不要太多，以盆土稍濕即可，也不要把水噴在葉面上，避免在葉片上留下水漬斑。每 2 年換盆一次。

夏季管理　夏季要避免強光暴曬，每天澆水 1～2 次，保持盆土濕潤，不要把水噴在葉面上，避免在葉片上留下斑漬，重者還會引起葉片腐爛。每月施肥一次，施肥量不宜過大，而且不能偏施氨肥，以免造成莖葉徒長。當植株生長過高時，要及時摘心修剪。一般可結合修剪進行扦插繁殖，剪取長約 10 公分的枝條頂端，刪去基部葉片，插於腐葉土中或直接盆栽，15 天後可生根。

秋季管理　秋季要適當遮蔭，避免強光暴曬，施肥量不宜過大，而且不能偏施氨肥，還要及時摘心修

剪，以替換生長勢減弱的老株。一般在十月份以前還可以進行扦插繁殖。常受蚜蟲危害，可用 10%吡蟲啉可濕性粉劑 1000 倍液噴灑防治。

冬季管理　冬季減少澆水，以免產生根腐爛，不能施肥。在寒冷的地方要放人溫室養護，但栽培場所光線不能太弱，否則葉色變淡。

紅苞喜林芋（*Philodendron erubescens*）俗名紅柄喜林芋、紅寶石。天南星科、喜林芋屬。原產南美洲哥倫比亞熱帶雨林。

多年生常綠草質藤本。喜高溫，畏寒冷，生長適溫 20～30℃，15℃以下停止生長，越冬溫度要保持在 10℃以上。喜濕潤及半蔭環境，怕強烈陽光直射。要求疏鬆、肥沃的壤土。

春季管理　清明之前在溫室內管理，每年春季換盆 1 次，以更新培養土。盆栽土壤用腐葉土加少量河沙及基肥配製。用扦插法，枝插或芽插均可，只要溫度適宜，一年四季都可進行，生根非常容易。盆栽時設支架任其攀援比懸吊盆態任其枝條自然下垂的效果好，因枝條在下垂生長過程中，節間會越來越長、葉片越來越窄而降低其觀賞價值。要將其置於半陰處，避免陽光直射。

夏季管理　夏季需遮光 50%～70%，經常澆水，並且向葉面噴水，盆土寧濕勿乾，保持較高的空氣濕度；每 2 週施一次稀薄液肥，對於斑葉品種忌偏施氮肥。在室內盆栽時，為減慢其生長速度，可減少肥水供應量。注意高溫期若遇過度乾燥易發

生紅蜘蛛危害，嚴重時會造成葉緣枯焦。一般在 5～6 月進行扦插繁殖，剪取生長健壯的莖段作插穗，每支插穗應有 2～3 個莖節，去掉氣根，上端留葉 2 片，插於沙床中，約經 15～20 天即可生根。

秋季管理　秋季空氣乾燥，更應向葉面噴水，以提高空氣濕度；經常澆水，保持盆土濕潤。每半月施肥一次。仍然需要遮蔭，應置盆苗於具明亮散射光處養護，但不能在陰暗處擺放太久，否則植株會出現徒長，導致莖幹和葉柄伸長而株形鬆散。

冬季管理　入冬後有短暫休眠，要適當減少澆水和停止施肥，並注意保溫防寒，冬季低溫是造成落葉的主要原因，因此要移入溫室中養護。溫室不通風，易受蚧殼蟲危害，可用 25%撲虱靈可濕性粉劑 1500 倍液噴殺。

白粉藤（*Cissus rhombifolia*）俗名菱葉白粉藤、葡萄葉吊蘭、葡萄藤。葡萄科、白粉藤屬。原產墨西哥、西印度群島等熱帶地區。

多年生常綠藤木觀葉植物。喜溫暖，不耐寒，要求冬季溫度不低於 5℃。喜濕潤及半陰的環境，怕強光直射。栽培用土以疏鬆肥沃、排水良好的腐葉土為宜。

春季管理　盆栽一般在春天要進行換盆，去掉老根、凌亂枝條和陳土，培養土用腐葉土加少量粗沙混合配製。置苗盆於半蔭處養護，澆水不宜過多，如果盆土過濕，易染白粉病。

夏季管理　夏天應常澆水，但澆水量不宜過多，以稍乾為好；應經常向葉面噴水，以增加空氣濕度；每半月施肥 1 次。白

粉藤的莖葉生長勢強，應及時進行整形修剪，以保持良好的株型。同時可結合修剪進行扦插繁殖，在6～7月份，選擇一年生半木質化的頂梢或側枝，剪取長約15公分的枝段作插穗，刪去一半葉片，插於用等量腐葉土與沙混合配製的基質中，保持濕潤及25～30℃環境，10天即可生根。

秋季管理　除了保持盆土濕潤外，還要多向葉面噴水，以增加空氣濕度；每半月施肥1次。並要置苗盆於半蔭處養護，注意不能讓環境光線太弱，否則植株生長緩慢。

冬季管理　冬天要保溫防寒，減少澆水，停止施肥。放置在室內光線充足處養護即可。

紫背萬年青（*Rhoeo discolor*）俗名蚌花、紫錦蘭、蚌蘭。鴨趾草科、紫背萬年青屬。原產墨西哥及瓜地馬拉和西印度。

多年生常綠草本。喜溫暖、濕潤及半陰的小環境，對乾旱和乾燥空氣有一定抗性，不耐寒，生長適溫15～25℃，10℃以下停止生長。要求土壤肥沃、排水良好，不適宜黏重土壤。

春季管理　一般用腐葉土加少量粗沙混合配製成盆栽培養土。每年春天換盆一次為好，置苗盆於潮濕的環境養護。生長期要常澆水，但盆土不宜過濕，以維持稍乾後再澆為宜，忌雨淋；每隔半月施1次稀薄液肥。春天可結合換盆進行分株和扦插繁

殖，將莖剪成數段，僅留頂端2枚葉片，插於沙床，2週即可生根。老株基部有時有吸芽產生，待其稍大時可以扒下分栽。

夏季管理　夏季需要遮光50%，忌強光直射，以免葉片產生灼傷，要經常澆水，最好每隔半月施1次稀薄液肥。為使盆栽植株莖短、豐滿，應對徒長莖枝及時修剪整形。如發生葉枯病，可於發病初期用波爾多液每隔半月噴灑1次，連續2～3次。

秋季管理　秋季仍需置苗盆於遮蔭及潮濕的環境中養護。經常澆水，保持盆土間乾間濕，施肥要等盆土稍乾後再施，以每半月施1次為好。為保證其株形豐滿，應對徒長莖枝及時修剪。

冬季管理　冬天要放入室內光線明亮的地方養護，如果光線太陰暗，則葉片會退色，失去觀賞價值。紫背萬年青非常不耐寒，當氣溫降至5℃以下時，植株會枯萎，因此，越冬溫度宜在8℃以上。在室內栽培常受蚧殼蟲危害，可用25%撲虱靈可濕性粉劑1500倍液噴殺。

傘草（*Cyperus alternifolius*）俗名傘竹、風車草。莎草科、莎草屬。原產馬達加斯加島。

多年生常綠草本。喜溫暖和濕潤，怕乾旱，要求有較高空氣濕度。不耐寒，生長適溫為20～25℃，低於12℃進入休眠，越冬最低溫度為5℃。喜陽光充足，但怕強光直射。對土壤要求不嚴，以富含腐殖質的黏質土壤為佳，亦可水養。

春季管理　每年在3～4月結合換盆進行分株繁殖，培養土用富含腐殖質的黏質土壤。小苗分栽後，置於蔭蔽處養護。經常澆水，保持土壤濕潤。傘草也能水養，將傘草帶盆直接沉於水中即可。播種在4～5月進行，約10天後出苗，待苗高達5公分時分栽。

夏季管理　夏季置於半陰通風處養護，經常澆水，宜多不宜少，始終保持盆土潮潤，並且定時在植株周圍噴水，以維持較高空氣濕度。

每半月施肥一次，尤其增施鉀肥會促使莖葉健壯且發亮。夏季可以進行扦插繁殖，宜在開花前進行，剪取長約3公分的帶頂葉莖杆作插穗，將葉片截短一半，然後將莖杆插入濕沙土中，使葉片緊貼土面，在葉叢間撒一些細土，半月後可生根。

秋季管理　秋季也要適當遮蔭，加強通風，多澆水，始終保持盆土潮潤，定時在植株周圍噴水，維持較高空氣濕度。由於溫度過高或濕度過低都會引起葉尖枯焦，降低觀賞價值，因此要做好溫度、濕度的控制。為促其生長旺盛，可每半月施肥1次。傘草萌生力強，需經常修枝，剪去枯老的莖葉，促發新枝，以保持良好的觀賞效果。

冬季管理　冬天要放置在光照充足的室內越冬，若光照不充足，植株生長稀疏而不茂密。及時剪除黃化的老葉，以促使萌發新葉。傘草不耐乾旱，家庭種植最好在盆底放置托盤盛水，以免因斷水而影響其生長。

網紋草（*Fittonia verschffeltii*）俗名菲通尼亞草。爵床科、網紋草屬。原產南美哥倫比亞至秘魯的熱帶雨林中。

多年生常綠草本。喜溫暖、蔭蔽而多濕的環境，忌陽光直射和空氣乾燥。生長適溫為 25～30℃，對低溫十分敏感，冬季溫度不能低於 15℃。要求土壤疏鬆、排水透氣良好，忌水澇。

春季管理　春天要換盆，培養土用腐葉土、園土和河沙混合，保持盆土濕潤，忌水澇，在春末進行扦插繁殖：剪取帶有 3～4 對葉的枝端插於沙床，一般 10～15 天可發根。也可用剪取匍匐莖上長有不定根的莖段分栽來培植新苗。

夏季管理　夏季是網紋草生長的大好季節，要放置在多濕和蔭蔽環境中養護，若環境光線太強，葉片反而色澤暗淡。同時要注意土壤排水和環境通風，若排水不良和通風不暢，易發生莖葉腐爛。為避免水珠滯留葉片上引起葉片腐爛，可用浸盆法澆水。需肥量不大，多用稀薄液肥，每隔 10 天施一次。

秋季管理　網紋草在散射光照射下生長良好，光線太強，植株生長緩慢矮小，葉片捲縮，色澤黯淡，因此秋季需要遮蔭，遮去 50% 的陽光最好。澆水時，不能將水澆到葉面上，以免葉片腐爛，影響觀賞。長久栽培的植株，其莖基部葉片易脫落而導致株型變差，可以採取重

剪促發新枝的方法來加以復壯。

冬季管理　冬季要放置在光線充足的地方養護，要特別注意防寒保暖，減少澆水，停止施肥，冬季冷濕會導致葉片腐爛脫落。

金錢豹（*Vinca major cv.variegata*）俗名花葉蔓長春花、蔓性百日木。夾竹桃科、蔓長春花屬。原產歐洲地中海沿岸、印度。

多年生常綠蔓性觀葉植物。喜溫暖，較耐寒，在長江流域以南的溫暖地區可露地越冬。喜陽光充足環境，也能耐陰。喜較肥沃、濕潤的沙壤土。

春季管理　盆栽一般在春天要進行換盆，盆土用腐葉土、園土與沙等量混合，也可用一般的園土。應及時摘心，促進多分枝，經常保持盆土濕潤，每半月施一次稀薄液肥，放置在陽光充足的地方養護。

夏季管理　生長期要經常澆水，保持盆土濕潤，每半月施肥 1 次。為控制枝蔓生長，保持樹形美觀，夏季也可適當修剪。在 6～7 月梅雨期可進行扦插繁殖，剪取長約 10 公分，有 3～4 個節的健壯枝蔓作插穗，插於腐葉土中，約過 30 天即可生根。小苗宜放在遮蔭

處養護。

秋季管理　主要是加強水肥管理，每隔 15 天施一次液肥，適當進行修剪，剪去老枝和枯枝，促使其更新復壯。

冬季管理　冬天可減少澆水，停止施肥，保持盆土間乾間濕即可。

金邊富貴竹（*Dracaena sanderianav*）俗名仙達龍血樹、綠葉竹蕉。龍舌蘭科、龍血樹屬。原產非洲西部的喀麥隆及剛果一帶。

多年生常綠灌木。喜溫暖、濕潤及半陰的環境，耐陰、耐濕，忌烈日直曬。畏寒，冬季溫度最好保持在 10℃以上，但其綠葉變種可耐短期 2℃的低溫。

春季管理　金邊富貴竹對土壤要求不苛刻，用園土和沙相混合的沙壤土即可生長良好；生長期注意澆水，保持盆土濕潤，每半月施一次稀薄液肥。早春還要注意防寒保暖。

夏季管理　夏季要多澆水，除保持盆土濕潤外，還應向葉面及其周圍噴水，以保持較高的空氣濕度，若空氣乾燥會引起葉片枯尖。在 5～7 月間可進行扦插繁殖，剪取長約 15 公分的莖段作插穗，插於沙床中，保持濕潤和適當遮蔭，約 1 個月後生根即可上盆，水插也容易生根。夏季忌陽光直射，否則會灼傷葉片，每隔半個月施一次稀薄液肥。

秋季管理 秋天氣候乾燥，應充分澆水，保持盆土濕潤，勿讓盆土乾燥，還應經常向葉面及其周圍環境噴水，以保持較高的空氣濕度；繼續加強遮蔭，避免強光直射。每半月施一次稀薄液肥。

冬季管理 家庭莳養容易遭受凍害，越冬時節要特別注意保暖。因此，冬天要及早搬入室內，放置在光線充足的地方養護，盡量多接受陽光照射，如果光線過於暗淡不利於葉色的充分表現，葉片斑紋也會因光照不足而隱褪。冬季一般不施肥。

香龍血樹（*Dracaenafragrans*）俗名巴西鐵樹、巴西木。龍舌蘭科、龍血樹屬。原產亞洲和非洲的熱帶地區。

為大型的木本觀葉植物。性喜溫暖多濕和半陰的環境，耐寒性差，越冬溫度要求在10℃以上。夏季忌陽光直射，否則易灼傷葉片。在疏鬆、富含腐殖的沙壤土中生長最為適宜。

春季管理 春季換盆用腐葉土、泥炭土加1／4的河沙或珍珠岩及少量基肥混合作為栽培基質，盆底多墊碎石或瓦片，以利排水。4～10月是其生長旺盛期，要有充足的水份供應，4月份開始施肥，一個月施1次。

夏季管理 夏季不可缺水，應多澆水，勤噴水，以保持空氣濕度。每月施一次薄液肥，注意不能偏施氮肥，應多施磷鉀肥，若氮肥過多，會導致葉片中部金心變淡，植株長勢虛弱。

夏季陽光過強，會灼傷葉片，因此要進行遮蔭，遮光率控制在50%左右為最佳。在夏季可以進行扦插繁殖：6～7月份，剪帶葉的分生枝，扦插於濕潤沙床中，約一個月生根；也可將粗壯的老樹杆鋸成長60～150公分長短不等的莖段，於5月份插於沙床，1個月後莖段的上端萌發新芽，下端長出不定根，繼續培育1個月後即可上盆。還可以將短莖幹直接置於小盤中，放置案頭觀賞，經常換水，也會生根。

注意截幹植株的莖稈頂切口最好用蠟封口，防止切口因沾水而造成莖幹腐爛。

秋季管理　秋季仍然要繼續遮陰，但光線又不能太弱，尤其對於斑葉品種，因為光線過弱會導致葉色變淡。要加強水肥管理，施肥主要以磷鉀肥為主，每20天施1次。秋天氣候乾燥，不但要給盆土澆水，保持盆土濕潤外，還要經常給植株葉面噴水。

冬季管理　冬季不遮蔭，也不用施肥，並且要減少澆水，但要防寒。因為冬季冷濕是造成葉尖、葉緣產生褐斑枯焦的主要原因，為此冬天要將其搬入溫室越冬，越冬溫度保持在8℃以上。在溫室養護要適當增加光照，這樣有利於葉色靚麗。

木本花卉

梅花(*Prunusmume Sieb. et Zucc.*)俗名春梅、幹枝梅、一枝春等。薔薇科、李屬。原產中國西南山區（四川、湖北西部、西藏為分布中心）。花期 12 月至次年 3 月。

落葉小喬木或喬木。梅喜溫暖及稍濕潤的氣候，在陽光充足、通風良好之地生長良好，較耐寒。

春季管理　盆梅花謝後，將梅花從盆中倒出，剪去爛根和過多、過長的根，再用新土栽人盆內。如梅樁太大，可另換大盆。上盆時在盆內施入基肥。花謝後，應加強肥水管理。將盆土疏鬆後施 1 次肥水，促進萌芽。發芽後，每週施水肥 1 次，促進新梢生長。肥料以氮肥為主，腐熟的人糞尿或餅水肥也可。花後應依據造型進行疏剪和短截，選擇好保留枝條後，將其他枝條全部從基部剪去，對於保留下來的枝條則留 2～3 個芽進行短截，幼芽萌發後，將過密或不必要的芽剝掉，以免養分的消耗。

夏季管理　盆梅夏季管理的重點應在促進梅樹花芽分化和避免盆梅過早落葉上下功夫。

(1) 促進花芽分化　入夏後，盆梅最好不施氮肥，否則新梢難以停止生長。如 5 月底 6 月初新梢還未停長，則用手將新梢尖捏蔫，人為控制生長。新梢停長後 15～20 天盆梅就進入花芽生理分化期。一般情況下梅花花芽生理分化在 6～8 月間進行，

約需 70 天時間。此時，盆梅對內外因素有高度的敏感性，故為花芽分化的關鍵時期，我們應採取合理措施促其花芽分化。首先，在生理分化前期應適度「扣水」，這有利於提高細胞液濃度，使其更好地進行花芽分化。其次，據報導，在生理分化期中施一次肥，比分次在其他時期施用效果好。另外，在此期間噴布 B9、矮壯素等激素，可抑制新梢生長，提前進行花芽分化。

（2）保葉　不合理澆水、病蟲害的危害和施藥不當等容易引起盆梅過早落葉。盆梅對水較為敏感，在生理分化前期「扣水」不可過分，否則，葉片嚴重失水，即使再補水也不能使其恢復正常。盆梅怕澇，多雨季節應將盆放倒排除漬水。夏季是梅花病蟲害大量繁衍的季節，應及時進行防治。可噴 20%三氯殺螨醇乳劑 800～1000 倍液防治紅蜘蛛，噴 2.5%敵殺死乳劑 3000 倍液防治葉蟬、蚜蟲等，噴 70%甲基托布津可濕性粉劑 800～1000 倍液防治炭疽病、瘡痂病等病害。特別注意的是，防治蟲害時千萬不能用氧化樂果和敵敵畏、敵百蟲，因梅花對它們很敏感，嚴重時可使盆梅全部落葉。

秋季管理　梅花在 9 月花芽進行形態分化，花器官形成。10 月盆梅開始落葉，花器官繼續形成。11 月梅葉全落，生長向休眠期過渡。盆栽梅花的秋季管理雖比不上春夏管理重要，但管理好壞可直接影響到盆梅來年開花的質量及新梢生長，所以同樣不可忽視。盆梅的秋管應從保葉、催蕾及促根三方面下功夫。

（1）盆土不可過乾或過濕　入秋後，盆梅病蟲害相對減少，為了減輕農藥對葉片的刺激，施藥濃度應偏小，次數不必過勤。大風也是造成落葉的因素之一，如遇大風，有條件有地方應及時設立風障。

（2）加強肥水管理　每隔 10 天施水肥 1 次，肥料可用腐熟的豆餅肥。同時，追施 1～2 次根外追肥。追肥可用 0.1%～0.2%磷酸二氫鉀溶液。注意將萌發的秋梢及時抹去，以減少養分消耗，達到催蕾目的。

(3)9 月上旬至 11 月下旬　隨著葉片同化和根系吸收的營養物質的回流積累，根系生長出現高潮，此時應給根系生長及吸收創造良好條件，如經常進行鬆土，避免盆土過乾或過濕，適當施有機肥等。

盆梅的蕾期管理　盆梅正常落葉後，枝上的花芽與葉芽極易分辨出來。花芽肥大飽滿，入冬前已有一定程度的發育。葉芽瘦小乾癟，與枝緊貼，無萌動現象。如果這時盆梅枝上還無花芽出現，可以斷定來春此盆開不了花。

盆梅的花芽是在適宜的夏秋溫度和日照條件下形成的，此時花器官還未充分發育成熟，必須經過一定限度的低溫順利通過休眠後，才能繼續發育直至開花。有人擔心盆梅受凍，入冬前就將盆梅移入暖室內，這是錯誤的。因為這樣花芽得不到充足的休眠而發育不全，導致開花失調，甚至引起脫落。在盆梅休眠期間要特別注意天氣的反常變化，如遇到回暖天氣，盆梅開始活動，就要預防寒潮的到來，以免盆梅遭受凍害。梅花花芽一般於 12 月中下旬開始膨大，花芽萌發、開花需消耗大量營養物質，若盆梅營養水平較低，土壤中氮肥又供應不足，勢必影響開花的質量。此時應及時追肥供其需要，肥料以

速效氮肥為主，並配合適量磷肥。如果盆梅長勢健壯，營養水平較高，盆土肥力又強，那麼，此次肥最好不施，否則易引起梅花早開早衰。

盆梅蕾期的水分管理也相當重要。除在花芽膨大期到開花前適當多供點水外，其他時期應保持盆土乾濕適中，過乾過濕都會引起花蕾脫落。

另外，盆梅喜光，在蕾期應使其多見陽光，這對於防止花蕾脫落和提高開花質量有利。

山茶花（*Camellia japonica*）俗名茶花、曼陀羅樹、耐冬。山茶科、山茶屬。原產中國，特別是浙江、福建、四川、江西、湖南、安徽省都有大面積的栽培。花期自 10 月至翌年 5 月陸續開花。

常綠闊葉灌木或小喬木。性喜溫暖濕潤，半蔭性環境，怕澇漬、過強光照及高溫乾旱。喜在漫射光下生長，避免烈日直曬和寒風吹襲。適溫為 18℃～24℃，相對濕度為 60%～80%。喜疏鬆、肥沃、偏酸性的山泥或砂質壤土，忌黏重土和鹼性土。

春季管理　春季是開花及移植的重要時期，移植時要多帶宿土，施入足量的基肥，宜用深盆栽植，盆土選針葉林下腐殖土 3 份加沙壤 4 份及堆肥 3 份配製，上盆、翻盆宜在 3～4 月份花謝後進行，每隔一二年翻盆 1 次。栽後澆透水，並進行輕度修剪，以減少水分蒸發，適當遮蔭，成活後可追施 2～3 次液肥，以促進生長。早春正是花開時節，花謝後應及時摘除殘花，以免消耗養分，同時追施以氮肥為主的腐熟稀薄液肥 3～4 次，每隔

7天施1次，這樣有利組織充實和多發新枝。5月份開始花芽分化並逐漸形成花蕾，可於5月前結合扦插進行一次修剪，修剪後施一次磷鉀肥，以後每隔10天左右施1次，連續3～4次，以利於花芽分化。

夏季管理　入夏是花芽形成期，高溫強光不利於花芽分化，應置半陰處，早晚各澆水1次，結合施些氮、磷鉀肥孕育花蕾，要注意施氮肥和澆水不能過多，防止徒長萌發秋梢。

山茶忌烈日高溫，生育適溫為18～24℃，夏季應控制在35℃以下，並遮蔭；7月份花蕾已初步形成，應增施1～2次速效磷肥。山茶根系細不強健，澆水不能過少，也不能過多，高溫時要向葉面和四周噴水降溫。

秋季管理　立秋後逐漸減少澆水和施肥，為避免因花蕾過多，養分分散，導致花蕾脫落，當花蕾長到如黃豆大小時進行疏蕾，一般一枝只保留兩個良好的花蕾為宜，發現病蟲為害要及時防治，以免落蕾。

冬季管理　山茶怕寒冷，通常於寒露前移入室內向陽處養護，停止施肥，節制澆水，約每10天澆一次0.2%硫酸亞鐵水，以保持葉色濃綠。同時每週用與室溫相近的清水噴洗葉面1次。保持室溫3～5℃為好，1月份可升高室溫至10～15℃，再施一次0.2%磷酸二氫鉀，則花大色艷。

茶梅(*Camellia sasanqua Thunb.*)俗名小茶梅。山茶科、山茶屬。原產中國及日本。花期10月至翌年3～4月。

茶梅為常綠小喬木。性喜溫暖、濕潤氣候，喜光而稍耐陰，屬半陰性植物。較耐寒，但畏酷熱。茶梅12℃開始展芽，30℃以上生長緩慢。最適生長的溫度為18～25℃。宜生長於排水良好、富含腐殖質的微酸性土壤，酸鹼度以pH值5.5～6.0為宜。對二氧化硫和硫化氫抗性較強，耐修剪，病蟲害少，壽命長。

春季管理　盆栽時每隔2～3年換盆1次。換盆時要注意整形，使之通風透光。一般情況下，2～3月間施一次稀薄氮肥，促進枝葉生長。4～5月間施一次稀薄餅肥水，以利花芽分化。施肥力求清淡，並要充分腐熟。如施生肥或濃肥會燒傷根系。尤其是一二年生小苗，根系嫩弱，更不能施濃肥。為使盆土保持適當酸度，可結合施肥澆施礬肥水或用青草泡水澆施。春季花後也要注意修剪。

夏季管理　茶梅畏酷熱，忌強光，夏季強光直射，且氣溫達38℃以上，會引起葉片日灼，而嫩葉在35℃氣溫下可能引起日灼，甚至嫩枝焦枯。故一般每年4～9月，茶梅應在蔭棚下養護。茶梅喜濕潤氣候，炎夏酷暑時節以遮蔭、噴水來增濕降溫，茶梅在相對濕度80%左右的環境中生長良好。茶梅根帶肉質，忌水澇，長期過濕會引起爛根。所以澆水要不乾不澆，澆則澆透。茶梅在6月下旬開始現蕾，10月下旬至11月初才始花。孕蕾期間要消耗大量養分，一般每枝留蕾1個，過密的、生長不良的、著生方向不好的花蕾都應疏去。一些生長勢由強轉弱的植株，特別容易著生花蕾，應加強疏蕾。疏蕾時間可安排在 8 月前後，直至 10 月。夏季梅雨季節，茶梅可進行嫩枝扦插，一般 35～40 天發新根，3 個月左右可形成完整的新根，扦插成活率高。

秋季管理　9～10 月施一次 0.2% 磷酸二氫鉀液，促使花大色艷。對於殘花，應及時摘除，既可減少消耗，又可保持美觀。摘時需仔細，不要碰傷葉芽。茶梅屬半陰性植物，不宜強光照射，即使是秋冬季節，光照過強對其生育也不利。

冬季管理　大多數地區盆栽應進冷室越冬，進房常在 11 月上旬。進房前宜對盆土上的雜草及枯枝黃葉進行一次清理。若無冷室設備，也可採用塑料大棚或架設風障禦寒。越冬溫度以不低於 0℃為宜。

牡丹（*Paeonia suffruticosa*）俗名白朮、木芍藥、花王、洛陽花、富貴花。毛茛科、芍藥屬。原產中國西北部，以河南洛陽、山東荷澤最負盛名。花期 4～5 月。

落葉小灌木。生長最適溫度為 20～25℃，32℃以上生長不良。怕強酸強鹼土壤，喜微酸微鹼和中性的深厚肥沃的沙質壤土，怕水澇、濕熱和通氣不良。雖喜陽光但怕炎熱，忌強光直射，酷熱之下常會出現枯葉現象，花瓣易萎蔫。很耐寒，一般在 -25℃都能安全越冬。

春季管理　早春萌動後澆水宜少，春季天旱時要注意適時澆水，不然會影響花的質量，孕蕾期和花蕾伸展時施一次促花肥，花謝後再施一次肥，以利於恢復植株的生長勢和促進花芽分化，決定翌年開花數量。剔除從根頸處的萌蘗條，使養分集中在枝幹上促進生長和開花，通常在花謝後進行修剪整形，花謝後要及時剪除殘花，以免消耗養分，同時抹掉過多、過密新枝，截短過長的枝條，每株保留5～7個充實飽滿、分布均勻的枝條，每個枝條保留兩個外側花芽，其餘的應全部剪除。

夏季管理　牡丹喜陽光，但怕炎熱，忌強光直射，否則葉片易枯焦，夏季需適當遮蔭，避免強光直射。牡丹為肉質根，怕水澇，若排水不暢通，土壤黏重，通氣不良，易引起根系腐爛，造成植株死亡，適時中耕除草，是改善生育環境，減少病蟲害發生的必要措施，通常在施肥澆水後或下雨後待土表稍乾燥後即進行　中耕鬆土，深度以不傷根為原則，一般以5公分左右為宜，近根處淺，遠根處深。夏季天氣炎熱，蒸發量大，澆水量需多些，但雨季需控制澆水。

秋季管理　秋季正是分株和栽種牡丹的最佳時機，此時栽後易發新根，有利成活、越冬和第二年的生長。栽植場所宜選地勢高、排水良好而又有疏蔭處，可用6份園土、3份腐葉土、1份沙土混合調製培養土，栽前需將植株晾1～2天，並剪去過長

的根，傷口處塗上草木灰。栽時施足基肥，這次施肥對增強來年春季生長有重要作用。栽後澆水要適量，水多易引起秋發影響來年開花。

冬季管理　為使牡丹安全越冬，在寒冷地區，入冬後需培土防寒，並進行冬灌。對植株高大者在植株基部培土，枝條用稻草捆縛。來年早春除去綁縛和培土。盆栽牡丹可於立冬前後移入室內向陽處，室溫保持在 5℃即可，入室前澆一次透水，翌年清明前後出室。

月季（*Rosa cvs.*）俗名長春花、月月紅、四季花。薔薇科、薔薇屬。各國多有栽培。花期花期長，從 4 月下旬至 10 月。

半常綠或常綠灌木。喜溫暖和陽光，怕熱，炎夏酷暑則開花少、花瓣單薄、花色暗淡無光。春秋氣候最為相宜，生長興旺，花開不斷，花色艷麗，富有光澤。其最適溫度白天為 20～25℃，夜間為 12～15℃，對環境的適應性很強。栽培用土要求富含大量有機質，而且疏鬆肥沃、濕潤通氣、排水性能良好、保水保肥力強的微酸性土壤。月季雖能耐－15℃的低溫，不致凍死，但因品種關係，越冬時防寒措施不可忽視。

春季管理　早春萌芽前進行栽植，大株栽前進行強剪，基部健壯主枝每枝保留一定數量向外側生長的腋芽，可形成適量的花枝，形態優美，因為月季是在當年生的新枝條上開花，要使月季保持生長活力，就要不斷修剪，並及時疏去側蕾；可使養分集中供應主蕾，花大色艷。花後及時剪除花枝上部，下部留兩至

三個芽，保證下次開花有足夠的花枝。

月季約半月時間就要重複一次抽芽、長枝、開花的生長發育過程，因此，要經常施有機肥料，才能保證正常生長開花。通常情況下，生育期每隔 10 天左右施一次腐熟的稀薄餅肥水，孕蕾開花期加施 1～2 次速效性磷鉀肥。

夏季管理　月季喜光，日照每天至少要在 5 小時以上，這是促使月季開花的首要條件。生長適溫白天為 18～25℃，晚上 10～15℃。當溫度超過 30℃時，月季生長受到抑制，花芽不再分化，已分化的花芽和形成的花發育緩慢，開花小、花色暗淡，花期短。這時一定不能缺水，如果水分不足，使根系處於乾、熱土層裡，根系生理機能受到抑制，易引起枝葉萎蔫，葉緣枯焦，影響秋季開花。在充分澆水的同時，中午前後注意適當遮蔭，並向周圍地面灑水降溫。或在土表加一層覆蓋物保水且降低土溫。並摘掉花小色淡的花蕾，以度酷暑。伏天不施肥。

秋季管理　秋季隨著氣溫降低，開花逐漸增多，應注意修剪和施肥。可增施磷、鉀肥，減少氮肥，控制新枝生長，如果枝葉發生徒長也會造成開花少且花朵變小，應注意及時修剪和合理澆水，使植株生長健壯，以利越冬。

冬季管理　溫度在 5℃以下即進入休眠期，停止生長。休眠期修剪最好在休眠末期，腋芽開始膨脹時完成，若發芽後修剪會浪費大量養分，不僅延誤花期，而且在較長時間內難以恢復長勢。休眠期修剪，對於二年生以上月季，主要是從基部剪除枯枝，病蟲枝、交叉枝，並噴波爾多液防病。

月季病蟲害較多，從春到秋，不斷受到多種病蟲侵襲，為害嫩葉和花蕾，要及時進行防治，但冬季防治是關鍵。冬末春初，正值月季腋芽萌動、花芽分化、新梢生長期，若受凍害，花芽生長受阻，就不能孕蕾開花。因此要注意採取防寒措施。

石榴（*Punica granatum L*）俗名安石榴、丹若、榭榴、山力葉、若榴。石榴科、石榴屬。原產中亞，現中國南北廣泛栽培。花期5～8月。

落葉灌木或小喬木。喜陽光充足、溫暖的氣候。性喜疏鬆肥沃、排水良好、富含石灰質的壤土。耐乾旱而不耐水澇。較耐寒而不耐蔭。一年可發2～3次新梢。樹齡可達數百年。

春季管理　石榴較喜肥，盆栽可結合早春換盆時施入約100～200克骨粉或腐熟餅肥渣、雞鴨糞等肥料作基肥。春季可進行扦插繁殖：2～3月間，選向陽而排水良好、土質輕鬆的之地（或花盆中），把一年生發育良好的枝條，切成15～20公分長插條，將插條的2／3插入地下，用手壓緊土壤。然後用細眼的噴水壺或噴霧器噴水，一個月後即可生根，在插條生根發芽以後，可施極稀的肥水。也可於穀雨前後取出去年秋季沙藏的種子，進行播種繁殖，播種後覆土，浸水，發芽率高。石榴對肥料很能吸收，生長期間，應結合澆水每週至少施一次稀薄液肥，同時適當作摘心修剪，以維持一定的樹形和促進花芽形成。此外，還應不斷剪除根、幹上的萌櫱，使養分集中於花果生長。

石榴屬於陽性花木，素有「石榴越曬花越紅果越多」的花諺。所以在石榴生長期間應給予充足的光照，使植株生長健壯，花色火紅鮮艷。反之，如果光照不足，則易引起枝葉徒長，花少色淡，而且很難座果。一般石榴在整個生長過程中，每天日照至少要保持 5 小時以上。

夏季管理　入夏後，在孕花之時應每十天或一週澆一次稀薄液肥，同時可用 0.25%磷酸二氫鉀液噴施葉面 1 次。小孩的尿可加水澆灌。但石榴澆肥又不可過勤過量，以免引起徒長。石榴不耐水澇，積水容易爛根，故梅雨季節應注意排水。開花期間澆水不可過多，以免落蕾。盆栽果石榴要及時疏果，使其養分集中，且結果期中要加強肥水管理，肥料以磷肥為主。

秋季管理　秋季採種後即洗淨、陰乾、砂藏，留待明春播種。石榴喜肥，每年落葉後，可施一次遲效性有機土雜肥。

冬季管理　石榴枝葉繁密，每年在冬春之間，進行一次疏枝或修剪，剪除枯枝、密枝、纖弱枝及以前的果梗等，根部萌糵枝以及交叉亂形枝條，也應統統從基部剪除。修剪時注意不能將結果母枝短截，否則將影響來年開花、結果。石榴果實成熟和越冬休眠階段盆土不宜過濕，應控制澆水量，否則會出現果裂和提前落果，影響其觀賞價值。

扶桑（*Hibiscus rosa ~ sinensis L.*）俗名佛桑、朱槿、朱槿牡丹、大紅花。錦葵科，木槿屬。花期夏、秋開花。原產中國南部，福建、臺灣、廣東、廣西、雲南、四川等地均有分布。

灌木或小喬木。喜陽光充足、溫暖濕

潤氣候，不耐寒，喜肥沃土壤。南方可露地栽培，長江流域及其以北地區均溫室栽培。

春季管理　結合早春修剪在1～2月份可於溫室內進行扦插繁殖，扦插土用排水良好、通氣性強的腐殖土，扦插床厚度15～20公分，同時架設塑料棚，以保持溫度和濕度。插穗選用一年生半木質化強壯枝條（過老的枝條不易生根，嫩枝則易腐爛）；插穗長6～12公分，盡量保留頂芽，剪去下部葉片，上部葉片可適當剪去1／3～1／2，以減少水分的蒸發。插穗剪好後要及時扦插，扦插深度2～3公分，20天後可生根，生長一個半月後即可上盆。三年生以上的植株換盆，一般在4月或出房後5月進行。結合換盆要剪去糾結多餘的鬚根，同時進行修剪整形。對老的植株，可每隔1～2年進行一次重剪，即各側枝基部保留2～3個芽，將上部剪去。

夏季管理　夏季工作包括水肥管理、花期管理等。扶桑性喜陽光，從4月份出房後，應放於光線充足的地方。如果將其長期放置在較陰蔽之處養護，致使光照不足，可導致落葉、落蕾。扶桑花期較長，溫度適合可常年開花，但夏季開花最多。扶桑喜水喜肥，因此，生長季節需給以充足的肥水。由於扶桑生長期長，且開花不斷，故必須經常施追肥，生育期間可每7～10天施一次腐熟的稀薄餅肥水，孕蕾期或花期的肥料應以氮、磷肥為主，但花期前忌施大肥，以免落蕾。扶桑單朵花期只開1～2

天，只有千方百計促使枝條長勢旺盛，才能保持連續不斷開花。因此，要經常給予光照條件，保證光合作用正常進行。同時要注意通風，防止煤污病和蚜蟲的危害，以利枝條的生長。若發現扶桑有蚜蟲、蚧殼蟲及煤污病等危害，應及時施藥防治。花後為控制樹姿過大，要適當作些短截。夏季天氣如果乾燥，應每天澆一次透水，並經常噴洗葉面，以增加空氣濕度。扶桑怕積水和雨澇，因此雨季要經常排出盆內積水。另外，5～6 月間可進行室外扦插繁殖，15 天即可生根。

秋季管理　10 月下旬移入室內，置於向陽處，初入房時應注意通風，一般情況下應停止施肥。每 5～7 天澆 1 次水，水量不宜過多，保持盆土略呈濕潤即可。室溫不低於 5 度，也不要高於 20 度，如室溫過高，扶桑易徒長而得不到充分休眠，影響來年開花，室溫過低又易受寒害，引起落葉。

冬季管理　冬季室內的扶桑，應經常對葉面灑水或用薄膜隔離暖氣烘烤，保持濕度條件。氣溫較低時，開花不多，如需要用花應提高室內溫度進行催花。

扶桑在室內越冬期間，若管理不當易落葉，這主要是由於冬季室溫低，扶桑處於休眠狀態，而澆水過多引起的。此外，如果晝夜溫差變化大也易引起落葉。

蠟梅（*Chimonanthus praecox*）俗稱臘木、黃梅花。蠟梅科、蠟梅屬。原產中國，是中國特有的珍貴品種。花期 11～3 月。

落葉灌木。喜光不耐蔭，耐寒怕澇，冬季氣溫不低於 -15℃，就能露地安全越

冬，但花期如遇到−10℃氣溫，開放的花朵會受凍害。耐旱，有「旱不死、砍不死的蠟梅」之說。怕風，宜置於少風向陽之處。喜深厚、疏鬆、排水良好的中性或微酸性砂質土壤。

春季管理　落葉後至萌芽前或花後換盆，栽前施入腐熟有機肥作基肥，栽後灌足水；成活後天氣不十分乾旱不宜多澆水，雨季要注意防滯。花謝後發葉前進行修剪，剪去枯枝、過密枝、交叉枝和病蟲枝，並將一年生枝條留基部2～3對芽，剪除上部促發新枝，新枝每長出2～3對葉片後，要進行一次摘心，促使萌發短壯花枝，使株形勻稱美觀，花芽分化良好，多開花。修剪後施一次氮磷結合的液肥，促使生長健壯，整個生長季節要保證陽光充足。

夏季管理　夏季是花芽分化期，也是新根生長旺盛期，可施1～2次磷鉀肥，促使花芽分化，但宜施稀薄肥。天氣炎熱時不可缺水，生長旺季澆水也要多些。生長期間還應摘心修剪。7月以後應停止修剪。盆栽蠟梅在夏季正午時應適當遮蔭。

秋季管理　秋末至冬初是花芽充實的關鍵時期，應施1～2次以磷肥為主的液肥。秋季澆水不能過多，否則土壤過於潮濕，植株生長不良，會影響花芽生長。因此，盆栽以保持土壤半墒狀態為宜。

冬季管理　入冬前施一次稀薄復合液肥，供給開花所需養分，施肥以磷鉀肥為主，氮肥適量，大致比例為4：2：1，這樣促使形成花芽的磷肥多，可使蠟梅花大、花多、香濃。入冬後生長基本停滯，要控制澆水量並停止施肥。南方可露地越冬，北方於11月初將盆花移至室內低溫向陽處養護。

紫荊（*Cercis chinensis Bge.*）俗名滿條紅、烏桑、紫珠、饃葉樹。豆科、紫荊屬。原產中國中部地區，廣泛分布於中國華東、西南、中南、華北以及甘肅、陝西、遼寧等地。花期4月中旬。

落葉大灌木或小喬木。性喜光，較喜溫暖。耐寒耐旱，忌水澇。不擇土壤和肥料，但好生長於高燥、肥沃及疏鬆的土壤上。萌櫱性強，耐修剪。

春季管理　紫荊多叢生，春季可行分株繁殖，栽時要打泥漿，極易成活，3年後又可分株。早春移栽紫荊時應帶土團，紫荊根較韌，不易挖掘，需用鋒利鐵鍁切斷根部。

3月下旬至4月上旬可進行播種繁殖，播前若用溫水浸種一天則效果更好，播後約一個月即可發芽，播種苗3年後可開花。每年早春應更新部分老枝，但要保護三四年生的枝條，因紫荊花多生長在3年以上的枝條上，如誤剪去後就無花可看了。

夏季管理　花謝後若不留種，應用手摘去莢果。夏秋之間常發生刺蛾幼蟲危害葉片，可用90%敵百蟲晶體800倍液噴殺。紫荊萌櫱性強，生長季節要注意經常去除根部的萌櫱枝，勿使分散養分及攪亂樹形。

秋季管理　9～10月分也可行分株繁殖。10月前後莢果成熟時，採下莢果乾藏，或脫出種粒乾藏。

冬季管理　冬季清除枯枝敗葉，做好防寒防凍工作。播種繁殖的種子11月底進行沙藏處理，留待明春播種。

貼梗海棠(*Chaenomeles specios*)俗名鐵腳海棠、木瓜花、鐵杆海棠。薔薇科、木瓜屬。原產中國中部，各地廣為栽培。花期春季。

落葉灌木。性強健，容易成活，適應性強，耐寒，不擇土，不擇肥，喜光照但亦稍耐蔭，喜濕潤，忌水澇。

春季管理　春季是進行繁殖和換盆的時期，早春芽萌動前換盆或移植，盆土用腐葉土、園土、沙等配製，上盆後進行必要的修剪。盆栽應放置在光照充足的地方，如果光照不足，易引起枝葉徒長，影響開花。

由於貼梗海棠是在二年生枝條上開花結果，因此對一年生枝條不要進行短截。花謝後再對花枝進行適度短截，促使側枝的發生，以增加開枝數量，春季澆水宜勤，促使側枝的發生，以增加開花枝數量，春季澆水宜勤，但不能積水。

夏季管理　雨季積水或澆水過多而又排水不良，均易漚根，導致植株黃葉，要特別注意。春末夏初應特別注意防治梨拾鏽病。花謝後至立秋前追肥 3～4 次磷鉀肥。

秋季管理　每年秋季落葉後在其根際周圍挖個環形溝，施入腐熟有機肥，覆土後澆透水。

冬季管理　冬末春初可將重疊枝、瘦弱枝、病蟲枝及徒長枝剪去，使營養集中，減少消耗，有利於多開花。地栽入冬後施一次有機肥，入冬前灌足凍水，在冬季最低氣溫於 -20℃ 的地區需埋土保護越冬。盆栽冬季入冷室越冬。

玫瑰（*Rosa rugosa Thunb.*）俗名刺玫花、梅桂、徘徊花。薔薇科、薔薇屬。原產中國華北、西北及西南。花期春末到初秋長達 5 個月。

落葉灌木。陽性樹種，喜陽光，在陰地生長不良。耐寒，耐旱，稍耐澇。對土壤選擇不嚴，但在排水良好及空氣濕潤的地方花量多、花質好。玫瑰根淺，在土層 15～30 公分處多水平生長的側根。

春季管理　玫瑰生長強健，根較粗壯，分蘗力強，有愈分愈旺的特點，落葉後萌芽前在株叢周圍挖取萌蘗栽種，成活容易，當年就可著花。大量繁殖可用扦插法，春季直接用硬枝扦插或用根段扦插，插床需用砂或其他疏鬆基質。玫瑰 2 月下旬開始萌芽，3 月下旬至 4 月上旬是根系生長的第一次高峰。盆栽玫瑰從 4 到 10 月，10 天左右澆一次肥水。玫瑰單朵花期僅為 1～2 天，香味上午最好，作為香料的花朵以上午 5～9 時採摘為宜。開花期要及時摘花，如果不摘一年只開 1 次，摘花次數越多，開花的次數也越多。玫瑰栽種後第三年進入盛花期，在栽培管理中需注意老枝更新，6～7 年後應剪除老枝，利用萌蘗更新，或者全部重新分栽。超過 10 年的老枝多不開花。春季易發生鏽病，應注意防治。

夏季管理　5 月至 6 月上旬和 8 月下旬至 9 月中旬為地上部營養生長的兩個高峰期，應加強肥水管理。7 月中旬至 8 月中旬是根系生長的第二次高峰。在 5～7 月間玫瑰可用嫩枝扦插，管理要求較高。夏季注意通風，否則易感染煤污病。

秋季管理　單瓣玫瑰可播種繁殖，秋季播於盆中，次年早春出苗，8 月可望開花。

冬季管理　12月上中旬落葉，可進行修剪，剪去老枝、弱枝、交叉枝、密生枝、枯死枝及病蟲枝等。

壽星桃（*Prunus Persica var.densa Makino*）俗名矮腳桃。薔薇科、李屬。原產中國。花期3～4月。

落葉小喬木。性喜溫暖氣候及充足的陽光，耐旱，畏澇，不耐鹼。喜肥沃、排水良好的沙質壤土。

春季管理　壽星桃盆栽三四年後，應翻盆換土。上盆一般在早春和秋冬落葉後進行。結合定植，可作必要的修剪，剪去病枯枝、徒長枝、纖弱枝。同時剪除老根、殘根和腐爛根，促發新根，增強樹勢，延長壽命。並施以有機肥為基肥，確保翌春花前的養分供應。在開花前後應各追施一次稀薄液肥，以利枝梢充實，促使幼芽膨大。

夏季管理　初夏是乾旱和高溫季節，也正是生長旺盛的時節。因而要澆透水，澆水後立即中耕保墒。7月進入雨季，則要注意排澇。待梅雨過後再施追肥1次。夏季對生長旺盛的枝條進行摘心。

秋季管理　隨著氣溫降低，可增施磷、鉀肥，減少氮肥肥，控制新枝生長，入秋後枝幹葉腋間花芽漸顯，此時盆土宜乾些，並停止施肥，以免秋梢徒長，空耗養分，擾亂樹形，有礙次年開花。如果枝葉發生徒長也會造成開花少且花朵變小。自春至秋注意防治桃紅頸天牛蛀害幹枝。

冬季管理　冬季對長枝適當短剪，可促使多生花枝，並保持樹冠整齊。應注意合理澆水，使植株生長健壯，以利越冬。

木芙蓉（*Hibiscus mutabilis L.*）俗名芙蓉、地芙蓉、拒霜花、木蓮。錦葵科、木槿屬。

原產中國四川、湖北、陝西、浙江、福建、廣東、雲南等省。花期 9～10 月。

落葉灌木或小喬木。喜光，稍耐蔭。耐水濕，喜潮濕而排水良好的黏壤土。喜溫暖，濕潤氣候，地上部幹枝抗寒力較弱，冬季氣溫 -10℃易受凍而枯死。但根具有較強的耐寒力，在寒冷地區只要將其地上部分剪除，埋土防寒，大多可度過嚴冬，春季溫度適宜，又可萌芽，當年便能長成開花的小樹。在稍暖之地，木芙蓉可長到 7～8 公尺。四川成都一帶木芙蓉最多，均為大樹，故有「蓉城」之稱。木芙蓉生勢強健，栽培容易，養護管理均較簡單粗放。

春季管理　早春萌芽前進行分株繁殖：2 月下旬至 3 月上旬進行露根分株。分株前先從基部上 20 公分處截幹，然後分株栽植，10 月份就能開花，當年可長到 3 公尺以上。待落葉後，再截幹，為使其加速生長，定植時應施入基肥，當年生長勢很快，至明春則生長勢更強，枝葉更茂，開花更多。去秋砂藏的插條，今春可扦插，扦插時應先用木棍鑿孔插植，以免傷皮，提高成活率。扦插成活率可達 90%以上。生長期要適當短截長枝，剪除根部櫱芽、櫱條，有利於通風透光，增強樹勢，抵抗病蟲害。促進枝幹著生均勻，使開花鮮艷。

夏季管理　盆栽耗水較多，澆水量較其他花卉稍大，夏季可稍遮陰，並施 1～2 次液肥，若適當施些磷肥，則花色更加艷麗。壓條可在生長期進行，選當年木質化枝條壓入土內，刻傷，覆土 10 公分，30 天即可生根，另行栽植。

秋季管理　9～10月間剪取枝條，選擇粗壯的當年生枝條，長15～20公分，進行沙藏，留待翌春扦插。春季扦插生根的苗木，秋季即可移栽定植。秋季落葉後休眠期也可進行分株繁殖。

木芙蓉宜栽植在向陽處，過分蔭蔽則生長緩慢，枝條細長，影響花芽分化，特別是孕蕾開花期需充足的光照，如此時光照不足，加之陰雨連綿，易引起落花落蕾。如果天旱，要及時澆水，開花時要澆足水，以免過早落花。

冬季管理　盆栽者冬季室溫保持3～10℃即可，花後進行短剪，促發側枝，以增加著花數量。清明後出房。

木槿（*Hibiscus syriacus*）俗名槿樹、朱槿、朝開暮落花。錦葵科、木槿屬。原產中國黃河流域及朝鮮、日本。花期6～9月。

落葉灌木或小喬木。性喜陽光、溫暖，抗寒性強，萌芽力強。稍耐蔭，耐濕、耐旱、耐修剪。喜濕潤肥沃的土壤。

春季管理　定植前要施足量腐熟的有機肥（如廄肥），培養土可用肥沃的園土4份，腐葉土4份，河沙2份加以調制，栽植時最好選擇向陽、排水良好之地，然後澆足第一次水，以後可以不再追肥。但從春季到開花前要根據當地氣候適時澆水，如北方春季乾燥，至少要澆3次透水。每年春季要對側枝適當短截，促使萌發新的側枝，這樣隨著樹齡的增加，新側枝不斷增加，形成側主枝，開花量也將年年增多。春季乾旱常有蚜蟲為害，可以及時噴灑敵敵畏或溴氰菊酯等防治。

夏季管理　在夏季開花前，應對樹勢較弱的進行追肥，用垃

圾土拌適量的復合肥，可結合除草培土施於基部。木槿的生長期要進行 2～3 次的除草培土，注意雨季排水防澇，開花期天氣乾旱要注意灌水。花謝後要將殘花剪去，保持養分，陸續還能開花。

秋季管理　秋季末應把遲秋梢、過密枝及弱小枝條剪去，修剪應在落葉後至萌芽前的休眠期進行。木槿有直立生長和腋花芽開花習性，因此要將中心主幹剪短，側枝剪去，剪去過密枝、強枝的上部，每枝留 6～8 對花芽，使樹形圓滿，開花繁茂。秋季一般不再澆水，可使枝條更加充實。

冬季管理　入冬前結合施有機肥澆足凍水，增強木槿的抗寒能力。北方寒冷地區苗期要適當防寒，使幼苗安全過冬。

玳玳（*Citrus aurantium var. amara Engl.*）俗名回青橙、代代花。藝香科、柑桔屬。原產中國浙江。花期 5～6 月。

玳玳是酸橙的一個變種，為常綠灌木或小喬木。性喜陽光，喜冬無嚴寒、夏無酷暑的濕潤氣候。要求肥沃和排水良好的中性或微酸性土壤。

春季管理　玳玳生長快，根系較發達，盆栽時應每年換盆 1 次，將植株從花盆中脫出後，把底部糾結狀多餘的鬚根略加修剪，加換新的肥土栽入盆中。每年早春換盆前應進行強短截修剪，在各側枝上保留二、三個芽其餘均剪掉，使重新萌發粗壯的新枝，以促進植株生長茂盛，開花結果良好。春季出室後如果氣候特別乾燥，應該經常向葉面噴水，並放在避風處養護。澆水量可看天氣情況，盆土乾可澆水。在開花前追施液肥 2～3 次。

夏季管理　盛夏季節應放在疏蔭下養護，最好用磚將花盆

墊起，以利於其排水，預防因雨季盆中積水引起爛根。每隔 7～10 天澆一次稀薄液肥，如能間隔再澆施幾次礬肥水，可促進葉色濃綠。花謝後進行疏果，每個果枝上僅留幼果 1 枚，然後每 20 天追肥 1 次，以促進果實生長。在南方可於梅雨季節扦插，採 1～2 年生發育充實枝條，剪成 6～8 公分長一段，留上部葉，插入素沙土內，遮蔭並覆蓋塑料薄膜保濕，在 20～24℃的土溫下 30～40 天即可生根。在穀雨到立夏之間可進行劈接繁殖，嫁接時可用柑橘類的實生苗作砧木，用當年生 10 公分長的枝條作接穗，嫁接苗養到第 3 年即可開花結果。

秋季管理 控制澆水，適施磷鉀肥，有利生長健壯順利過冬。立秋以後也可進行劈接或芽接。

冬季管理 11 月上旬移入室內越冬，放在光線充足的窗臺上，控制澆水，一般七八天澆一次，但必須掌握乾透澆透，同時還要用與室溫相近的溫水噴洗枝葉，以防灰塵沾滿葉面，影響生長和美觀。冬季室溫以不結冰為度，白天中午前後室溫偏高時，應開窗通風以降低溫度。如冬季溫度過高，會使植株得不到充分的休眠，對第二年的生長發育非常不利，容易出現落花落果的現象。冬季室內若通風不良或溫、濕度偏高，常出現蚧殼蟲危害，而且易引發煤污病，應抓緊防治。

佛手（*Citrus medica L.var.sarcodactylis*）俗名五指柑、佛手柑、佛指香櫞。蕓香科、柑桔屬。原產台灣及廣東、廣西、福建、浙江等省區。花期 3～11 月，有春花、夏花、秋花、冬花之分。

常綠小喬木或灌木。喜陽光和溫暖

濕潤的氣候，不耐寒，如溫度低於3℃，就會受寒害，葉子捲曲或脫落。4～5年生老株，在-5℃低溫亦會受凍害。不耐蔭，又怕強烈日光。夏季如遇較長時間的酷暑，常會發生落葉現象。生長最適溫度25～30℃。喜透氣性好、疏鬆、肥沃、濕潤、排水性好的酸性砂質壤土。

春季管理　換盆時間應在早春樹液尚未流動之時，更換新土，施用底肥前，要酌情修剪根系，去掉枯根爛根，短截過長根，並剪去枯枝、病蟲枝、纖弱枝及擾亂樹形的枝條。佛手出房應在4月下旬至5月上旬，放在向陽、背風處，發現嫩葉下垂及時澆透小。

一般3～5月結的果稱為「春果」，占一年結果的35%左右。春果果枝長而細弱，坐果率低，果小，欠美觀，成熟早而不耐貯藏，應及時疏掉。

夏季管理　6月份雨水偏多，應及時將盆中積水倒掉，在連陰雨時可將盆子傾斜放置以防積水。夏季適宜溫度為25～30℃。高溫期間每天早晚要向枝葉噴水，以降低溫度，增加濕度，營造一個濕潤、涼爽、通風的生態環境。7～8月份高溫乾旱季節，要早晚澆水、部分遮蔭，炎熱夏季則須適當遮蔭（長時間曝曬會引起灼傷與落葉）。夏季氣溫高達35℃以上時須及時噴水，保持盆土稍濕潤，以半墒為宜，不應過濕過乾。6～8月中旬結的果稱為「伏果」，占全年結果的55%，保伏花、伏果是提高坐果率的重要環節。這個時期是佛手一年中生長的旺盛時期，其果枝短壯而充實，頂生和腋生的花多單生，雖然稀但可孕花多。

可孕花的特徵是：多在簇生總狀花序的中心，花心呈綠色，短粗平頂，花大。可孕花坐果率高，果大，有光澤而具形態美

麗，似蓮花狀，指尖不乾，成熟期在年底。

秋季管理　秋梢是在「立秋」後抽發的枝梢。這時抽的枝條營養豐富，生長粗壯，組織充實，除剪去生長細弱、發育不良的枝外，其餘都應留作第二年的結果母枝。所以對秋梢要加強管理，注意保護，這是佛手多開花、多坐果的關鍵之一。8 月中旬開花座的果叫「秋果」，是一年結果量的10%。秋果生長期長，果形差，也應剪除。加強肥水管理增強樹勢，提高植株本身的抗寒力，特別應注意增施磷、鉀肥，促進枝條木質化，以利於越冬管理。

冬季管理　佛手耐寒能力差，氣溫在 10℃以下停止生長，0℃左右嫩梢與葉片受凍害，越冬管理不當會造成大量落葉，危及花芽分化，嚴重影響第二年的坐果與產量。因此需在晚秋霜凍前入室。溫度保持 5～15℃，放到陽光能照射到的地方，並注意開窗通風。每隔 2～3 天用 10℃的溫水噴灑葉面，保持盆土濕度在 50%左右，乾了應及時澆水。立春前上午澆水，立春後下午澆水，冬季不施肥。出室時間一般在清明到穀雨之間。

金橘（*Fortunella margarita* (*Lour.*) *Swingle*）俗名長實金柑、牛奶金柑、牛奶桔、羅浮、金棗。蕓香科、金柑屬。原產中國南部溫暖地區（廣東、湖南、江西、浙江以及長江上游一帶。）花期與果熟期：花期 6～7 月，果熟 12 月。

常綠灌木或小喬木，亞熱帶樹種。性喜日照充足、濕潤及涼爽氣候。性較強健，對旱、病的抗性均較強。較耐寒，稍耐蔭。好生於土層深厚肥沃、排水良好而帶酸性的土壤。長江流域可露

地栽培，華北地區盆栽。

春季管理　修剪是金橘栽培重要的一環。每年應於春芽尚未萌發時進行一次重剪，剪去枯枝、病蟲枝、過密枝和徒長枝。保留3～4個頭年生枝條，再每枝留2～3個芽進行短截。待新梢15～20公分時進行摘心，這樣，金橘株形優美，結果多。不能剪除春梢，有諺云：修剪金桔，春梢留，秋梢除。盆栽金桔一般每兩年換盆一次。金桔喜肥，換盆時應施足基肥，換盆後需澆一次透水。金橘喜濕潤但忌積水，盆土過濕容易爛根，最好用磚將花盆墊起。金桔每年春季抽生枝條，5～6月間由當年生春梢萌發結果枝，自結果枝的葉腋開花結果。所以要養好春梢，從新芽萌發開始到開花前為止，可每隔7～10天施1次薄肥水。金桔春季可進行枝接繁殖，用切接法進行，砧木常用枸桔。

夏季管理　入夏之後，宜多施磷肥。開花時需施追肥保花，並適當疏花。芽接可在6～9月間進行，易成活。盆栽金桔常用靠接法，應提前一年盆栽砧木，在4～7月間靠接，接穗選2年生健壯枝條。

秋季管理　金桔座果後，按樹勢強弱應疏果1次，限定每枝上結果2～3個或更多，並及時抹除秋梢，不使二次結果，以利果型大小、成熟程度一致，提高觀賞價值。盆栽金橘秋冬移入室內養護。

冬季管理　放在陽光充足的地方越冬，注意通風換氣。冬季澆水要適量，天冷控制澆水，可待盆土發白時才澆。葉面必須保持清潔，可用溫水清洗葉面，以免灰塵污染。春節觀賞之後，應及時將果實採摘掉，以免消耗養分，影響以後生長。採果後應施腐熟液肥，以恢復樹勢。

米蘭（*Aglaia odorata Lour.*）俗名米仔蘭、樹蘭。楝科、米仔蘭屬。原產中國南部各省，以及東南亞地區。盛花期6～9月份。

常綠灌木或小喬木。喜充足陽光，特別在生長期和盛花期，每天至少要有4小時以上的日照。又喜溫暖氣候，適溫為30℃左右，20℃時生長緩慢，育蕾受到抑制；5℃植株進入休眠期；0℃時會受到凍害，甚至死亡。米蘭在溫暖多濕的地區和肥沃土地上生長，最怕寒冷和乾旱。

春季管理　米蘭苗木必須帶有完好的根系與土團才能成活。南方多用曬乾打碎後的塘泥上盆，北方需用酸性培養土上盆，盆底要多墊一些瓦片以利於排水，上盆後先放在蔭棚下養護，每天向葉面噴1～2次水，待新梢抽發後再移到見光處養護。一般澆水要見乾見濕，氣溫高澆大水，氣溫低澆小水。

春季出室一週後，應先施稀薄氮肥1次，然後隔半月再施1次，以促進枝葉生長；5月起進入生長期後，可施用以磷肥為主的液肥，促進其孕育花蕾；6月起進入生長旺盛期和盛花期後，可加大磷肥施用量，保證充足的水分和光照條件，並適時修剪、防治病蟲。

夏季管理　氣溫在25～32℃時，米蘭生長旺盛，能夠不斷開花，而且花色鮮黃，香氣濃烈。若放置在陽光不足的蔭蔽處，

則枝條弱，孕蕾受影響、花朵稀少。

夏季要放在向陽處，施足肥水，適當修剪整形，出花蕾後要繼續多施磷肥。花後要進行修剪，剪去陡長枝、重疊枝、細弱病蟲枝等。這樣不但能減少病蟲害的發生、而且可保持優美的冠形，節省養分促進下一輪的孕蕾、開花。空氣乾燥、通風不良，最易引起米蘭葉片變黃脫落和落花落蕾。

秋季管理　立秋前後要澆施稀薄的餅肥水，10 月應停止施肥，減少澆水次數。秋冬之交，天氣漸漸寒冷，氣溫低於 12℃時，植株便被迫進入休眠階段，此時最好暫緩入室。秋季適當推遲入室，有利於進行抗寒鍛鍊，增強植株自身禦寒能力，提高冷室越冬的安全性。

冬季管理　冬季入室。宜多見直射光，室內要注意通風，室溫一般保持在 10～12℃為宜。如冬季室溫過高，在陽光不足、通風不良的環境下，會生長出許多嫩梢，開春後移出室外嫩梢極易乾枯，使其失去著花部位；另外，室溫過低，葉片凍落，也將影響來年開花；因此，越冬室溫要求不低於 10℃，不高於 16℃。多曬太陽、少澆水並停止追肥，還要防治介殼蟲。待到翌年 4 月下旬至 5 月上旬再移到室外，放在背風處養護。

發現米蘭大量脫葉時，把它從盆中磕出，剝掉土球外圍土的 1／3，剔除爛根，並剪去枝條，重新栽培澆水，放在室溫 10℃以上的向陽處，罩上塑料袋保持濕潤，可很快重新長出新枝條。

含笑（*Michelia gigo*）俗名香蕉花、含笑梅。木蘭科、含笑屬。原產中國華南地區。花期4～6月。

為常綠灌木。半陰性花卉，要求適當蔭蔽。性喜溫暖濕潤的氣候和通風良好的環境。空氣濕度高，葉片顏色濃綠而又光滑。不耐乾燥，忌烈日暴曬，否則葉片易變黃。喜肥、喜水但怕澇。不耐寒。要求疏鬆肥沃的酸性沙質壤土。

春季管理　4月下旬至5月上旬出室，要放於遮蔭處，此時正值開花，還要注意防風。花後換盆。花謝後，應及時將殘花摘除，以減少養分消耗。上盆時多墊瓦片，栽後振動盆土，使根與土緊密接觸，澆透水。移出室外後，首先澆一次透水，一週後施一次礬肥水，並且每天正午給含笑植株和四周噴霧，保持空氣濕潤。

夏季管理　6月份含笑生長加快應每天澆一次水，噴2次霧，一次是在上午8點，另一次在下午15點。7～8月份雨季應注意盆內不可積水，晴天需噴水和澆水。不能用冷水澆，防止「生理乾旱」。由於含笑自然生長在雨量充沛的環境，所以含笑出室後，應在蔭棚下管理，防止生理結構成份被破壞，而使葉片乾枯以至死亡。早晨8點放下遮陽網，防止白天烈日灼傷葉片，下午5點拉開，讓夜露

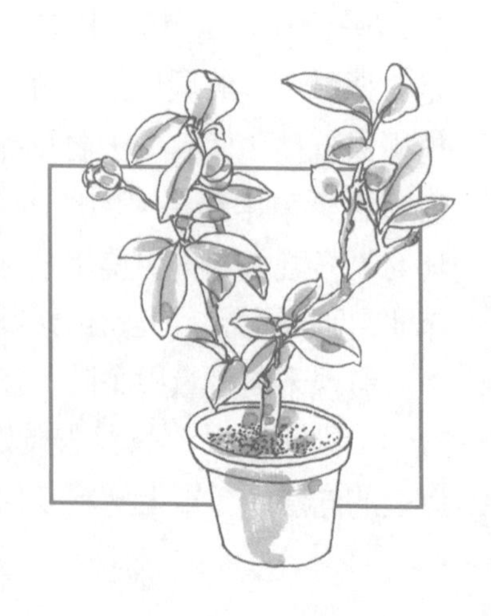

滋潤含笑植株。還可以將含笑放在樹下、廊架下，為其創造一個遮光和空氣濕潤的環境。

花博士提示

家庭盆栽花卉的植株上若少量發生褐斑病、炭疽病等病害時，可在病斑上塗抹達克寧霜、皮康王霜軟膏（均為皮膚病外用藥，藥店有售），效果特好。

秋季管理　若發現葉片發黃，應澆施1～2次0.2%的硫酸亞鐵水溶液。9月下旬停止施肥。

冬季管理　含笑喜溫暖濕潤，不耐寒霜，北方盆栽含笑冬季入室後，放置向陽處，溫度不宜忽高忽低，夜間溫度不得高於白天溫度，如果夜間溫度高出白天溫度，會使養分消耗過多，並容易徒長，所以，溫度控制在5～10℃，即最低不可低於5℃，否則會影響根的吸收和生理活動，導致樹枝枯縮，葉片萎蔫。環境濕度不能低於60%，乾燥空氣不利含笑生長，所以每天要對環境和葉面噴霧增濕。

另外，要增加空氣流通，保持室內空氣新鮮，抑制病蟲害發生。如果空氣不流通含笑易發生蚜蟲、介殼蟲、黑霉病等。而且是先發生蟲害，接著再發生病害。所以應著重防治蟲害，才能保護含笑不發生病害。發現有蚜蟲、蚧殼蟲時，噴40%氧化樂果藥液1000倍，發現在葉片、嫩枝上有黑色小斑，又逐漸蔓延擴大時，噴500～1000倍液的多菌靈，可以起到防治作用。

龍吐珠（*Clerodendrum thomsoniae*）俗名麒麟吐珠、珍珠寶蓮。馬鞭草科、赤貞桐屬。原產非洲熱帶。現各地廣為栽培。花期夏秋季開花。

為常綠藤本小灌木。性喜溫暖濕潤的

環境，怕強光直射，宜肥沃、排水良好的微酸性沙質壤土，不耐寒。

春季管理　盆栽龍吐珠一般於早春換盆，培養土用腐葉土、園土各 4 份，沙土 2 份配製。多墊瓦片或粗土粒，種植時在培養土中放些基肥。生育期間應給以充足的光照。

每隔 10 天施 1 次稀薄餅肥水。為防葉片黃化，可結合施肥施用 0.2%的硫酸亞鐵，花前應增施磷鉀肥。澆水注意均勻，不宜過乾過濕，也不宜忽乾忽濕，以保持盆土濕潤為宜。一般於早春換盆時，在植株離盆面約 10 公分處剪斷，去掉上部，促使萌發新枝；生長期間須注意摘心，控制植株高度，並使分枝整齊。每次花謝時及時剪去殘花及花梗，使植株低矮而豐滿。這樣既可使植株花繁葉茂，又可免去設立支架之麻煩。

夏季管理　夏季光照強，溫度高，應將植株放在蔭棚下或有蔭蔽的地方。生長期間澆水要注意均勻，盆土經常保持濕潤狀態。不宜過濕或過乾，也不宜忽濕忽乾。

施肥不應過多，開花期每隔 7～10 天施一次腐熟的稀薄餅肥水，連續 3～4 次即可。每次修剪後兩月左右可再度開花，可由修剪來控制花期。

秋季管理　秋季均應給予充分的光照。立秋前後要噴施稀薄的餅肥水，10 月應停止施肥，減少澆水次數。

冬季管理　入冬後移入室內控制澆水，停止施肥，放在向陽處，室溫保持在 10℃以上即可安全越冬。

珠蘭(*Chloranthus spicatus Mak.*)俗名真珠蘭、金粟蘭、魚子蘭、茶蘭、樹蘭。金粟蘭科、金粟蘭屬。原產亞洲南部，中國福建等省山地有野生。花期5～6月。

常綠亞灌木。性喜溫暖陰濕，不耐寒。好生於土質肥沃而富腐殖質的沙壤土，要求排水良好。

春季管理　初春可進行分株和扦插繁殖。珠蘭盆栽用土，不管是塘泥或是腐殖質土，都要摻拌河泥20%，並且要特別注意排水良好。盆栽土不必每年換土，兩三年換一次即可。珠蘭根部細弱，所以澆水要適量。一般情況下，春季出室後，每隔1～2天澆一次水。春季生長期間可每隔7～10天施一次用碎骨片豆餅泡製的礬肥水。每次施肥澆水後都應及時鬆土，以利通氣。珠蘭莖枝柔軟而呈蔓狀，如果任其自然生長，容易徒長倒伏。

因此，從幼苗開始，就要摘心，促發分枝，同時，還要經常摘除老葉。

夏季管理　開花前要在盆內設立支柱，把枝條引在架面上進行縛紮，以免倒伏。珠蘭屬陰性植物，生長季節需要遮蔭，特別是夏季，須放在蔭棚下或林蔭地散射光下養護，否則葉片易變黃，影響觀賞效果。夏季每天澆1～2次水，同時噴水2～3次，保持較高的空氣濕度。否則，空氣長期乾燥，就會出現葉子乾邊現象。從現蕾到開花，珠蘭施肥改為每週施一次，並增施1～2次0.2%磷酸二氫鉀，則開花茂盛。夏季梅雨季節也可剪枝扦插。

秋季管理　秋涼後，應逐漸減少澆水量，通常3～5天澆一次即可。秋後要剪除病蟲枝、枯枝，使養分集中，通風良好。

冬季管理　長江流域一帶，一般作為溫室花卉栽培，冬季移入室內，放到早、晚能受到陽光直射的地方，同時要節制澆水，保持盆土稍濕潤即可。溫室內須保持較高空氣濕度，應經常用清水噴洗枝葉。冬季室溫宜保持在 5℃以上，如低於 5℃，則易受凍害。

白蘭花（*Michelia alba DC.*）俗名把兒蘭、白緬花。木蘭科。原產東南亞及印度等地。花期 5～10 月。

為常綠喬木。性喜溫暖濕潤的氣候，不耐寒冷和乾旱。喜陽光，不耐陰，要求有充足的光照，但北方夏季強光暴曬，植株生長也會受到抑制，嫩葉的邊緣常易出現反捲枯黃的症狀。宜富含腐殖質和排水通氣良好的酸性沙質土。

春季管理　盆栽每 1～2 年換一次盆，在春季出房前進行，並剪除老朽根，為控制植株高度、多發側枝，可適當修剪。用土為泥炭土加沙壤土，並加入少量碎骨塊作基肥。澆水一般春季不宜多，以保持盆土濕潤為度；生長季節可每 7～10 天澆一次稀薄液肥。花前增施 1～2 次速效性磷鉀肥，這樣可使白蘭花吐香不絕。每次施肥澆水後都應及時進行鬆土，使盆土通氣良好。多見陽光，如果放置在光照不足的蔭蔽處培養，就會引起枝葉徒長，枝長葉薄，花稀味淡或不開花。

夏季管理　盛夏陽光照射強烈時應

稍加遮蔭。夏季氣溫高，蒸發快，又正值開花季節，澆水需充足；雨季必須及時排除盆內積水，不然很容易爛根黃葉，嚴重時造成落葉死亡。

秋季管理　天氣轉涼後再逐漸供給肥水，促其生長。秋季澆水應略多於春季，多施磷鉀肥，待到入室前半個月則應停止施肥。秋季均應給予充分的光照。

冬季管理　入室前應剪除病枯枝、徒長枝及過密枝。冬季室溫如能保持在 12℃以上時就能正常生長，但最低不得低於 5℃，否則容易落葉並受凍害，影響翌年生長和開花。冬季要停止施肥，注意適當通風，嚴格控制澆水，保持盆土稍濕潤即可，還應經常用與室溫相近的清水噴洗枝葉，保持葉面清潔、濕潤。

南天竹（*Nandina domestica Thunb.*）俗名天竺、南天、藍田竹、藍天竹、天竹。小檗科，南天竹屬。原產東亞，在中國廣泛分布於長江流域各省。花期 5～7 月。

常綠直立叢生灌木，高達 2 公尺，分枝少。葉互生，二至三回羽狀復葉，具長柄，葉鞘抱莖；小葉革質全緣，形如竹。初帶黃綠色，漸成綠色，入冬呈紅色。大形圓錐花序頂生，花小而白色。秋冬葉叢中夾雜著串串的紅色小漿果，經久不凋。

喜光，耐陰，強光下葉色變紅，過陰之地結實較少。性喜涼爽濕潤和略蔭蔽的環境，有較強的耐寒力，要求排水良好土壤。

春季管理　芽萌動前 2～3 月份，可在圃地直接進行分株繁殖，於根部浸蘸泥漿後分栽。約 2～3 年後開花結實。春季還可

進行扦插繁殖：取一年生枝條，長10～20公分，於3月扦插，成活率80%。盆栽南天竹時，每年早春四月應進行換盆，盆栽用土應選用排水良好、含大量腐殖質的沙質壤土。換盆後略加修剪整形，把枯枝及高低不齊的枝條修剪整齊。

夏季管理　花時正值梅雨季節，常因授粉不良而結實不好。用人工授粉及在新梢生長前在植株周圍20～40公分距離處用鏟斷根，則可提高結實率。夏季在室外應放在花蔭涼處，高溫乾燥和中午強光直射會使葉子變紅。在每天澆水的同時，應向附近地面灑水，以保持空氣濕潤。每10～15天澆一次稀薄液肥，以促進生長。

秋季管理　秋季也可進行分株繁殖。秋季在果熟時可隨採隨播，進行播種繁殖，播後一般3個月發芽。播種苗生長緩慢，第一年約長3公分，第二年約長20公分，3～4年才高達50公分，始能開花結果。盆栽南天竹，應於10月上旬寒露節前移入室內，過晚，葉子會因霜凍變紅。

冬季管理　一般為了常年觀賞，多作盆栽於冬季移入室內擺放，室溫保持不結冰即可。冬季應控制澆水，擺放在早晚可見直射光而中午又能避免陽光直曬的地方。每隔7～10天要用與室溫相近的溫水噴洗一次枝葉。

火棘（*Pyracantha fortuneana*）俗名紅果、火把果、救軍糧。薔薇科。原產中國。花期5～6月。

常綠灌木。性喜陽光及溫暖濕潤氣候，稍耐陰。不擇土壤，在較瘠薄和乾燥的地方也能生長，但在肥沃深厚的土壤上長勢更旺。耐修剪，萌發力強。

春季管理　盆栽火棘 2～3 年就應於早春萌芽前翻盆換土 1 次，新栽樹樁亦以此時種植為佳。宜用腐葉土與菜園土等量混合，製成含腐殖質較豐富的微酸性沙質壤土種植，並在盆土中加 50～150 克骨粉，在盆底多放瓦片，以利透氣排水。因其根系較發達，用盆宜稍深大些。不翻盆換土的年份，於早春鬆土時加些骨粉或磷鉀肥。春季是火棘萌芽長枝葉和孕蕾的時期，萌芽前作一次修剪，將枯枝、病蟲枝、內膛枝、交叉枝剪掉，長枝短截。萌芽前後盆土宜稍偏濕潤而不漬水，並施一次以氮為主的液肥，促其萌發枝葉，3 月中旬起改施以磷鉀為主的肥料，10～15 天 1 次，同時向葉面噴兩次 0.2%的磷酸二氫鉀溶液，促其花芽分化和孕蕾。置於通風良好的光照充足處，不可過蔭。新芽嫩葉易遭蚜蟲為害，應及時噴殺。

夏季管理　夏季是火棘開花結果的時期。火棘因品種和氣候不同，先後從春末到夏初開花。開花前後盆土可稍濕潤些，並施磷鉀肥，使其花後結果。結果後增施磷鉀肥，也可噴兩次 0.2%的磷酸二氫鉀溶液，忌施氮肥，以防徒長。　置於通風良好的日照充足處，不用遮蔭。夏末會長一次新梢，注意摘心，隨時剪掉徒長枝和根部萌櫱枝，抑制營養生長，促進果實發育。除防治蚜蟲外，還應防刺蛾的幼蟲為害。夏季蒸騰作用強，要注意水分供給，勿使其受旱，雨季則應及時排除積水。開花期要控制澆水，使盆土偏乾，以利於坐果，如水分太大，常造成落花。

秋季管理　秋季是火棘果實成熟期。日照充足處，果實成熟著色後將其置於半陰處，這樣可延長掛果期至冬季甚至到次年早春，但不宜長時間放在室內觀賞。中秋前後，果實逐漸成熟，宜控水，不施肥。秋梢的處理方法與夏梢相同。但要特別注意保

留夏秋萌發的短枝，因為這次枝梢是翌年的開花結果枝，千萬不可剪掉。

秋季還可能遭受天牛幼蟲蛀食枝幹，如發現時，要找到天牛的入口處，用藥棉蘸樂果或辛硫磷，將洞口封死，把蟲毒死其內，也可直接插入毒簽薰殺。

冬季管理　冬季火棘進入休眠期。入冬施一次磷鉀肥，增強其抗寒力，以後不再施肥，逐漸減少澆水量，保持盆土微潤不乾即可。適當進行一次修剪，主要是將長枝剪短，使其保持較好的株形。火棘能耐 -10℃低溫，南方可在室外安全越冬，北方於 -5℃時要入室越冬，室溫 0～10℃，不可過低。可將盆景移入溫室（低溫室）或室內向陽處，溫度不宜過高以免影響植株休眠。

冬季植株蒸發量減小，澆水應見乾見濕，選擇無風天晴的中午進行，以防產生凍傷植株根系的情況。

碧桃（*Prunus persica var.duplex Rehd.*）俗名千葉桃花。薔薇科、李屬。原產中國西北、西南等地山區。花期 3 月中下旬。

落葉小喬木。喜陽光充足、溫暖，較耐寒、耐旱，但畏澇，不耐鹽鹼土，宜肥沃、排水良好的沙質壤土。

春季管理　由於壽星桃枝葉密集矮化，所以碧桃盆栽品種以壽星桃為最佳。修剪對盆栽及其重要，由於碧桃著花多在一年生枝上，所以花後應立即修剪，以促進新枝萌發。對選留下來的枝條，每枝留基部 2～3 個芽進行短截。修剪時應注意枝條的分布位置，修整出優美的姿形來。除壽星桃外，其他碧桃品種的姿

形均欠美感，應進行強度修剪，並可適當進行蟠曲，曲中求動，避免呆板之氣。春季開花前後應各施 1～2 次液肥，氮肥不宜過多否則會使枝葉徒長，不能形成花芽。

> **花博士提示**
>
> 碧桃可促成栽培：若想使碧桃在春節開花，應於落葉後將盆栽碧桃移放到 7℃以下的冷室中，春節前 10～15 天將其移入 10℃溫室中，以後逐漸移入 20～25℃的溫室中，經 15～25 天即可開花。

夏季管理　夏季對生長過旺的枝條進行摘心，促進花芽形成。盆栽時要防止水漬，若水漬 3～5 日，輕者落葉，重者死亡。在南方，由於真菌危害，碧桃的枝幹容易流膠，5～6 月份是染病高峰期。其防治方法為：在栽培管理中要盡量減少傷口，並注意防凍、防日灼等。夏季可芽接繁殖，砧木多用山桃或毛桃，成活率較高。

秋季管理　秋季應注意抗旱、防治病蟲害等，避免葉子早落。

冬季管理　一般冬季施一次基肥。

夜丁香（*Cestrum nocturnum L.*）俗名木本夜來香、夜香樹、洋素馨。茄科、夜香樹屬。原產美洲熱帶。花期 6～10 月。

常綠灌木。喜溫暖、濕潤、陽光充足的環境，要求土壤肥沃。不耐寒。

春季管理　整個生長期應置於通風向陽處，每日光照應不少於 5 小時，若光照不足，則植株徒長、開花少、香味淡。春季每日澆水 1 次，上盆或換盆要施足底肥，生長期 7～10 天施一次液肥，平時放在陽光充足、通風好的地方，可生長十分旺盛。土壤以腐殖土最好，可加入適量基肥，生長期每星期施肥 1 次。夜香樹萌發力強，長勢迅猛，須隨時去掉基部蘗芽，剪去枯枝、交叉枝與纖弱枝。夜香樹易受蚜蟲、粉虱等蟲害，要及時用相應藥物噴灑。

夏季管理　夏季早晚各澆 1 次；如發現嫩枝下垂，要隨時補充水分。花後要短截徒長枝，促使萌發新的花芽，使之連續開花。每 15 天施一次液肥。

秋季管理　每次開花後及時縮剪，以利於再次開花。每天澆一次水，10 月上旬停止施肥。

冬季管理　在長江以北種植夜香樹多為盆栽，立冬前入室，可放到室內溫度在 6～15℃以上的向陽處，3～5 天澆一次水。溫度低於 5℃時易造成落葉，這時要節制澆水，保持盆土稍呈潮潤，開春後還可以出新葉。出室一般在清明至穀雨之間。冬季植株處於休眠狀態，休眠期停止施肥。見盆面乾時再澆水。

紅檵木（*Loropetalum chinense Br.*）俗名紅花檵木、紅花桎木。金縷梅科、檵木屬。原產中國。花期春秋兩季，以春季為主。

常綠灌木。喜陽光、稍耐陰，喜溫暖濕潤氣候，較耐旱，耐瘠薄，適應性強，耐修剪。

春季管理　盆土採用肥沃的腐葉土摻沙土配製，栽後澆透水，剪去部分枝葉，放於半陰處，以利成活。平時管理宜保持盆土濕潤，生長季節每月施二次餅肥水。喜酸性，日常澆水時可摻少許硫酸亞鐵粉末。盆栽每兩年換一次盆，剪去老根，施足基肥。開花時增施一次磷鉀肥。

夏季管理　夏季為枝葉生長期，要適當摘心，修剪整形，保持優美姿態。常發生葉斑病和炭疽病，可用 65%代森鋅可濕性粉劑 600 倍液或 80%的炭疽福類可濕性粉劑 800 倍液進行噴灑。蟲害有刺蛾、卷葉蛾，敵殺死 1500 倍液防治。

秋季管理　立秋後隨著氣溫降低，開花逐漸增多，應注意修剪和施肥。可增施磷、鉀肥，減少氮肥，控制新枝生長，如果枝葉發生徒長也會造成枝條鬆散，開花少且花朵變小，應注意及時修剪和合理澆水，約 2 天左右澆一次水。使植株生長健壯，以利越冬。

冬季管理　黃河以南地區可露地越冬，北方地區盆栽，深秋以後將其移入冷室內越冬，越冬期間保持盆土略濕潤，使其充分休眠，以利來年開花；翌年清明前後，出室放於陽光充足處養護。

倒掛金鐘(*Fuchsia hybrida Voss.*)俗名吊鐘海棠、燈籠海棠、吊鐘花。柳葉菜科。原產中、南美洲山地。花期 4～7 月。

常綠亞灌木。喜溫暖濕潤氣候，夏季怕高溫炎熱，以通風良好、半陰而涼爽的環境為宜，生長適溫為 10～25℃，溫度超過 30℃對其生長極為不利，呈半休眠狀態，冬季能耐 5℃低溫。

春季管理　每年春天進入生長旺季以前，要翻盆換土。去掉部分宿土，剪去一些老根，根據植株大小改用大一點的花盆，再補充配製好較肥沃的疏鬆盆土。新栽的植株要放陰涼處幾天，然後逐漸移到陽光下。換盆時如枝條過密，要適當疏剪，保持株

形勻稱美觀。生長期間要經常打頂摘心，以促成株形豐滿、開花繁多；一般摘心後 15～20 天即可開花，故常用摘心來控制花期。生長季節每 10 天施液肥 1 次，待盆土乾時施用，肥料以腐熟稀薄餅肥液為好。

夏季管理　夏季氣溫較高，雨水偏多，不利其生長，要將其放在無直射光的陰涼處，注意通風，並每天向植株噴水 1～2 次以降溫，同時盆土接受的雨水不能太多，以免偏濕。當植株因高溫進入半休眠狀態後，要減少澆水，停止施肥。

秋季管理　天氣轉涼後再逐漸供給肥水，促其生長。立秋前後要澆施稀薄的餅肥水，秋冬之交，天氣漸漸寒冷，氣溫低於 10℃時，可進入溫室內管理。

冬季管理　霜凍來臨前，要移入室內，室溫保持在 5℃以上。應給予充足的光照。特別是冬季，溫度偏低，增加光照是提高室溫的好辦法，可將盆花放在向陽的窗臺等處。光照以每天 6～8 小時為好，這樣可使其開花正常。冬季溫度低，生長緩慢，蒸騰量小，每 5～7 天澆一次水。

九里香（*Murraya paniculata Jack.*）俗名千里香、月橘。楝科、九里香屬。原產印度、馬來西亞等地。花期 9～10 月。

常綠灌木或小喬木。耐蔭性強，宜生長在較乾旱的疏林下，不耐寒，長江流域及北方只能溫室盆栽。對土壤要求不嚴，在酸性土中生長較快。

春季管理　露地多栽於疏蔭下或建築物的北側，管理容易。盆栽小苗逐年換大盆，使其儘快成株開花。每 2～3 年換一

次盆。立春即開始薄施萌芽肥，生長旺季可根據樹勢的強弱進行大肥大水的管理，要特別注意用肥的特點是扶旺不扶弱，強旺枝少見花果但增粗明顯。清明節前後進行重剪，九里香有群發萌芽性，同一芽位同時萌發 2～3 芽，新芽萌發後即可選留壯芽，將多餘芽抹掉。

夏季管理　立夏後加強水、肥供應，每月施稀薄液肥 1～2 次，復合肥 6、9 月各 1 次。要離根遠些，可促使其生長加快。按構圖進行修剪，先選留側枝定位，上枝短剪，中、下枝逐長剪，無用芽要及時抹去，不使消耗營養。雨後及時鬆土。

秋季管理　需肥量大，開花後，要加強施肥。中秋過後，樹樁已穩定生長，這時可進行疏枝定托，讓養分集中在保留的枝托上。加強水肥管理，可增施磷、鉀肥，減少氮肥，以利果實生長。

冬季管理　冬季停肥，越冬期間保持盆土略呈濕潤，冬季移入冷室內越冬，室溫維持在 0℃以上，整個冬季只需澆 1～2 次水，使其充分休眠，以利來年開花。翌年清明前後出室放陽光充足處養護。

六月雪（*Serissa foetida comm.*）俗名碎葉冬青、滿天星、白馬骨。茜草科、六月雪屬。原產中國長江以南（江蘇、江西、廣東省等），臺灣。花期 5～9 月。

常綠或半常綠矮生小灌木。性喜溫暖、陰濕，不耐嚴寒，要求肥沃的沙壤土，適應性較強。多生於林下、灌叢中或溪邊。南方園林中常露地栽植，華北地區均溫室盆栽。萌芽力、萌櫱意均較強，耐修

剪、整形。

春季管理　春季植株可移至室外擺放，要求一定的陽光，每1～2週施稀薄液肥1次，以促進枝葉健壯，開花繁茂。2～3月份用硬枝扦插，選取2年生枝條作插穗，長7～8公分，在20℃的條件下，約30天即可生根。成活上盆後應先置陰涼處，經20天再移至陽光處。分株宜在春季移栽時進行。

夏季管理　夏季應放置蔭棚下養護，切勿在強烈陽光下暴曬。夏季高溫乾燥時，除每天澆水外，早晚應用清水淋灑葉面及附近地面，借以降溫並增加空氣濕度。梅雨季節可用當年生半成熟枝扦插，插後需搭棚遮蔭，注意澆水保持苗床濕潤，並經常進行葉面噴水，成活生根容易。

秋季管理　入秋後，隨著氣溫下降，應逐漸控制澆水量。進入休眠期後也可進行分株繁殖。

冬季管理　冬季移入不低於0℃的室內越冬，要保持較濕潤的空氣和給予陽光照射。

蝦衣花（*Callispidia guttata*）俗名蝦夷花、狐尾花。爵床科、麒麟吐珠屬。原產墨西哥。四季都可開花，以4～5月開花最盛。

常綠灌木。喜陽光充足、溫暖濕潤的環境，稍耐陰，夏秋適溫25℃左右。冬季越冬溫度在5℃以上。

春季管理　每2年換一次盆，盆土以園土、腐葉土和沙等量配製。換盆時注意修剪整形，開花後及時修剪可使再開花。生長期置於向陽處，每10天施一次餅肥水。開花時適當遮蔭，並注意通風，花後增施磷、鉀肥。

夏季管理　夏季稍遮蔭，花後修剪。生長季節易受介殼蟲、紅蜘蛛等危害，要注意防治。

秋季管理　立秋前後要澆施稀薄的餅肥水，10 月應停止施肥，減少澆水次數。秋冬之交，天氣漸漸寒冷，氣溫低於 12℃時，進入室內管理。

冬季管理　冬季入室後置於見直射光處，室內要注意通風，室溫一般保持在 10～12℃為宜。冬季為蝦衣花的休眠期，少量澆水，以利安全越冬。

紫薇（*Lagerstroemia indica L.*）俗名癢癢樹、百日紅、滿堂紅。千屈菜科、紫薇屬。原產中國長江流域。花期 7～9 月。

落葉喬木。性喜溫暖濕潤氣候，也能抗寒。喜光，略耐陰。對土質要求不嚴，只要排水良好即可，但以肥沃、石灰性土壤最好。耐旱，怕澇，萌櫱性強。紫薇對二氧化硫、氟化氫及氯氣的抗性都較強，且吸滯粉塵能力也強。

春季管理　紫薇根際萌櫱較多，春季可行分櫱繁殖。播種繁殖者，可於 2～3 月進行，在沙壤土上條播，出苗後搭棚遮蔭，生長健壯者當年可開花，但此花宜剪除，以免影響樹勢。春季可用硬枝扦插繁殖，成活率較高：3 月份剪取 15 公分左右長的一年生壯枝，插入苗床，深 2／3 即可。紫薇發芽前應適當施些有機肥料。盆栽者春季上盆時，壤土中要加一些細沙，尤為適宜。

夏季管理　夏季乾旱季節要注意澆水。花後如不留種，應及時將殘花剪去，以節省養分，有利於來年開花。在夏季紫薇上易出現金龜子、介殼蟲、刺蛾和避債蛾等危害，應及時進行防治。由於其枝條柔軟，可以隨意盤曲，故多在夏季將盆栽的紫薇用棕繩、鉛絲綁紮成各種姿態。夏季可用嫩枝扦插繁殖。

秋季管理　秋季落葉後可在地栽紫薇的根部培以溝泥、肥土，以促進其生長、開花。盆栽紫薇每年秋後應施一次腐熟的有機肥。

冬季管理　11～12 月採收種子。紫薇很耐修剪，每年冬季對盆栽紫薇進行強剪可逐步將其培養成樁景。由於紫薇的花都是開在當年新枝的枝梢上，所以，應在冬季植株落葉或早春發芽前剪去老枝，僅留基部 1～2 對芽眼，促使其萌發大量新枝，到了夏、秋之際，就能繁花滿樹。但也有每年剪除一年生枝，使其第二年重新萌發壯枝開花的修剪方法。

三角花（*Borgainvillea spectabilis*）俗名葉子花、寶巾、本鵑、九重葛、三角梅。紫茉莉科、三角花屬。原產巴西，中國各地均有栽培。花期秋季。

常綠攀援藤本灌本。喜溫暖濕潤、陽光充足的環境，不耐寒，喜水耐肥。對土壤要求不嚴，但在排水良好、疏鬆肥沃的沙質壤土中生長健旺。

春季管理　栽培時盆底可放些腐熟的基肥，液肥要薄肥勤施。每 10 天 1 次，促其生長茂盛。應經常修剪，盆栽可剪成圓頭形，使其分枝多、花密，形成美麗的樹冠。

夏季管理　由於三角花是強陽性植物，即使在盛夏，也可置於露天陽光直射之下。如果光線不足或過於隱蔽，則新枝生長細弱，花少，而且葉片暗淡，甚至脫落。需水量大，如供水不足，易導致落葉，使植株生長不良，延遲開花，故夏季應及時澆水。夏季要少施氮肥，多施磷鉀肥，這樣才能使其開花旺盛。

夏季新生側枝往往易徒長，應及時摘心，以利保持株形和開花繁多。

秋季管理　花期應施磷肥 2～3 次。開花期應及時澆水，花後可適當減少。花後修剪，及時去除枯枝、密枝，促使多發新枝，開花繁茂。

冬季管理　冬季在室內不乾不澆，過濕會引起爛根。三角花開花適溫為 28℃，冬天應置室內，溫度維持在 7℃以上。翌年穀雨後應移至室外養護。家庭栽培，除南亞熱帶地區地栽外，其他地區多作盆栽。

茉莉花（*Jasminum sambuc*）俗名茶葉花。木犀科、茉莉花屬。原產印度和阿拉伯一帶。花期花期 6～10 月，盛花期 7～8 月。

常綠灌木。性喜溫暖，為長日照花卉，喜濕潤的氣候，不耐寒，薄霜也會引起葉子脫落。在 25～35℃的條件下生長最好。喜排水良好的微酸性或中性沙壤土。

春季管理　茉莉出溫室後，應施一次稀薄餅肥水。出室約 1 週左右，要進行摘葉，以促使其腋芽萌發，多抽枝多發葉，每枝上留 2～3 片葉，其餘的摘除，在摘葉後未發新葉之前，要控制澆水量，以免爛根。盆栽茉莉每年應進行一次翻盆，翻盆工作

季節性較強，一般於春發前結合整枝、摘葉進行翻盆，如來不及，可將盆邊緣的土換掉一些，加上一些新土。翻盆要對植株進行修剪，使植株生長勻稱，有利通風透光，減少枯梢現象。分株繁殖一般在春季結合換盆時進行，大盆才能分株。每盆植苗3～4株，栽植深度較根頸土痕略深一些，栽後澆透水，將其置於半陰處，注意每日澆水，保持濕潤，切不可過多澆灌。

夏季管理　茉莉在5月上中旬，隨著新枝的抽生，會出現第一次花蕾，這次花蕾數量不多，每序僅1～2朵，花少而質量差，故應將這次花蕾摘除，以利於以後的開花。7～8月份盛暑時節，也是茉莉花盛花期，此時肥水需充足，可早晨澆1次水，傍晚澆1次淡糞水。

夏季高溫、高濕、強陽光時所開出的花朵香氣最濃。茉莉怕水澇，盆栽茉莉在夏季雨天時應及時倒出盆內積水。5～8月可扦插繁殖，多用盆插，成活率較高。茉莉扦插，只要氣候適宜，注意遮蔭，保持濕潤，一般都能扦插成活。取粗的插穗，長約10～15公分，每穗3～4個節，頂端留二張葉片，其餘葉片摘除，剪好的插穗要保持濕潤，然後用培養土盆裝，將插穗插下後澆水，將盆置於陰處，5月份插的35天左右可生根，7月份插的20天左右生根。

扦插苗展葉後才能施肥，扦插期間澆水不宜過多，保持濕潤即可。一般5～6月份扦插，7月上旬可以上盆，通常一盆栽3～4株。5月至8月底多施稀薄的液肥，約每半月施一次腐熟的人糞尿，最好在傍晚澆施。

秋季管理　9月以後，氣溫下降，茉莉生長減弱，只需每天早晨澆一次水。秋涼後停止用肥。10月移於溫室管理，注意通風，防治病蟲害的發生。

冬季管理　冬季再施一次餅肥，放在陽光充足之處，夜晚室溫維持 5～8℃為宜，白天溫度達到 10～15℃時，要注意開窗通風。冬季還要注意節制澆水，盆土如不太乾就不要澆水，因此時的茉莉已進入半休眠狀態，需要水分較少，如澆水過量，則往往引起爛根，但也不能太乾，以保持盆土稍呈潮潤即可。

紫藤（*Wisteria shensis*）俗名藤蘿、朱藤、黃環。豆科、紫藤屬。原產中國，栽培幾乎遍及全國各地，並有野生。花期 4～5 月。

落葉大型藤本植物。生性強健，喜光而又耐蔭，要求通風向陽，喜濕潤、肥沃、排水良好的土壤，也有一定的耐瘠薄、水濕能力。對土壤適應性強，在微鹼性土中亦能生長良好。

春季管理　盆栽宜選用較矮小品種，也可以老樁上盆，並加強修剪與摘心，要控制住植株勿使其過大。株形可整形為多分枝灌木狀，也可呈曲幹懸崖式。當新梢抽出 15 公分長時，應摘心一次，開花後還可重剪一次。如作盆景栽培的，整形、修剪更應加強。當樹勢旺盛，枝條抽長過多時，可採取部分切根和疏剪枝葉措施，有一定效果。如樹勢衰弱，可適當施肥，補充營養。早春萌芽前可施有機氮肥、過磷酸鈣、草木灰等，磷鉀肥尤其應多施。生長期可追肥 2～3 次。開花後可將中部枝條留 5～6 個芽，其餘修去，以促花芽形成。

夏季管理　夏季不能缺水，一般不需施肥。易發生蚜蟲、刺蛾等危害，可用敵殺死噴灑防治；鑽心蟲防治可往蟲洞孔眼中注射敵殺死，並封住蟲孔，借以薰死幼蟲。

秋季管理　秋季氣候涼爽後，2天左右澆一次水，要多施磷、鉀肥。北方地區待秋季落葉後，應移入室內。秋季落葉後可移栽。

冬季管理　北方冬季移入冷室內越冬，室溫維持在0℃以上，整個冬季只需澆1～2次水，使其充分休眠，以利於來年開花。地栽可在入冬後在根頸四周挖環形溝，埋施腐熟的農家肥，以後生長季節可不再施肥。

凌霄(*Campsis grandiflora Loisel.*)俗名女葳花、紫葳、陵時花、武葳花、陵苕。紫葳科、凌霄花屬。原產中國陝西、河北、河南、山東、江蘇、江西、湖南、湖北、福建、廣東、廣西等省。花期7～8月。

落葉木質大藤本。喜溫暖、濕潤氣候。能耐瘠薄和弱鹼，因此大部分土壤中均可生長，但以向陽及疏鬆、排水良好之地為宜。略耐陰，幼苗早期宜稍遮蔭。有一定抗寒力，耐旱性也強，喜肥。根系發達，肉質根，不宜栽於濕潤處。管理粗放。

春季管理　每年發芽前可行疏剪，並剪去枯枝、密枝等。發芽後就應澆水施肥，每半月1次，各種肥料都可用。栽植時要設以支柱，在養護中隨著枝蔓的生長需進行綁紮牽引。春季可剪下有氣根的枝條進行扦插繁殖，生根容易。

夏季管理　開花前施肥、灌溉則生長旺盛，開花茂密。花蕾在雨後易脫落。由於凌霄莖節著土極易生根，立夏後可進行壓條繁殖。選二年生枝，在地上開溝或壓入盆中，連壓數段，2個多月就可生根，秋季剪開分栽次年即可開花。在梅雨季扦插也

易成活。

秋季管理　秋季種子採收後即可在溫室中播種，20℃左右約 2 週即可出苗。

冬季管理　在北方也可露地越冬，但需栽在背風向陽處，秋梢容易受凍。

金銀花（*Lonicera japonica Thunb.*）俗名忍冬金、銀藤、鴛鴦藤。忍冬科，忍冬屬。原產中國，分布極廣。花期 5～7 月。

半常綠攀援灌木。性強健。喜陽也耐陰。耐寒性強，耐乾旱及水濕。對土壤要求不嚴，除重鹼地外，均可栽植，但以濕潤、肥沃、深厚之沙壤生長最好。不宜栽於過陰、過乾及過濕、積水之處。根系密，萌櫱性強。栽後第二年，即應搭立花架或移近籬垣、牆欄；以便尋物依附纏繞攀緣。

春季管理　栽植三四年後，於早春宜進行一次清理修剪，將雜亂、交叉的枝條剪除，並疏剪密枝與老枝，不然過於擁擠易誘發蚜蟲、介殼蟲等危害；同時可以促進通風、透光，有利開花；使營養集中，促使生長健壯。金銀花管理粗放，生長季節若加強中耕鋤草及施肥工作，可增加開花量，施肥時，家庭用的淘米水、剩面湯及洗刷魚、肉的臟水，應充分發酵後再澆灌。

4 月上旬可進行播種繁殖：播前先把種子放在 25℃溫水中浸泡一晝夜，取出與濕沙混拌，置於室內，每天拌 1 次，待 30%～40%的種子裂口時進行播種。播後撒上細土一層，蓋以稻草，保持濕潤，10 天後可出苗，成活率高。

夏季管理　夏季乾旱時節要及時澆水，勿使受旱落花。春、夏、秋三季都可進行繁殖，而以雨季扦插最好。選一年生壯條，長約15～20公分；插入土內2／3，澆水一次，2～3星期後即可生根，第二年移植後即可開花。夏季高溫乾旱時葉面常發生煤污病，可用托布津或多菌靈噴灑防治。

秋季管理　10月果實成熟，採回放入布袋中搗爛，用水洗去果肉，撈出種子陰乾層積貯藏，留待明春播種。

冬季管理　處於休眠期，注意培土防寒，並做好圃地清潔工作。

草本花卉

矮牽牛（*Petunia hybrida*）俗名碧冬茄、撞羽牽牛、靈芝牡丹。茄科矮牽牛屬。原產南美洲。花期5～10月。

矮牽牛為一年生或多年生半蔓性草本花卉。性喜溫暖及陽光充足的環境，耐乾旱，畏霜凍，怕積水。氣溫較高則開花更旺盛。適宜疏鬆、肥沃、排水良好的微酸性沙壤土。

春季管理　春季以播種繁殖為主，亦可扦插育苗。由於種子極細小，最好採取盆播，以4～5月份播種為好。播種前，要先進行土壤消毒，以免幼苗受立枯病危害。播種時不需覆土，用浸盆法澆水，保持盆土濕潤，避免陽光直射。在20～25℃條件下，10～12天後發芽，發芽率一般為60%。為使開花期提前，或避免雨水沖淋，可在溫室或室內臨近窗口處播種育苗。出苗後，要移至通風處，及時疏苗，並逐漸增加日照，促使幼苗生長茁壯。

培養土按園土5份、腐葉土3份、河沙2份的比例混合配製，添加少量有機肥料作基肥，並摻入適量多菌靈可濕性粉劑進行土壤消毒。由於矮牽牛對晚霜反應敏感，露地定植不宜太早。花壇定植的株距為25～30公分，盆鉢定植為每盆定植小苗一株。

矮牽牛較耐修剪，苗期應摘心一次，以增加分枝，定植場地必須有充足光照。

夏季管理　雨季要及時排澇，夏季要勤澆水，澆水時注意不要淋至花葉上，因植株被黏質絨毛，沾水很容易造成水跡。對土壤肥力要求不嚴，肥水太多反而會引起枝葉徒長而影響開花。除施基肥外，一般在梅雨季節過後每隔半月追施一次稀薄水肥，直至開花前。

在光照充足的高溫條件下，植株開花最為繁茂，如遇陰涼氣候條件，則葉茂花少。生長過程中，可以根據需要隨時整枝修剪，尤其在開花後剪枝，能迅速抽生新梢，並再度花滿枝頭。蒴果成熟後自然開裂，應注意及時採收。

秋季管理　矮牽牛的扦插繁殖易於操作。由於重瓣花品種和大花品種的結實率很低，一般採用扦插方法進行繁殖。扦插一年四季均可進行，但以春、秋兩季進行扦插生根快、成活率高。扦插時，剪取 6～8 公分長的健壯嫩枝，摘掉下部葉片和花蕾，僅留頂葉二對，在基部臨節處平剪後，插於河沙、蛭石或珍珠岩中，澆足水，置於半陰處，在 20～25℃條件下，約經 2 週可生根，生根率約為 50%～60%。也可用水插育苗，簡便易行，生根率可達 80%～90%。

秋天也可以播種，10 月分苗，11 月定植。

冬季管理　如果冬季在溫室栽培，保持 20℃以上的室溫，則可以繼續生長開花。

鳳仙花（*Impatiens balsamina*）俗名指甲花、小桃紅、金鳳花。鳳仙花科鳳仙花屬。原產中國南部、印度、馬來西亞。花期 6～9 月。

一年生草本花卉。生長快而強健，喜

溫暖耐炎熱，忌霜凍，需要充足的陽光，對土壤適應性強，喜肥沃而排水良好的沙質土壤，也能耐瘠薄。

春季管理　鳳仙花以播種法繁殖，是典型的春播花卉。每年3月下旬至5月上旬均可播種，北方地區在溫室或溫床中播種，到5月之後即可移植露地栽培，而南方地區則直接播種於露地苗床，亦可直播於花壇。鳳仙花的種子較大，在20～25℃條件下容易發芽，發芽率為70%，播種後一週出苗。

鳳仙花的生長需要充足陽光，栽培地要選擇在向陽寬敞的地方。當苗高8公分左右時，可以定植盆栽，或按株距30公分定植於花壇上。培養土可用腐殖土、園土、河沙及廄肥按3：2：1：1的比例混合配製。

夏季管理　由於鳳仙花的鬚根系發達，生長旺盛，因此栽培過程中要加強供水管理。生長旺盛期正值炎夏，水分蒸騰量大，易乾旱，應特別注意充分澆水，保持土壤濕潤，如遇乾旱會造成葉片發黃、植株枯萎、落葉落花。夏季澆水，應在清晨或傍晚進行，盡量避免中午高溫時澆水。

開花之前，要適度追肥，每隔10天追施一次腐熟的稀薄豆餅水。開花期間，應控制施肥，尤其忌施氮肥，以免莖葉生長過於茂盛而影響開花。為提高觀賞效果，打頭促進分枝，摘去莖基部的花朵，加強水肥管理，可使各分枝的頂部同時開花。

鳳仙花莖肉質，雨季土壤積水和通風不暢，易發生病害，導致根莖腐爛，要特別引起注意，應加強通風管理。若遇陰雨連綿、排水通風不良，鳳仙花易染白粉病，可用稀釋200倍的硫磺粉液噴灑防治。在開花期，易受紅蜘蛛刺吸危害，可用稀釋1500倍的三氯殺蟎醇噴灑防治。

秋季管理　果實成熟後開裂，外皮向上捲，將種子彈出；

因此要在果皮發白後及時採收，採時不要碰果皮，以免果實裂開而使種子散失。

醉蝶花（*Cleome spinosa*）俗名鳳蝶草、蜘蛛花、西洋白花菜。白花菜科醉蝶花屬。原產南美洲熱帶地區。花期 6～9 月。

一年生草本花卉。性喜溫暖，好陽光，耐半陰，適合在通風向陽處生長。要求土壤肥沃、排水良好的沙壤土，不耐寒，種子有自播性。

春季管理　醉蝶花以種子進行繁殖。春播，於 3 月下旬至 4 月中旬播種於露地苗床。若需要提早開花，可於 2～3 月間在溫室內盆播。種子發芽較遲緩，在 15～20℃條件下約 15 天左右發芽。播種後覆薄土澆水，種子發芽率高，出苗較整齊。

醉蝶花為直根系植物，鬚根少，移栽後難以復壯，因此宜直播，或用營養袋育苗，栽培用地要深耕。待苗高 15 公分左右即可定植，通過逐漸間苗，使定植苗的間距達到 30 公分。

醉蝶花應施有機基肥，成苗後的追肥應以少施勤施為原則，半月追施一次即可。要控制施用氮肥，適當增施磷鉀肥，使植株早開花結果，花色更加鮮艷。

在分栽和移植後應細心管理，及時澆水、防風、防曬。待移栽成活後，要保持土壤乾濕適度，及時中耕保墒。

夏季管理　夏季澆水最好在落日後或早晨進行，葉片上每日需噴水或澆水兩次，除移植時施用基肥外，開花期可再施稀薄的腐熟餅肥 1～2 次，促使開花更盛。醉蝶花植株分枝少，不宜摘心。

秋季管理　8～9月醉蝶花的蒴果成熟時，易縱向分裂而導致種子散落，因此，在秋季蒴果成熟後應及時採種。秋季也可進行播種，冬春可於室內開花。

冬季管理　冬季不必天天澆水，能保持盆土或園土濕潤即可。

半支蓮（*Portulaca grandiflora*）俗名太陽花、大花馬齒莧、松葉牡丹。馬齒莧科馬齒莧屬。原產南美洲巴西。花期6～10月。

半支蓮為一年生草本花卉。性喜陽光充足、乾燥和排水良好的環境，在陰暗、潮濕之處生長不良。不耐寒，對土壤的適應性極強，以在透氣性良好的沙質壤土中生長更佳，耐瘠薄。在充足的陽光下，花朵盛開，且色澤更艷麗；但在弱光下，花朵不能充分開放或不開放。花多在午間開放，早、晚閉合。種子能自播，落地的種子在翌年可自然萌發。

春季管理　半支蓮可以以種子進行繁殖，其種子發芽要求有20℃以上的溫度條件，因此露地栽培多用春播，在我國南方為4月份播種，北方則為5月份。由於種子發芽好光，撒播種子後不需覆土，也不需澆水，只需加蓋塑料薄膜即可。若地溫穩定在25℃以上，約經過7～10天即可發芽。出苗後逐漸撒薄覆土2～3次，使幼苗生根穩定，以免倒伏。當幼苗長出4～5片葉時，需要移苗定植，株距為10～15公分。定植後2～3個月開花。

半支蓮長勢強健，適應性強，栽培管理十分簡便。對水肥要求不嚴，澆水宜少不宜多，以保持土壤稍微乾燥最好。

夏季管理　半支蓮可以進行扦插繁殖。扦插繁殖是在生長期進行。在6～8月間，剪取帶頂芽的嫩莖作插穗，扦插在濕潤的沙質壤土中。插穗的成活率高，開花迅速。因其莖和葉皆為肉質，露地扦插如遇雨水，可導致插穗腐爛，故要採取遮雨排澇措施。夏季多雨、多濕、多陰天氣條件下，植株也易腐爛。

另外，在土壤黏重、積水、或排水狀況不好的情況下也容易造成根莖腐爛。

開花前，需追施2～3次有機肥，促其多分櫱、多開花，但在顯蕾後不需再施肥。對光照要求嚴格，栽培場地必須陽光充足。花壇栽培應注意間苗及中耕除草。

半支蓮的缺點是每一朵花的壽命短，陽光過強或肥水條件差時，開花時間更短，一般是上午8～10點開。若想延長開花時間，一方面可以進行選種，選擇重瓣、花大、色艷且開花時間長的單株留種或雜交；另一方面要加強肥水管理，使植株生長旺盛，開花時間較長。另外，陽臺上光照強度比較合適，也可延長花期。

秋季管理　種子的成熟期不齊，且極易散落，應隨熟隨收，自行散落的種子第二年可萌發。

觀賞向日葵（*Helianthus annuus*）俗名向日葵、太陽花。菊科向日葵屬。原產北美洲。花期6～9月。

一年生草本花卉。根系發達，喜陽光充足的溫暖環境，不耐寒，不耐陰，要求栽培土土層深厚、肥沃，耐鹼、耐旱能力極強。花朵朝向隨日照方向的變化而改變，始終朝向太陽。由種子發芽至開花的整個生長期為 50～70 天。

春季管理　向日葵為直根系植物，喜水肥，不耐移栽，宜直播育苗。春播時間在清明前後，插種前可施一些農家肥、草木灰作底肥。種子萌發出苗後，要及時間苗，保持株行距 35～45 公分；盆鉢育苗的每盆僅留壯苗 1 株。在生長期，要追施 3～4 次液態有機肥，同時可葉面噴施濃度為 0.2%～0.3%的磷酸二氫鉀液。但要控制氮肥的施用量，若過多施用氮肥，會導致植株過分徒長，並影響開花質量。栽培過程中勿需摘心，栽培場地必須接受日光直射。

夏季管理　向日葵在開花期間，如遇陰雨多風天氣，不利於昆蟲傳粉，可進行人工輔助授粉。繁殖也可在夏季播種，夏播時間在 6 月下旬至 7 月下旬，播深以 5 公分為宜。從花盤形成到開花是向日葵的旺盛生長期，需要養分多。此期間需水量也最多，如果雨水不足，要設法為其灌溉，以滿足需水要求。

秋季管理　收穫向日葵過早會造成種子不成熟，採收晚了易受鳥害，或遇風引起落粒，遇雨發霉。其成熟的標誌是：莖稈變黃，葉片大部枯黃，脫落，花盤背面成黃褐色，皮殼變為堅硬，此時應及時收穫。

紫茉莉（*Mirabilis jalapa*）俗名午時花、胭脂花、洗澡花。紫茉莉科紫茉莉屬。原產美洲熱帶地區。花期 6～9 月。

多年生具塊根的草本植物。生長適應性強，喜陽光充足的溫暖、濕潤環境，不耐寒，怕酷暑，在半陰而通風的環境中生長良好，在肥沃、深厚而疏鬆的土壤中生長旺盛。從播種至開花約需 90～110 天。

春季管理　常在春季進行播種繁殖。由於它是直根系植物，不耐移栽，宜直播。在 4～5 月間，將種子點播於露地，每穴放種子 1～2 粒，覆土要略厚，約一週後萌芽。待幼苗長至 2～3 片葉時，按株距 40 公分間苗，或取幼苗上盆。盆栽的植株需要摘心，促使株型矮化。紫茉莉的栽培管理比較粗放，栽植前施足基肥，以後可以不施追肥。

夏季管理　在生長期可以不施追肥或少施追肥，尤其不要施用氮肥，以避免造成莖葉徒長而影響開花。夏季高溫期間，要注意灌溉抗旱，花期注意雨後排水。

秋季管理　紫茉莉性喜高溫，入秋室外自然氣溫夜間降至 8℃時移入室內，白天移回陽臺，10～15 天後固定擱放於室內光照充足處，室溫不低於 15℃時仍繼續開花。果實成熟後會自然脫落，應在果實變黑而尚未乾硬前採收。紫茉莉具宿根性，遇霜寒地上部分即枯死。

冬季管理　11～12 月進入休眠期，移至陽臺下方或室內任何地方，剪除地上部分，保持盆土不過乾。北方在紫茉莉落葉後可剪除地上部分，掘起根團，放置在地窖內越冬，來年春季再栽入地中。

矢車菊（*Centaurea cyanus*）俗名藍芙蓉、荔枝菊。菊科矢車菊屬。原產歐洲東南部地區。花期 4～5 月或 6～7 月。

一年生或二年生草本花卉。喜陽光充足、溫暖、濕潤環境，在肥沃、排水良好的沙質壤土上生長良好。較耐寒，性喜冷涼氣候，怕炎熱和陰濕，適應性強，也耐瘠薄土壤，有自播繁殖的能力。

春季管理　矢車菊用種子進行繁殖，春播、秋播均可。春播在 4 月進行，因矢車菊為直根性，所以宜直播，儘可能少移栽。發芽適溫為 20～22℃，播種後 7～10 天發芽。矢車菊小苗定植的株距為 20～40 公分。在生長期，要加強水肥管理，結合中耕除草進行追肥，每隔半個月追施一次液態肥，以促使前期生長旺盛，多分枝，多生花蕾。其生長適溫為 10～13℃。

夏季管理　秋播的矢車菊在初夏開花，春播的矢車菊 6～7 月開花，開花前停止施追肥，但要加強澆水，保持開花繁茂。花序枯黃時即可採收，乾燥脫粒。矢車菊常見有霜霉病和白粉病危害，可用 70%甲基托布津可濕性粉劑 1000 倍液噴灑。

秋季管理　秋播一般多在 9～10 月份進行露地苗床播種育苗。它的種子嫌光，播種後覆土，覆土厚度以不見種子為宜。播後澆水，並保持土壤濕潤，約 10 天左右出苗，秋播苗生長及開花較春播為好。秋季採種應待花序乾枯後邊熟邊採，防止散落。

冬季管理　冬季注意中耕除草，防止積水；可增施鉀肥，增加抗寒性，有利於越冬。為提早開花，可於冷床內越冬，春末即可開花。

蜀葵（*Althaea rosea*）俗名一丈紅、熟季花、花葵。錦葵科蜀葵屬。　原產中國及中東地區。花期 6～8 月。

多年生宿根或一二年生草本花卉。生長勢強，喜陽光，喜肥，較耐乾旱，擇土不嚴，但以疏鬆肥沃而高燥的壤土對其生長最好，忌積水。

春季管理　蜀葵的栽培管理比較粗放，只是要注意種植的土壤必須排水良好，不能積水。當幼苗長出3～4片真葉時，連帶根區的土團一起移植。露地種植應選擇在高地勢且背風的場所。定植前施基肥。定植成活後，追施2～3次液肥。

花博士提示

為了控制蜀葵的高度，使其矮化，待秋播苗在翌年春天生長旺盛時，在距根的莖部10公分處先在東西方向或南北方向切斷其根，2～3週後再在另一方向切斷側根，以促進根系生長和植株矮化。

夏季管理　開花時節，適施磷肥，有利於開花。莖稈遇風容易發生倒伏，應設立支架保護。種子成熟時宜散落，應及時採收，枯萎的花莖應及時剪除。

秋季管理　種子繁殖春播、秋播均可，但多採用秋播。種子成熟後，於當年秋天即可播種。

一般不耐移栽，宜直播或用營養鉢育苗。種子嫌光，播後需覆土5毫米左右，澆水，並保持土壤濕潤，在15～20℃條件下，約經15天可出苗，發芽率約50%。蜀葵苗不耐移植，宜直播或在營養鉢育苗後再移栽定植。

扦插繁殖是在9月上旬進行。選擇在植株莖部長出的長枝，剪取7～8公分，去掉下部葉片，保留上部兩對葉片，插於沙或盆土中，置於半陰環境養護，約20天左右可生根，然後定植於露地。

冬季管理　蜀葵的分株繁殖應在冬前進行，蜀葵開花後根部會萌發一叢新苗，將老株連根挖出，用鐵鏟將新苗分割出來，用刀割成幾株分株，疏去部分外圍葉片，即可分栽。冬季來臨時，將地上部分莖枝剪去，然後多覆稻草或樹葉防寒。

紫羅蘭（*Mathiola incana*）俗名草桂花、香桃、草紫羅蘭。十字花科紫羅蘭屬。原產歐洲地中海沿岸地區。花期4～9月。

多年生草本植物作一二年生花卉栽培。喜陽光充足的涼爽環境，稍耐寒，畏濕熱，適於生長在肥沃、疏鬆的土壤。冬紫羅蘭品系的發育過程要經過春化階段才能開花。

春季管理　3月下旬，取苗於露地定植。由於紫羅蘭在損傷根系後恢復緩慢，因此在移栽時要盡量多帶土少傷根，並選擇在陰天進行。盆栽的紫羅蘭，澆水不宜過多，視盆土乾濕情況而定，以保持盆土偏乾為好，這樣可以防止徒長、矮化植株。但在作切花栽培時，要加強灌溉，以促發花葶抽生，提高花枝的品質。定植後至開花前，追施2～3次液態有機肥。在梅雨季節的陰濕天氣裡，紫羅蘭容易受到根腐病危害。在雨季到來之前，可噴施1%波爾多液預防；若已發生病害，應噴灑50%多菌靈1000倍液防治；或及時清除病株。

紫羅蘭開花後，不可缺水，無需繼續追肥。應擺放於涼爽處，適宜溫度為12～18℃，否則花朵會很快衰敗，應將殘花及時剪去，以免結實而消耗植株體內過多的養分。

夏季管理　酷暑盛夏需適當遮蔭，防止葉片灼傷。夏季開花結束後，可在土面10公分處剪去莖幹，加強水肥管理，使其再次發芽，二度開花。

秋季管理　紫羅蘭以種子進行繁殖。一般採用秋播，作二年生栽培，即9月上旬在露地苗床播種。由於種子好光，撒種後不用覆土，澆水並保持土壤潮濕，在15～20℃條件下約一週後出苗。發芽率在60%左右。

冬季管理　冬紫羅蘭有較明顯的低溫春化要求，作促成栽培時應進行相應處理。當幼苗長出2片葉時，分苗移栽到陽光充足的苗床養護。由於它的耐寒力較弱，北方地區需移植於陽畦越冬，若遇到特別寒冷的天氣（氣溫達 -5℃以下），必須臨時加蓋塑料薄膜保護。

瓜葉菊（*senecio xhybridus*）俗名富貴菊、生荷留蘭、千日蓮。菊科千里光屬。原產非洲西北岸加那利群島。花期1～4月。

瓜葉菊為多年生草本。性喜溫暖濕潤，通風涼爽的環境。它冬不耐嚴寒，夏又懼高溫，通常栽培在低溫溫室內，最適宜生長的溫度為15～20℃，要求光照充足，在肥沃、疏鬆、排水通暢的土壤條件下生長良好，忌積水濕澇。

春季管理　瓜葉菊腋芽多易分枝，應注意不斷除去過密腋芽，以集中養分，保證花的質量。一般每盆保持數個花枝為宜，同時還應注意及時摘除基部黃葉。開花後應每半月施一次磷鉀為主的液肥。開花後，水分亦不宜過多，否則花色變淡。一般在葉片稍有下垂狀時澆水，尤其注意葉面噴霧。

夏季管理　瓜葉菊的播種繁殖時期在每年的2～9月均可，主要視所需花期而定，一般選擇7～8月為宜。播種方式應採用播種盆或播種箱育苗，播種用土以腐葉土、壤土、河沙各1／3混合配製，混合均勻後過篩並經高溫消毒後備用。播種覆土不能深，以不見種子為度，要用浸盆法進行供水。

育苗期要遮陰，忌雨淋，並加強通風。因此播種完畢後，將播種盆放置在通風良好的蔭棚下，棚頂蓋塑料薄膜以遮擋雨水，在 20～25℃條件下，播種後約一週可出苗。出苗後，揭去覆蓋物，墊高苗盆，加強通風，防止猝倒病發生，以保苗壯苗。在幼苗期，由於氣溫高、土壤過濕，易發生白粉病，可用 15%三唑酮可濕性粉劑 1500 倍液噴灑防治。栽培過程中須移苗栽植三次以上，方能生長良好。

秋季管理　瓜葉菊喜肥，除在培養土中添加 10%的有機質基肥外，秋季開始施液態追肥，每隔 10 天追施 1 次，直至開花前。當葉片長到 3～4 層時，每週用 0.1%～0.2%的磷酸二氫鉀溶液噴施葉面，進行根外追肥，以促進花芽分化，提高開花品質。由於瓜葉菊趨光性強，每週要轉盆 1 次，以防止植株偏長、徒長。

冬季管理　冬季必須移入溫室培養，並提供充足的光照，但要控制溫度和澆水量。生長期的最適溫度為 16～21℃，現蕾後控制在 7～13℃比較適宜。當葉片出現暫時凋萎時再澆水，並適宜「蹲苗」，能有效控制植株高度和提高著花率。

四季秋海棠（*Begonia semperflorens*）俗名四季海棠、玻璃翠、瓜子海棠。秋海棠科秋海棠屬。原產南美巴西。花期全年開放。

多年生常綠草本。喜溫暖，不耐寒，生長適溫為 20℃左右，低於 10℃則生長緩慢。喜空氣濕度較大、土壤濕潤的環境和疏鬆、肥沃、排水良好的沙質壤土，不耐乾燥，亦忌積水。喜半陰環境，夏季不可放置於陽光直射之處。開花不受日照長短的影響，只要在適宜的溫度下，就可四季開花。

春季管理　春季是四季秋海棠的繁殖季節，四季秋海棠的繁殖方法可用播種、扦插和分株等方法。播種在四季皆可進行，最好在春秋兩季於溫室中進行，易於控制溫度和濕度，使得幼苗生長良好。四季秋海棠的種子細小，發芽率又較高，故播種時應注意播勻，切記不可過密。四季秋海棠的種子為需光種子，因此在播種後不需覆土。播種後室溫保持 22℃左右，約 7 天即可發芽。扦插法可用於重瓣品種的繁殖，以春、秋兩季為好，剪取頂端長約 10 公分的嫩枝，扦插於沙床或蛭石中，放置在蔽蔭處，經常噴水，插後 15 天生根。分株法一般在春季換盆時進行，將叢狀母株切分成幾個小株，切口塗抹木炭粉防止腐爛。四季秋海棠的幼苗在長出 4～5 片真葉時，即可移栽；株高 8 公分時，可定植於 10 公分的盆中。

夏季管理　四季秋海棠在夏季不耐陽光直射和雨淋，應遮蔭和防雨。其鬚根發達，生長旺盛，在生長期要注意肥水的管理，每週施稀薄的肥水 1 次，盆土溫度以 22℃最為適宜，葉面應多噴水。澆水要充足，保持盆土濕潤。在栽培過程中要進行摘心，促使多發側枝開花繁茂。在花後，應剪去殘枝，促生新枝，此時要控制澆水量。喜半陰環境，在光照不足時，生長柔弱，植株細長，顏色變淡；在光照過強時，葉片捲縮，易出現焦斑。

秋季管理　將開過花的植株進行修剪，以促進再次開花。秋季亦可播種繁殖，以小苗上盆越冬，次年 3～4 月即可開花。

冬季管理　冬天移入溫室，植株長大後要摘心，促進分枝和開花。應適當減少澆水量，注意通風換氣。澆水見乾見濕，保持盆土濕潤；在氣溫低於 5℃的室內應停止施肥。

四季秋海棠姿態優美，葉色嬌嫩、光亮，花朵成簇，四季開放，適合城市中心廣場、花壇、花境的景觀布置，特別適合大面積成片栽植。

報春花（*Primala spp.*）俗名櫻草、年景花。報春科報春花屬。原產北半球溫帶及亞熱帶高山地區。花期冬春季。

低矮宿根草本花卉作一二年生草本花卉栽培。性喜溫涼、濕潤及通風良好的環境。生性強健，但不耐炎熱，亦不耐嚴寒，要求排水良好而含有豐富腐殖質的土壤，以中性或微鹼性為宜，在酸性（pH值4.9～5.6）土壤中生長不良。

春季管理　開花期間要進行人工輔助授粉，以提高結實率。報春花種子的壽命一般較短，採種後應立即播種，如不及時播種，應在乾燥低溫條件下貯藏備用。

夏季管理　報春花較耐陰及水濕，夏季管理要適度遮蔭，時常澆水，保持土壤濕潤。不耐高溫，當夏季的溫度超過25℃時，植株的生長發育將受到影響而進入半休眠狀態。因此，在培育過程中應保持涼爽的環境，採取適度遮蔭、加強通風、控制澆水量、停止追肥、摘除全部花蕾等措施，以減少養分消耗，確保安全越夏。

秋季管理　報春花的播種繁殖，一年四季均可進行，但多於秋季進行。因它的種子細小，而且壽命短，一般在種子採收後隨即播種。以播種箱或盆播較為適宜。由於報春花的種子極細小，發芽時又需光照條件，因此，播種時應將種子均勻撒播在盆土表面，播後不必覆土，用浸盆法使水從盆底排水孔上滲將盆土潤濕，再在盆口蓋一塊玻璃板，然後將盆放置到不受日光直射的地方養護。

報春花種子的發芽率低，只有40%左右。播種後，在15～20℃條件下約15天即可發芽。

種子出苗後要經過2次移植，上盆時，栽種深度要適中，過深易引起植株爛心，過淺則易倒伏。

報春花喜肥，在生長期要勤施水肥，從定植到開花前要每隔十天追施1次，以充分腐熟的豆餅水為好。施肥時，要盡量避免將肥水濺落在葉片和花朵上，否則會導致葉片枯焦，甚至誘發病害。

冬季管理　進入開花期，此時的溫度要控制在10～12℃為宜，可延長花期。花後剪去花梗，可開花不斷。

蒲包花（*Calceolaria berbeohybride*）俗名荷包花、拖鞋草、猴子花。玄參科蒲包花屬。原產美洲墨西哥、秘魯、智利一帶山區。花期1～4月。

二年生草本花卉。蒲包花不耐寒，怕暑熱，一般在盛夏到來之前完成結實階段而枯死。要求溫暖濕潤而又通風良好的環境條件，室溫保持7～15℃，對土壤要求比較嚴格，以富含腐殖質的沙質培養土為好。

春季管理　初花期應增施磷、鉀為主的肥料，開窗通風，防止猝倒病的發生。蒲包花自花授粉不易結實，必須人工輔助。花謝後氣溫漸高，為了使蒴果充分成熟，應採取遮蔭通風等降溫措施。

夏季管理　種子逐漸成熟，應逐個採收。

秋季管理　蒲包花的繁殖以播種為主。秋季播種，於 8 月下旬或 9 月上旬進行，在溫室越冬生長，翌年春季開花。若播種時間太早，常因夏季高溫引起幼苗腐爛。若播種時間太遲，將會導致植株長勢矮小、開花稀少而影響觀賞品質。

蒲包花的種子十分細小，宜採用淺盆法播種。播種前，對播種用盆及用土要進行嚴格消毒。播種用土，按腐葉土 6 份與河沙 4 份的比例混合配製並過篩。播種時，用細河沙拌種，使種子均勻撒布在盆土表面，宜稀不宜密。播完種後，不需覆蓋土，僅用平滑木板輕輕鎮壓，使種子與土壤充分接觸即可。然後浸盆，用玻璃板覆蓋盆口，保持適當溫度，約一週後即可出苗。出苗後，要將播種盆轉移到通風遮雨的涼棚下，同時去掉蓋在盆口的玻璃板，逐漸適度增加光照，並減少浸盆灌水（不宜噴淋灌水）次數，保持盆土略濕即可。

種子出苗後，如果小苗過密，要適時進行間苗。當幼苗長出 2 片真葉時，要分苗移植於育苗盤或苗床培養。待長出 3～4 片真葉後，取苗定植於口徑 15 公分的花鉢內，每鉢定植一株苗。栽培用的培養土，一般把腐葉土、壤土及河沙按 5：3：2 的比例混合配製，並摻入少量珍珠岩以增強基質的通氣性。

在蒲包花的幼苗期，如果土壤過濕，容易產生猝倒病。可採取土壤消毒及噴灑代森鋅進行防治，並注意控制澆水量，保持土壤有較好的通氣性。

在生長過程中，要保持較高的空氣濕度，可放置在沙床上養護，以增加環境的空氣濕度。澆水要依據盆土乾濕度狀況而定，一般要見盆土表面發乾則澆，澆則澆透，保持土壤潤而不濕。澆水宜用嘴壺，沿著盆壁灌注，避免水肥沾污葉片而引起病害，導致爛心爛葉。

冬季管理　蒲包花屬長日照植物，為了使其在元旦和春節開花，除應提早播種外，最重要的是增加光照時間；為此，需把光照時間延長到 14 小時以上。12 月上旬定植於花盆中，盆土中可拌入 1／3 腐熟的糞土或少量復合肥。蒲包花對環境條件要求較高，因此需精心養護。冬季室內溫度要保持在 15℃以下，不宜過高，並遮去午間的直射陽光。

蒲包花忌土濕，不宜經常澆水，通常在土壤發白時才澆水，平時可向地面噴水以增加空氣濕度。澆水追肥時一定要避免肥水沾在葉片上，否則葉片容易腐爛。

旱金蓮（*Tropatolum majus*）俗名金蓮花、旱荷花、荷葉蓮、金絲荷花。金蓮花科金蓮花屬。原產美洲墨西哥、智利等國。花期全年。

一二年生或多年生蔓性肉質草本花卉。性不耐寒，喜溫暖、濕潤及日光充足的環境。它不耐強光直射，而喜半陰，忌高溫乾燥和過濕雨澇，要求富含腐殖質、疏鬆而且排水良好的沙質壤土。莖葉的趨光性較強。

春季管理　種子繁殖在春秋時節均可播種。春播主要應用於一年生露地栽培，可在 1～2 月提早在溫室播種，4～5 月轉露地栽培。因旱金蓮不宜移栽，以用營養鉢直播育苗為宜，每鉢點播一粒種子，播種深度為種子直徑的兩倍。播種後，澆透水，置於蔭棚下，在 20℃條件下，約一週後出苗。

溫室扦插，則一年四季均可進行。春季扦插繁殖比較容易，生根率較高。扦插時，只需取帶頂梢的嫩枝或者粗壯的莖蔓，剪

成約10公分長的插穗，直接插入沙床中，保持插壤濕度並適當遮蔭，約10天左右便可生根抽葉。

待苗長到10公分左右時，定植於口徑約20公分的花盆中，每盆栽2～3株，同時摘心打頭，促發分枝。在栽培過程中，要注意水分和光照的調節。旱金蓮莖肉質多汁，根系發達，比較耐旱，澆水要乾濕結合，並保持較高的空氣濕度，盆土過乾或過濕均會引起老葉枯黃。施肥量要適度，一般不施基肥，在生長過程僅追施3～4次液態肥。如果土壤肥力過度，會導致枝葉生長旺盛而開花不良。

秋播的旱金蓮在2～5月即可開花。

夏季管理　作一年生露地栽培時，夏季要適度遮蔭，最好在半陰條件下養護，可以保持枝葉翠綠、花色絢麗。如果過於高溫乾旱，將導致植株長勢衰弱、葉黃花少，可以採取重度修剪的辦法進行復壯，即從莖基部3～4節處剪去地上部分，然後加強水肥管理，促發新枝，約在9～10月間可以再次開花。

秋季管理　秋播一般在8～9月間露地播種，10～11月移入溫室栽培。播種前，先用40～45℃的溫水浸種一晝夜，然後採取點播方式進行播種。

冬季管理　11月下旬，天氣轉冷，可將花盆放在室內光線充足處，每週噴1～2次與室溫相近的水，清洗枝葉上的灰塵，如室溫能保持10℃左右，適當控制水肥，冬春可保持葉片翠綠，花朵鮮艷。這期間要定期轉盆，使植株受光均勻，避免枝葉偏向一側生長。如果冬季在溫室扦插，要保持室溫在20℃以上。

彩葉草（*Coleus blumei*）俗名洋紫蘇、錦紫蘇、五色草。唇形科、鞘蕊花屬。原產印尼。

彩葉草為多年生常綠草本植物。喜高溫、濕潤的生長環境，需陽光充足，如光線不足，葉色就會變綠，如果長期不見陽光，不僅葉片色澤平淡，而且枝條也會徒長，使植株降低觀賞價值。其耐寒性差，越冬溫度不能低於10℃，否則植株會死亡。對土壤要求不嚴，不需大水大肥，以疏鬆肥沃土壤為好。

春季管理　盆栽用腐葉土、泥炭土加1／4河沙和少量基肥配製成培養土。每年春季換盆1次。也可等扦插完了，將老植株丟掉不用換盆。要經常保持盆土濕潤，不可乾燥，經常向葉面噴水，提高其空氣濕度。彩葉草喜肥，生長期較長，每週要追一次含氮磷鉀均衡的液肥。如果氮肥過多，則葉色變淡，影響觀賞效果。春天2～3月份可在室內進行播種繁殖，彩葉草的種子發芽率很高，發芽整齊，大約10天就可出苗。

夏季管理　夏季5～6月份扦插最為理想。也可結合修剪進行扦插，將枝條剪成6～8公分長枝段，去掉部分葉片，每段保留一片葉子，插於室內沙床或裝有細沙的大盆內，疏密不限，保持通風和沙床濕度，半月後即可生根。1個月後，便能移栽定植。注意小苗應摘心，促成分枝，使其叢生，株形豐滿多姿。

夏季是其生長旺盛時期，植株需水量較多，盆土稍乾便會出現葉片萎蔫現象，要經常保持盆土濕潤，不可乾燥，經常向葉面噴水，提高其空氣濕度。還可用0.1%的尿素和0.2%磷酸二氫鉀交替噴葉實行根外追肥。

秋季管理　秋季要繼續多澆水，每週要追施一次含氮磷鉀的液肥。生長期要求光照充分，使葉色更加艷麗，長期蔭蔽，葉色會變淡。要適時摘心，植株長至 3～4 個枝杈時，就應將主枝摘心，促使多分枝，增大冠徑，摘心後追施液肥 1 次。

冬季管理　冬季天冷了，要放置在溫室越冬，否則植株會死亡。要少澆水，不能施肥。

鐵線蓮（*Clematis florida*）俗名番蓮。毛茛科鐵線蓮屬。原產中國。花期 5～10 月。

多年生宿根草本。耐寒性較強，喜溫暖、濕潤環境，忌乾旱和積水，好陽光，亦耐半陰。宜深植於保水性好且排水性亦佳的肥沃鹼性土壤，在偏酸性的土壤上生長生育不良。其適應性強，生長旺盛。

春季管理　播種繁殖在春季進行，於上一年秋季採種，冬季沙藏，次年春播，約 3～4 週即可出苗。壓條繁殖可在 3 月份用去年生成熟的枝條壓條，通常在一年內生根，之後再與母株分離，另行種植。地栽的鐵線蓮栽植後在頭幾個月要充分注意給水，給水範圍直徑不小於 50 公分，使根部能向四周伸展。春季施一次混合肥則株強花茂，盆栽每月澆一次液肥。

夏季管理　梅雨期由於高溫高濕，易罹病而枯死，因此夏季應注意保持涼爽和通風，並注意遮陰，生長期保持濕潤。鐵線蓮枝條較脆，易折斷，生長過程中要及時整理藤蔓，注意設立支架固定造型。四季開花的品種若在 5～10 月剪定，約 50～70 天後開花，修剪位置在最下面一朵花的 2～3 節下方。夏季的 5～8

月可進行扦插，取當年生半成熟的枝條做插條，節上具2個芽，在節下2公分處截斷，介質宜用泥炭和沙以1：1混合或用園土加30%珍珠岩，放置在半陰處，約3～4週即可生根。

秋季管理　為了保持健壯而整齊的株型，增加著花的數量，不論地栽或盆栽均應設立支架以誘使植株伸展。並在每年的2～3月將所有枝條進行短截，其中新栽植的保留30公分後短截，老株保留1公尺高度進行短截。盆栽時可在30～50公分處進行短截，以使其花大。秋季要施一次復合肥，以利於植株的生長。

冬季管理　冬季，如地處氣溫低於零度地區，應用數寸厚落葉或稻草、麥稈等覆蓋植株周圍土面，以免凍壞根系。

鐵線蓮花朵喜人，枝蔓健壯，為籬垣綠化的優良材料，可用於攀緣於常綠或落葉的喬灌木之上，也可用作地被植物栽培，更多用於攀緣牆籬、涼亭、花架、花柱、花廊、拱門等園林建築之上。

玉簪（*Hosta plantaginea*）俗名玉春棒、白鶴花、玉泡花。百合科玉簪屬。原產中國。花期7～9月。

玉簪為宿根草本。性強健而喜溫暖、濕潤和半陰環境，耐寒性強，但忌強光直射和暴曬，不耐乾旱和高溫。在濃蔭處生長繁茂，對土壤要求不嚴，宜肥沃、疏鬆和排水良好的腐葉土或泥炭土。

春季管理　繁殖方法以分根繁殖為主，在春季的4、5月進行，將根狀莖挖出，分割成段，每段各帶2～3個芽眼進行分

栽，栽植穴內宜先施入基肥，栽植後澆 1～2 次透水，早春分株的當年可開花，一般每 3～5 年可分株一次。播種繁殖也可在春季進行，發芽適溫為 22～24℃，春播約 40 天左右可出苗，待小苗長大後即可移至背陰處，但播種苗需生長 3 年後才能開花。播種出的幼苗在第一年生長緩慢，養護更要精心，早春要結合鬆土，在植株旁開溝施一次基肥。盆栽春季注意遮光，新葉萌發後逐漸多見陽光。

夏季管理　生長期（特別是生長旺期）每月要澆透水 3～5 次，以保持土壤濕潤。同時要追施氮肥和磷肥。暴雨時要注意及時排水，宜在陰涼、通風、濕潤處栽培或擺放，防止日光直接照射，否則植株葉片易發黃，葉緣常出現焦枯的病斑，植株生長不良，影響開花。

秋季管理　8～9 月開花期，應追施一次磷鉀肥或復合肥。花後要及時摘除殘花、殘葉，以免影響觀葉。由於玉簪種子飽滿率低，成熟不一（有的幾乎很少有種子），故要分批採收。秋季也是播種繁殖的季節，秋播一般即採即播，翌春出苗；分株繁殖也可在秋季進行。

冬季管理　11 月底霜後地上部分枯萎，可在植株基部覆淺土防寒，留下根狀莖和休眠芽露地越冬。嚴寒季節要注意檢查根狀莖的越冬狀況，防止冰雪覆蓋。

大花君子蘭（*Clivia miniata Reg.*）俗名劍葉石蒜、大葉石蒜。石蒜科、君子蘭屬。原產南非，中國各地園林中均有栽培。花期 3～4 月。

多年生常綠草本。性喜溫暖、濕潤及

半陰環境，生長適溫15～25℃。要求排水良好、疏鬆肥沃、腐殖質含量豐富的壤土。不甚耐寒，冬季入低溫溫室，清明後出房於蔭棚下養護。

春季管理　一般在春季出房時換盆，盆栽土壤用腐葉土（或泥炭土）、河沙（或爐渣）和有機堆肥按5：3：1的比例混合配製，換盆應施足基肥，放置蔭棚下。

結合春季換盆可進行分株繁殖：換盆時將母株周圍發生的腳芽（小苗）切離或用手輕輕掰開，勿傷根部，然後用木炭灰或硫磺粉塗抹傷口，擱置通風、背陽處2～3天，以防傷口感染而腐爛，待傷口乾燥後另行栽植或插入沙中，一個月後再上盆種植。生長期間多施追肥，保持濕潤。特別是在花前應追施0.1%尿素和0.5%的磷酸二氫鉀混合肥水，以促進花芽形成和開花；抽花葶時，要保證有充足的水分供給，以確保其旺盛生長，這樣可避免「夾箭」的發生。

夏季管理　夏季高溫（超過30℃）會導致葉片發黃，不利生長，應遮陽降溫，避免暴曬，最好放置室外通風、涼爽的半陰處。澆水量要適中，保持盆土不乾不濕，切忌澆水過多，否則高溫高濕容易引起腐爛。

夏季炎熱多雨水，一般不施肥，以免爛根。許多養花者喜歡給葉片噴水，這樣會使多餘的水分流到葉基的假鱗莖內，導致植株的根莖腐爛。建議改用濕布抹擦葉片，既可達到增濕去塵的效果，又不致讓污水流到株心而誘發爛心。

播種繁殖在果實成熟、由綠色轉為赭紅色時採種，隨採隨播。播種土用腐葉土與河沙各半混合而成，將種子的種孔朝下點播，覆土以不見種子為度。播後保持土壤濕潤，在20℃條件下，約30～45天生根，2個月後出芽長葉，再移栽2次，經培育 2.5～3 年左右即可開花。家庭蒔養常因受光照不勻稱而出現葉片生長左右傾斜，破壞株形美觀。為此必須 3～5 天按 180°角轉換花盆方向，盡量使各個側面受光照強度均勻一致，以使葉形端莊，層次有序。

秋季管理　入秋後必須轉入溫室或室內，保持室溫在 10℃以上，並注意增加日照和加強通風。

冬季管理　君子蘭畏寒，當冬季室溫低於 10℃時，植株長勢趨緩，如果降到 0℃以下，會引起植株凍害。若通風不良或積水，易得腐爛病，應予注意。君子蘭長勢強健，管理簡便，但若精細栽培，則葉色濃綠光亮，花茂色艷，尚能於冬季陸續開花。冬季室溫保持在 15℃以上，並加大晝夜溫差，可防止冬季開花夾箭的現象。

非洲菊（*Gerbera jamesonii*）扶郎花，太陽花，燈盞花。菊科扶郎花屬。原產非洲南部。花期四季常開。

非洲菊為宿根草本。性喜溫暖、陽光充足和空氣流通的環境。不耐寒，冬季溫度不得低於 5～7℃，生長適溫 20～25℃，冬季適溫 12～15℃，低於 10℃則停止生長。喜肥沃疏鬆、排水良好、富含腐殖質的沙質壤土，忌黏重土壤，宜 pH 值 6～7 的微酸性土壤。

春季管理　春播在 3～5 月，秋播在 9～10 月，種子的發芽適溫為 18～20℃，播後約 1 週發芽，種子的發芽率為 30%～50%。分株在春季的 3～5 月間進行，先起出母株，把地下莖切成若干子株，每個子株必須帶有新根和新芽，栽植不宜過深，根芽必須露出土面。非洲菊為喜光性植物，盆栽或地栽都需安排在光線充足的場所，光照不良會造成葉片生長瘦弱，花梗柔細下垂，花小色淡。生長期每半月施肥一次，應充分保持水分的供給，小苗期也應保持適當濕潤，但不可過濕或遭雨水，否則易發生病害甚至死亡。

夏季管理　夏季進入旺盛生長期，應注意水分供應，保證充足的陽光照射，每半月追肥一次，以保證營養的供應。澆水時注意防止葉叢積水，也應注意防止雨後積水危害，同時要經常摘除生長過盛、過多的老葉。

秋季管理　秋季進入盛花期，應適當增施磷肥，注意通風，控制澆水，掌握見乾見濕的原則，盡量保持較高的室溫，使植物繼續生長和開花。注意將植株外層的老葉摘除，以利於通風透光和新葉、花芽的生長。

冬季管理　非洲菊冬季如保持12℃以上的室溫，可使植株不進入休眠狀態，繼續生長和開花，但應注意防寒保溫，注意通風，控制澆水。澆水時應注意勿使葉叢中心著水，否則易使花芽腐爛。

紅鶴芋（*Anthurium andreanum*）俗名紅掌、哥倫比亞安祖花、火鶴花。天南星科安祖花屬。原產非洲南部和美洲熱帶地區。花期主要在2～7月。

為多年生常綠草本。喜溫暖、濕潤和半陰環境，若全年生長在高溫、多濕的環境中則長勢良好。不耐寒，怕強光暴曬，夏季生長適溫20～25℃，高於35℃會灼傷葉片，使佛焰苞花褪色，從而降低花的質量和觀賞壽命。冬季越冬溫度不得低於15℃，否則會使植株生長緩慢、葉片黃化，13℃以下出現寒害。較耐陰，全年宜於適當蔭蔽的弱光下栽培，冬季需予弱光，則植株生長良好，發育健壯。要求排水良好，肥沃、疏鬆的泥炭土或腐葉土，在排水差的土壤中根部易腐爛。

春季管理　分株繁殖於春季進行，選擇帶3片葉以上的子株，從母株上連莖帶根切割下來，用水苔包紮移栽於盆內，經20～30天新根發出後上盆栽植。對直立性有莖的品種採用扦插繁殖，剪取帶葉的莖節，長約8～10公分，扦插於水苔中，保持濕度，插後20～40天生根，之後再定植於盆內。

夏季管理　夏季高溫時注意通風，以免出現畸形花。應放置在室內遮陽處或光線良好處，使其只接受晨光及夕照。室內栽培時以二氧化碳濃度為0.9%時，對植物生長效果最好。紅鶴芋栽培成敗的關鍵在於保持較高的空氣濕度。在生長季節，除每日澆水外，還應每天給葉面噴水2～3次，以提高空氣濕度，降低溫度，有利於葉片生長及促發新根。同時，為保證排水暢通，盆底應多放置一些粗石礫或碎瓦塊，以利於排水，避免引起根部的腐爛。

秋季管理　10月移入溫室內的弱光處，室內溫度不可忽高忽低，否則對生長不利。氣溫高時要小心作好通風換氣工作。應控制澆水，宜進行葉面噴水。由於植株生長放緩，應停止施肥，以使生長充實，有利於越冬。

冬季管理　冬季做好防寒、保暖工作，室內應保持溫度不低於16℃，控制澆水量，注意保持室內的乾燥及通氣，防止因寒冷、潮濕而引起根系腐爛。

非洲紫羅蘭（*Saintpaulia ionantha*）俗名非洲紫苣苔、非洲堇、大花非洲苦苣苔。苦苣苔科非洲紫羅蘭屬。原產熱帶非洲。花期 8～11 月。

多年生常綠草本。性喜溫暖、陰濕和蔭蔽環境。不耐寒，特怕霜凍，夏季怕強光和高溫，溫度保持在 30℃以下，生長適溫 18～26℃；冬季則需要充足的陽光，溫度不得低於 10℃，以 15℃為宜。宜通風環境和肥沃、疏鬆、排水良好的腐葉土或泥炭土。

春季管理　春天的陽光比冬天要強烈，故要在中午陽光強時注意遮光。同時春天氣溫變化無常，有時氣溫達到 16～17℃，有時會降至零下幾度。所以保持生長環境溫度的穩定，是春季栽培管理的關鍵。栽培過程中，應經常保持較高的空氣濕度，適當澆水，但不能過濕，以免莖葉腐爛。春季溫度低，澆水要少，生長期每半月施肥 1 次。

春季亦是繁殖的好時機，非洲紫羅蘭常用葉插，選生長充實的葉片，帶葉柄 2～3 公分切下，插於沙床中，保持較高的空氣濕度，並行遮蔭，在 18～24℃的條件下，約 20 天即可生根，2～3 個月的幼苗即能上盆，從扦插到開花需 4～6 月。分株法也多在春季換盆時進行。

夏季管理　夏季氣溫高，需充分灌水，並噴水降溫和增加空氣濕度，此時應注意通風良好。非洲紫羅蘭屬半陰性植物，每天以 8 小時光照為適合，夏季光照太強，要特別注意遮光，切忌陽光直射。

長時間出現 30℃以上的溫度，植株生長停止或不開花，就

算有時開花，花的色澤淺淡、花朵小，觀賞價值大打折扣。此時應除去花芽，促進植株茁壯，調控到秋天開花。

夏季必須注意防範病蟲害，通風換氣對防病非常重要，但風力不可過猛。高溫期不要施肥，但可利用低濃度的磷酸二氫鉀溶液噴灑葉面，起到根外追肥的作用。

秋季管理　秋季氣溫逐漸降低，澆水量應適當減少，追施磷鉀肥，以利過冬生長。追肥時，勿使肥水沾污葉片，否則會使葉片產生斑點，甚至引起全株腐爛而死亡。每日中午前後陽光強烈時，應注意遮光。秋季空氣乾燥要採取地面灑水、空中噴霧等各種方法增加濕度，應保持相對濕度在 50%以上。家庭栽培可用透明容器或塑料薄膜封閉植株以利於保溫保濕，但要注意定期打開通風。同時秋天日夜溫差明顯，通常早晚氣溫偏低，要注意防寒。

秋季也是非洲紫羅蘭播種的最佳時期，以 9～10 月室內盆播為好，發芽適溫 20～25℃，播種後 20～25 天發芽，一般播種至開花需 180～200 天。

冬季管理　冬季應放置在室內陽光充足處，控制澆水，保持土壤濕潤即可。水溫不可太低，應盡量與室溫接近，二者相差最好不超過 5℃。可採用加熱水或預存水的辦法提高水溫。如能保持適當的溫度，可每 7 天左右施肥液一次。

冬季氣溫要保持環境白天溫度穩定在 14℃以上，夜間溫度也不能低於 10℃。否則植株生長不良，正在生長的植株則葉片不能伸展，已經形成的花蕾會停止生長，導致啞花。若是無法保證適當的環境溫度，應果斷地停止肥水，維持現狀保苗過冬。

水塔花（*Billbergia pyramidalis*）俗名紅筆鳳梨，火焰鳳梨，青筒鳳梨。鳳梨科水塔花屬。原產巴西。花期 9～10 月。

多年生宿根草本。在原產地多附生在熱帶森林的樹杈或腐殖質中。喜溫暖、濕潤和陽光充足環境，需要較大的空氣濕度，但不喜土壤濕度過大；較耐蔭，夏季怕強光照射，生長適溫為 20～28℃；耐寒性較強，冬季應多給予光照，溫度可稍低，但不可低於 5℃；盆土以疏鬆、排水良好的酸性土為宜。

春季管理　經過上一年生長的水塔花在開花後老株逐漸萎縮、乾枯，應在春季換盆時將老株切除，促使其萌發新芽。水塔花目前多用分株繁殖，春季結合換盆，將冬季長成的成熟健壯櫱芽用快刀割下，切口要平整，以利於癒合。將割下的櫱枝插入腐葉土與粗沙各半的介質中，放在溫暖不直曬陽光的地方，經過 4～6 週即可生根。生根後就可按成苗管理。栽植以塑料盆為好，盆不宜太大，盆土以含腐殖質較多，排水、透氣良好的酸性沙質土壤為佳，內加 20%的珍珠岩等，以增加透氣性，pH 值為 5.5～6.0，忌用石灰質土壤栽植。生長期內需水量較多，因此春季一般每隔 2 天澆水 1 次，葉筒內應經常灌滿水。缺水則葉無光澤，逐漸變黃。為防止葉筒內水質變臭，20～30 天要將花盆傾倒一次，使陳水流出再行加水。

夏季管理　水塔花喜半陰的環境，每天需要 3～4 小時明亮、漫射的陽光，忌強烈陽光，否則導致葉片變黃。夏季室內養護時，要設置在通風且有散射光處。用淺水盆加石塊或卵石之類，上面放盆花，這樣可增加空氣溫度，適應生長需要。室溫保持在 24～28℃為宜。7～8 月氣溫高，需每天澆水 1 次，花期不

宜澆水過多，以防落花。在生長季節 4～8 月，每隔 10 天左右施一次稀薄的腐熟的豆餅液肥。夏天應每週將葉筒中的水全部倒掉，以防水質污染。

秋季管理　開花前增施一次腐熟的磷鉀肥，如 0.2%的磷酸氫鉀液，使花色更鮮艷奪目。進入花期後，盆土可適當乾燥以延長花期。花後的休眠期澆水要少並停止施肥。

冬季管理　冬季把盆花置於靠南面向陽處，溫度保持在 10～15℃之間，高於 20℃以上，則植株得不到充分休眠，體內養分大量消耗，對下一年的生長和開花會產生不利的影響。冬季應多給予光照，溫度可稍低，但也不能低於 5℃。休眠期應節制澆水，葉筒內灌水也要少一點，保持筒底稍濕潤即可，盆內忌積水，否則會引起爛根。

天竺葵（*Pelargonium hortorum*）俗名石臘紅、繡球花、洋繡球、洋葵。牻牛兒苗科天竺葵屬。原產南部非洲。花期夏季至冬季。

天竺葵為亞灌木或多年生草本植物。喜溫暖、濕潤和陽光充足環境，怕高溫，亦不耐寒；不耐水濕，但較耐乾躁，忌積水；宜肥沃、疏鬆和排水良好的沙質壤土。生長適溫 15～20℃，冬季不得低於 5℃。

春季管理　天竺葵常用扦插法和播種法進行繁殖。扦插在春秋兩季進行為好，選取頂端長約 10 公分的嫩枝剪下，讓切口自然乾燥一天後再行扦插，插後 14～16 天即可生根，一般 6 個月後可開花。播種，可在春季進行，在 20～25℃溫度下，約 7～

10天發芽。播種後半年至一年即可現花。春季氣候宜人，最適合天竺葵的生長，生長期每半月施肥1次，氮肥不易過多，否則枝葉過於繁茂會影響開花。花莖抽出時，增施磷、鉀肥1次，花後及時剪除殘敗的花枝。

夏季管理　天竺葵性喜陽光，但忌陽光暴曬，夏季應放置陰處。其他季節應放在陽光充足處，充足的陽光可使其開花艷麗。夏季炎熱，要保持盆土濕潤，盛夏高溫期植株處於半休眠狀態，要置於半陰處，控制澆水，停止施肥。

秋季管理　秋季亦是天竺葵適宜的生長季節，也是一年中第二個盛花期，應放置在陽光充足的地方，若溫度適合，花期可持續到第二年春季。

冬季管理　冬季在室內溫度保持白天15℃左右，夜間不低於5℃，並給予充足的光照，澆水不乾不澆，加強通風換氣，清除殘花枯葉，防止病蟲害發生。

菊花（*Chrysanthemum morifolium*）俗名黃花、節花、秋菊、鞠、金蕊。菊科菊屬。原產中國。花期10～12月。

菊花為多年生宿根草本。適應性較強，喜冷涼，較耐寒，一些品種在北方可露地越冬。

喜陽光充足、通風良好的環境，忌盛夏強光暴曬，稍耐蔭，較耐旱，最忌濕澇，喜地勢高燥、土層深厚、富含腐殖質、疏鬆肥沃、排水良好、呈微酸性至中性的沙壤土。菊花除夏菊和四季菊外，絕大部分都是短日照植物，在春夏兩季完成營養生長，在每天 14.5 小時的長日照下進行莖葉的營養生長，在每天 12 小時以上的黑暗與 10℃的夜溫則適合於花芽發育。

春季管理　春季是菊花的繁殖季節，菊花的繁殖方式多樣，有播種、扦插、分株、嫁接等方法。種子繁殖多用於培育新品種；嫁接常用於大立菊的栽培；扦插可用腳芽和嫩莖進行扦插，於 4～5 月，在生長優良的母株上，選取新梢長 5～8 公分作為插穗，剪口在節下方 0.2 公分處，用利刀剪平，除去基部葉片，僅留上部 2～3 片葉，再將插條插入疏鬆的基質中，深度約為插穗長度的 1／2～2／3，略傾斜，插後立即澆水，使插條與基質緊密接觸。對難生根的品種可用一定濃度的萘乙酸或吲哚丁酸處理，有促進生根的作用。分株一般在清明前後，把植株挖出，依根的自然形態帶根分開，另外種植即可。

夏季管理　盆菊栽培最好採用排水、保水、保肥、通氣性俱佳的土壤，將扦插生根的幼苗栽植於盆中，兩週後若生長良好，就可摘心，以促進側枝生長；如需多留花頭，可再次摘心。定頭後注意葉腋間的腋芽；生長初期每週施用一次淡液肥以促進生長，立秋後 5～6 天施一次液肥，現蕾後 4～5 天施 1 次。盆菊須澆足水才能生長良好，花大色艷，但夏季忌澇，應注意排水。立秋前做好菊花的定頭工作。

秋季管理　秋季為菊花生長的最適季節和開花季節，要抓緊做好抹芽、除蕾、修剪、綁紮、立支柱等工作，合理澆水、施

肥，防止盆土過乾而導致菊花的腳葉脫落。

冬季管理　每年 11～12 月，秋菊開始凋謝，枝葉乾枯。菊花凋謝後，可於 12 月中下旬將老葉剪除後，置放在室內冷涼處，保持 0～0.5℃的溫度，不超過 5℃，使其處於休眠狀態，注意盆土濕度，不能過乾。翌春 3 月再移出室外。露地種植的菊花此時應將凋謝、乾枯的枝葉剪除，南方可露地自然越冬，北方覆蓋越冬，或將根刨起，埋入向陽的畦土或家庭盆土中越冬。

地湧金蓮（*Musella lasiocarpa*）俗名地金蓮。芭蕉科地湧金蓮屬。原產中國雲南。在原產地一年四季均可開花，以冬季至春季最盛。

地湧金蓮係中國特產花卉。喜溫暖環境，不耐寒，但長江中下游地區露地稍加保護仍能越冬。喜陽光充足，要求夏季濕潤、冬春稍乾燥的氣候。肥沃、富含腐殖質、疏鬆排水良好的土壤，對植株生長最好。適於暖地庭園或花壇栽培；由於不耐寒，北方需溫室栽培，越冬溫度 5～10℃。

春季管理　用播種或分株法繁殖。南方常用地栽，以分株繁殖為主，於早春或秋季，把根部分櫱的小株，帶上匍匐莖，從母株上切下另行種植，栽植後及時澆水，成活率高。一般每隔 2～3 年分株一次。播種宜隨採隨播，也可在春季於室內盆播，發芽室溫 21～24℃，播種後 30～40 天發芽。

每年清明後移出室外，修剪乾葉及包皮，翻盆換土，用 5：3：2 的肥黃土、煤渣、腐葉土，再加適量的麻餅粉，過篩摻勻作培養土。去掉一半舊土，剔除枯根，栽入大一號的瓦盆內，澆

透水緩苗後放適當處。

地栽早春在植株周圍開溝施以腐熟有機肥，並在假莖基部培以肥土，以促進生長開花。

夏季管理　夏季莖部明顯膨大，直徑最粗達 18 公分，並有櫱芽長出，此時已進入孕蕾期，可追施一些高效磷鉀肥，促使花蕾健康發育。櫱芽只留少量作繁殖用，其餘剪除，以免影響母株生長。每個花序花期長達半年左右，花後地上部分逐漸枯死，應及時將其砍掉，以利翌年再發。夏季高溫天氣，要防止烈日灼傷葉片和葉芽，可把盆株移到背陰處。

秋季管理　秋涼後停止生長，為增強其耐寒力，待霜凍來臨時再入室，盡量放在陽光照射處。隨著溫度的下降，葉片全部枯萎，植株進入休眠期，不要過多澆水，保持七分乾最好。最低溫度保持在 5℃以上即可。如溫度達到 20℃以上，應通風見直射光，這樣植株正常生長，可提前開花。秋末和乾旱季節要適當澆水，雨季需及時排水。

冬季管理　冬季霜雪期間，應防止雪水浸根，凍壞葉芽，可把植株放進室內或屋檐下。如室內栽培，應注意使空氣暢通，否則易遭介殼蟲危害，可用 40%氧化樂果乳油 1000 倍液噴霧防治。

墨蘭（*Cymbidium sinense*）俗名報歲蘭。蘭科蘭屬。原產中國、越南、緬甸。花期 11 月至翌年 1 月。

喜溫暖、濕潤和半陰環境，耐寒性差，怕強光暴曬，忌高溫、乾旱和積水，栽培要求用腐殖質豐富、疏鬆和排水良好的沙質壤土。

春季管理　應放置在陽光充足之處，這樣對墨蘭的生長、促進孕育開花十分有利。春秋季早上 9 點前和下午 4 點後給予全日照，中午遮光 50%；平時對蘭葉及盆蘭四周的地面應經常噴水，以增加蘭株周圍小範圍的空氣濕度。澆水應使盆土經常保持稍濕潤為宜。

夏季管理　墨蘭是半陰性植物、喜散射光照，忌強光直射，夏季應把盆蘭置蔭涼通風處，如陽光太多，葉色枯黃無光澤，並有成塊的褐斑（即所謂日灼病），嚴重的會枯死。

合適的陽光應該是夏季早上 8 點以前和下午 5 點以後的全日照，中午遮光 70%；在墨蘭生長旺盛期，每隔 10～15 天施稀薄有機肥液 1 次。

秋季管理　入秋以後，要增加兩次以磷肥為主的壯尾肥。秋季早上 9 點前和下午 4 點後的全日照，中午遮光 50%；在花芽形成期的立秋前後要減少淋水，使細胞濃度增加，以利於花芽形成，過後又供應充足的水分，以利花芽生長和開花。

冬季管理　墨蘭不耐寒，冬季室溫不低於 5℃，即可安全越冬。冬季可將盆蘭放置於室內向陽處，讓其多接受自然光照，中午可遮光 30%。

蘭花炭疽病在雷雨季節或秋雨連綿期間發病嚴重。發病前噴灑 160 倍等量波爾多液，每隔半月噴一次，連續噴 3～4 次。

發病初期及時噴 70%甲基托布津可濕性粉劑 800～1000 倍液、或 50%退菌特可濕性粉劑 1000 倍液。介殼蟲、蚜蟲、紅蜘蛛、薊馬等蟲害噴灑 40%氧化樂果或 50%馬拉硫磷乳劑 1000 倍液消滅。

春蘭（*Cymbidium goeringii*）俗名草蘭、山蘭。蘭科蘭屬。原產中國。花期 2～3 月。

多年生長綠草本。喜溫暖、濕潤和半陰環境，耐寒，以冬暖夏涼氣候最為適宜。忌高溫、乾燥和積水，要求肥沃、疏鬆和排水良好的微酸性腐葉土。

春季管理　經常保持蘭土「七分乾、三分濕」為好。一般情況下，春天 2～3 天澆水 1 次，花後宜保持盆土稍乾一些，4 月以後宜保持盆土略濕潤。蘭花喜歡稀薄的肥料，對肥料的需求相對較少。且蘭花的根為肉質根，吸收能力較一般的草花弱，故施肥時應格外小心。

一般新上盆的蘭花第一年不施肥，經過一年栽培後，生長旺盛後再施肥。採取薄肥勤施的原則，以磷肥為主，每隔半月左右施一次腐熟的稀薄液肥，肥料過濃往往會造成根系的腐爛和葉尖的乾枯。注意開花前不能施肥。

蘭花是酸性花卉，由於長期澆水施肥，使盆土逐漸鹼化，最好每年換盆土 1 次，選擇疏鬆肥沃、通氣良好、富含多種礦物質元素的腐殖土為宜。

夏季管理　夏天要進行遮陰，氣溫高時，可每天澆水 1 次，澆水要及時，蘭花若長期處於相對乾旱的條件下，會使葉尖乾枯。乾旱和炎熱季節，傍晚應向盆花周圍地面噴霧，增加空氣濕度。

秋季管理　秋季日照減弱後可不必遮陽，10 月中旬將盆蘭搬入室內，室內的蘭花若盆土乾時稍澆清水，宜見乾見濕。在晴朗且溫暖無風的中午，可搬盆蘭到室外照射陽光、通風、澆水，

這有利於安全越冬。

冬季管理　冬季處於半休眠狀態，停止施肥，澆水宜少，給予充分的光照。嚴冬時節，由於關門閉窗，蘭花長時間處在通風透氣不良的環境裡是很不利的，應注意解決通風透氣問題。

石斛（*Dendrobium nobile*）俗名金釵石斛。蘭科石斛屬。原產中國。花期 3～6 月。

石斛屬多年生草本。附生性，喜半陰和高溫高濕的環境，宜濕潤又忌過於潮濕，不耐低溫，冬季氣溫低時進入休眠狀態，宜栽培於蔽蔭處。在疏鬆通氣和排水良好並且具有一定保水力的腐殖質土壤中生長良好。

春季管理　栽培石斛以 pH 值在 4.5～6.0 為好。每 2～3 年翻盆換土 1 次，多用小盆栽植，時間在 2～3 月，翻盆後在新根長出之前不能澆水，只能噴水，新根長出後則需經常澆水並保持高溫高濕，早春時可不作遮光處理，隨著溫度升高、生長量增大，可稍作遮光處理，在春季生長旺盛時期，應遮去陽光的 40%～50%。

夏季管理　除上午 10 時前可見直射陽光外，在其餘時間遮去陽光的 70%～80%。石斛喜薄肥勤施，在生長期中每月施一次液肥，一般按氮、磷、鉀的 2：1：1 比例稀釋施用，亦可根外施肥。天晴乾熱的生長季節，應經常向盆株的周圍噴水，借以提高空氣濕度。雨季濕度較大，可停止噴霧，並注意盆中不要出現積水。

秋季管理　一般在秋季澆水量要減少，保持盆口偏乾，注

意防濕，以生長環境濕度大些為原則。石斛在 11 月初冬時不能早早急著搬進室內場地，而必須經受多次初霜後方能移入室內。

冬季管理　落葉種類越冬的溫度夜間可低至 10℃左右或更低，常綠種類則不可低於 15℃，同時要注意保持較大的晝夜溫差（10～15℃），溫差過小時會嚴重影響石斛蘭的生長和開花。但如果越冬時溫度過高，特別長時間超過 20℃，那麼，花芽將難以發育生長。

冬季休眠期需要較多的陽光，一般遮去陽光的 20%～30%，或不遮光，但要保持良好的通風。冬季溫度高時，仍需保持充足水分，但冬季應停止施肥。

卡特蘭（*Cattleya bowringiana*）俗名卡特利亞蘭、多花布袋蘭。蘭科卡特利亞蘭屬。原產美洲熱帶。花期秋冬季。

卡特蘭屬附生蘭類，為多年生常綠草本花卉。喜陽光充足、空氣流通而潮濕的環境。忌陽光直射，不耐寒，冬季生長期要求夜間最低氣溫在 15℃以上，溫度 10℃時要控制澆水，8℃時會出現凍害，晝夜溫差不得超過 10℃。

春季管理　春季進行分株繁殖，以春季氣溫上升，生長開始後最適宜。將植株從盆中倒出，輕輕將根部附著的培養材料抖去，將母株株叢帶根分割，每部分要有 3 個芽以上，解開互相纏繞的根莖，剪斷腐爛和折斷的根系，把新株分別種在盛有水苔蘚等新鮮培養材料的盆內，將盆放在弱光條件下。栽植卡特蘭的材料常用排水及通透性良好的木炭、磚塊、蕨根、蛇木屑及苔蘚等。種植時，盆底需墊清潔木炭塊及碎磚塊，以利排水；上面加

苔蘚、蕨根等材料，固定根系。對於成株來說，白天在 30℃左右、晚間在 15～20℃左右最為理想。幼苗的晚間溫度宜稍高，需 20℃左右。春季為卡特蘭旺盛生長期，要多澆水，每天進行 1 次葉面噴霧。

夏季管理　夏季為卡特蘭旺盛生長期，要多澆水，每天進行 1 次葉面噴霧。成株不論種植在戶外還是溫室內，都需要 50%的光照度，中小苗只需要 30%～35%（遮光 65%～70%）即可。無論在戶外或溫室內培植，通風均不可疏忽，溫室培植尤需特別注意。通風良好，可以避免病蟲害，使植株發育良好。天氣晴朗時，需將通風孔或天窗打開，促進空氣對流。

秋季管理　開花後的 6 週為休眠期，要少澆水。可在晴天傍晚澆水，一次澆透，讓水從盆底通暢地流出，待盆內乾燥後再澆。只要光照條件適合，通風良好，澆水施肥及時，生長健壯的卡特蘭不易得病。對於少量害蟲如介殼蟲、蟎類、蚜蟲等，可噴施少量的殺蟲劑。

冬季管理　冬季要看天氣的陰晴狀況和氣溫高低給水，一般每隔 3～4 天澆 1 次水，於上午 10 時前澆為妥。若遇惡劣氣候，溫度下降，可免澆水。至於室內培植的中小苗，冬天除控制澆水量外，在正常氣溫下仍需每日澆水。

如果冬季夜間氣溫在 10℃以下，中幼苗宜植於溫室，並增設加溫設備，避免苗株休眠，使其繼續生長發育。同時要暫停澆水，以免因水分附著於葉面與根部而增加寒冷度。如果偶爾溫度過高，應保持其所需濕度，並注意通風。冬季夜長且冷，溫室內最好增加光照，以輔助苗株進行光合作用，使之繼續生長。冬季卡特蘭處於相對休眠狀態。此時是花芽生長發育期，如果這時由於溫室加溫使本來已十分乾燥的空氣濕度更加降低，若空氣濕度

降至30%左右，會導致植林在開花前因乾枯而死亡。因此，在加溫的同時應設法增加溫室的濕度。

兜蘭（*Paphiopedilum sp.*）俗名囊蘭、拖鞋蘭。蘭科屬。原產東南亞及中國。花期10月至翌年3月。

兜蘭為常綠無莖草本。喜陰暗潮濕，忌乾旱和強光，適生於濕潤而通風的環境。由於其沒有貯藏養料和水分的假鱗莖，因此，對氣候變化的適應能力較差。繁殖快，其出芽方式獨特，即當年長的根於次年在根端生出芽來，躥出土面自成一株。根喜生在沙石、腐葉土、朽木混合的介質中，見土即成活。

春季管理　春季是開始生長的季節，要經常向葉面噴水，補充新根吸水的不足，促進新芽生長。生長期宜施磷、鉀肥及適量的氮肥，若氮肥太多，長勢茂盛，葉片蒼綠，但不開花。若缺少磷鉀肥，同樣很少開花，最好施用腐熟的稀薄餅肥水，薄肥勤施，施肥後應及時澆水和鬆土。有條件的話，最好每10～15天向葉面噴灑0.1%的磷酸二氫鉀液，效果很好。春季要給予50%遮光，要經常保持盆栽材料濕潤和較高的空氣濕度。春季亦是繁殖的季節，常用分株法進行繁殖。

夏季管理　夏季不要將盆花搬出室外，特別注意室內溫度不要過高和濕度過大，加強通風遮光降低室內溫、濕度。夏季要增加遮光，以70%為宜，陽光太強，生長緩慢，易出現日灼病，甚至整株死亡；過度遮光，只長葉片，開花少；盛夏應停止施肥。

秋季管理　秋季要遮光60%以上，盆土要保持濕潤，並經常向花盆周圍灑水，以保持環境的空氣濕度。倘若濕度不足，葉片容易變黃皺縮。

冬季管理　兜蘭越冬時要注意保溫，夜間室溫在10℃以上，白天宜高於夜間5～10℃，這樣葉片綠色，有光澤，植株生長良好，可在早春開花。若越冬溫度在20℃左右，葉片過於肥大，形成花芽也不開花，還常出現花芽和植株腐爛的現象。冬季應向溫室地面及盆花周圍灑水，增加空氣濕度。過冬時要避免陽光直接照射，冬季遮光30%～40%以上，這樣才能使其生長良好。

蝴蝶蘭（*Phalaonopsis amabilis*）為蘭科蝴蝶蘭屬。原產馬來西亞熱帶地區。花期2～3月。

性喜溫暖和高濕度的環境，空氣濕度要長期保持在70%左右，並應經常向枝葉周圍噴霧。一般需要氣溫20℃或略高，生長期適溫為20～30℃。15℃以下或32℃以上即停止生長（處於休眠狀態），10℃以下會停止生長。喜蔭，全年都需要散射光。喜歡在空氣濕度為75%～80%的環境中生長。

春季管理　春季遮光30%～50%，宜放室內朝南窗口附近，既防春寒又有一定光照；適當多澆水，但基質不可過濕；約半月澆施一次稀釋的復合肥。蝴蝶蘭的翻盆，應在花謝後立即進行。

夏季管理　夏季喜半陰，應遮光70%，可移至半陰的陽臺邊角處，高溫時需加強通風，並不斷噴水降溫，為了增加空氣濕度，澆水一般用軟水或雨水噴澆，以免在葉片上留下水漬，影響葉光的光合作用。澆水應小心，不可將水分濺到葉基部的花心處，導致葉基腐爛，造成植株生長不良，影響開花。因此，噴水時宜用噴霧方法噴及葉面，避免噴到生長點處。

秋季管理　秋季置於陽臺半陰處，遮光 70%，常往周圍噴水降溫、增濕。每星期澆水 1～2 次，7～10 天施一次薄肥；半月噴一次稀釋 500～800 倍的托布津或百菌清等殺菌劑。晚秋的白天置於南面陽臺增加光照，夜間移至北面陽臺或窗口接受 15～18℃的低溫刺激，否則不易形成花芽。同時停施普通復合肥，改施磷酸二氫鉀，以催生花芽。

冬季管理　宜置於室內靠南窗口處，使之接受較多光照，促進花莖生長和開花。冬季花梗抽出後一般經 2 個半月到 3 個月即可開花。這期間白天溫度保持在 25～28℃，夜間溫度保持在 18～20℃較適宜，溫度最好不要低於 15℃，溫度低會引起花蕾乾枯，推遲開花或不能開花。溫度高或濕度大時，必須加強通風，以免染病。開花期間更需要通風，若此時空氣停滯不流動，花莖頂端易凋萎，導致花蕾枯黃早落。

此外，當花開過後，需儘早將凋謝的殘花剪去，這樣可減少體內養分消耗。否則不利於蘭花翌年的生長和開花。在家庭栽培時切忌放在下面有暖氣的窗臺上。冬季注意保溫防寒，不施肥，少澆水，基質較乾時於中午前後澆少量溫水。在花蕾形成後，不要往花上噴水，以免造成落蕾。

蝴蝶蘭蟲害主要為介殼蟲、蚜蟲為害，可用 50%氧化樂果乳劑 1000 倍液噴灑；如發現紅蜘蛛，可用 25%的倍樂霸可濕性粉劑 1500 倍液噴灑，並注意加強溫室的通風；如發現軟腐病、黑斑病等真菌性病害可用 50%代森鋅可濕性粉劑 800～1000 倍液噴灑。

大花惠蘭（*Cymbidium cvs*）俗名洋惠蘭。蘭科屬。花期 12 月至翌年 4 月。

大花惠蘭屬多年生草本，是由多個野生原種雜交而來。耐寒性和耐熱性均較強，較喜光照，喜濕潤。

春季管理　新芽生長期和分株苗新植期，植株營養生長旺盛，生長量大，而這時新的假鱗莖尚沒有形成，此時一定要保證有充足的水分：新移植的分株苗，根部有分株的傷口，以偏乾為好，更有利於根部傷口癒合，但此時要對植株葉面經常噴清水。

大花惠蘭對光照的要求高。光照不足除導致植株纖細瘦小、抗病力弱外，還會明顯影響大花惠蘭的生殖生長；春季應遮光 20%～30%，澆水量應逐步增加。春季可進行繁殖，以花後的 3~4 月較適合，將蘭株清理乾淨，理順根系，留 20 公分左右，去掉過長的根、老根、病弱根，用利刃將植株切開，每盆應有 2～3 個芽，用樹皮塊及水苔將根系填實即可。

夏季管理　夏季每日澆水 2 次，夏季應遮光 40%～50%。大花惠蘭的附生性較強，應在栽培場地附近經常噴灑清水，保持有足夠的濕度，促成大花惠蘭的生長發育良好；反之，如濕度過低，植株往往生長不良，葉色發黃，花序無力。

秋季管理　每日澆水 1 次，秋季為花芽形成期，也是植株

生長旺期，這時生長量大，需保證水分充足，反之則不利花蕾、花葶的生長發育，或使花的品質受到影響。此期間需一段6～15℃的低溫，溫度過高則花芽不能形成或形成較少，9月下旬至12月花芽生長期可開始加大光照。

冬季管理　在我國大部分地區的冬季應移入溫室內，並保持10～20℃的溫度，這樣可以延長花期。溫度低於8℃或高於25℃，已形成的花蕾易落，縮短花的壽命。大花惠蘭冬季的水分管理以每3～5日澆水一次為好，因這時氣溫較低，植株細胞的含水量低些會更有利於大花惠蘭的越冬，同時應避免暖氣與空調的熱風直吹植株。在北方室內若能採用加濕器加濕，對花的養護很有好處。白天把花放在客廳中觀賞、夜間搬至溫度稍低一點的衛生間等處，可以起到延長花期的作用。

睡蓮（*Nymphaea tetragona*）俗名子午蓮、水芹花。睡蓮科睡蓮屬。原產中國。花期夏季。

睡蓮為多年生水生植物。長日照植物，在蔽蔭處只長葉不開花。喜通風良好、溫暖環境，要求水質清潔，否則造成葉片腐爛。對土壤要求不嚴，但需富含腐殖質的黏土，pH值6～8為宜。耐肥力強，耐寒性極強，地下莖需在不結凍的泥水中越冬。

春季管理　睡蓮屬長日照植物，栽植場所光線要充足，通風要好。栽植時水深保持30～60公分。盆栽露天擺放，初期淺水，盛期滿水。盆栽沉水，初期水稍稍沒過盆沿；隨著葉的生長，逐步提高水位。盆栽睡蓮生長初期，底肥充足，不必追肥；

繁殖方法以春季分株為主，在睡蓮發芽前，將其根莖掘出，清除老根泥土，切割成 7～10 公分長的小段，每段帶有 2～3 個芽，栽植這些帶芽的根莖，當年即可開花；也可用上年貯存的種子播種繁殖。

夏季管理　池栽睡蓮，進入雨季，水深超過 1 公尺，應及時排水。為促進花芽分化，應追施速效磷酸二氫鉀（用吸水性的紙，包好肥料。1 包 5 克，每缸 2 包，包上可紮小孔數個，沿盆壁塞入根莖下，半月一次，連施 3～4 次）。池栽只要池底有肥沃的淤泥層，不必追肥。

生長旺期盆栽葉子密度大，影響光照，不利於花蕾形成，導致花期延遲，應及時疏葉，調整葉的密度。生長期間要注意及時剪除殘花，清除盆內雜草、枯葉及池內藻類。藻類過多，可噴 0.3%～0.5%的硫酸銅溶液，半月一次，連續幾次，有一定的控制作用。

秋季管理　生長後期及時剪除病葉、枯黃葉。睡蓮種子成熟時易散落，應注意種子的收取，種子須在水中，以保持起發芽能力。

冬季管理　睡蓮的耐寒性強，但根莖的越冬溫度也不能低於 0℃，冬季可將植株連盆一起放置在室內越冬，若在室外越冬需保持較深的水位，以免受凍。

多漿多肉花卉

曇花（*Epiphyllum oxypetalum*）俗名月下美人、瓊花。仙人掌科、曇花屬。原產墨西哥至巴西的熱帶森林。花期6～10月。

多年生附生性灌木狀多漿植物。喜好溫暖、濕潤，不耐寒，忌強光，耐旱而怕澇，宜半陰環境。喜疏鬆而富含腐殖質的微酸性沙壤土。生長最適溫度13～20℃。

春季管理　種植盆土用腐葉土、粗沙、草木灰等配製，並適當加入腐熟餅肥或骨粉作基肥，盆底最好多墊些瓦片或石礫。養植宜放在半陰處，避免強光直射，否則植株會萎縮發黃，過陰或過濕會導致植株徒長，以致花少或無花。生長期適當追肥，每月施餅肥水一次。可在盆土較乾時澆淘米水，簡便易行。春季扦插。取葉狀枝，長約15～20公分，置半陰處攤晾2～3小時後插入黃沙中，避免日光照射，澆水不宜過多，每2～3天噴水1次，約20～30天可生根。

夏季管理　當氣溫超過32℃以上後，植株進入半休眠狀態，生長停滯，應少澆水、停施肥，為其創造一個涼爽濕潤的小環境。生長季節特別是花蕾出現後，應充足澆水，但盆土不要過濕，夏季可在早晚噴水；現蕾後增施磷肥1～2次，花後不應多澆水。為使曇花白天開放，當花蕾開始膨大到10公分時，可在白天遮光，晚上用燈光照射，連續處理10天左右，可使曇花在白天開放，並延長開花 2～3 小時。開花期間置於陰涼通風處可適當延長開花時間。但也要注意，放置地點不能過於蔭蔽，不然易引起徒長，導致開花少，甚至不開花。常發生腐爛病、炭疽病，可用 10%抗菌劑「401」醋酸溶液 1000 倍液噴灑。蟲害有介殼蟲，用 25%的撲虱靈可濕性粉劑 2000 倍液噴殺。

秋季管理　花謝後有一個短暫的生長停滯期，一週後應施肥 1～2 次，只施磷鉀肥，不施氮肥，以利日後開花。北方地區一般 10 月上旬搬入室內，不能過於蔭蔽，易造成莖節徒長，影響來年開花。控制澆水，保持盆土不過分乾燥即可。

冬季管理　冬季室內越冬，溫度保持在 10℃以上為宜。休眠期控制澆水，使盆土稍偏乾燥，一般 4～5 天澆 1 次水，以利於增強耐寒性。冬季適當多見陽光。

令箭荷花（*Nopalxochia ackermannii*）俗名紅孔雀、紅玉簾。仙人掌科、令箭荷花屬。原產墨西哥中、南部及玻利維亞。花期 4～6 月。

多年叢生灌木狀附生性多漿植物。喜溫暖、濕潤氣候，不耐寒，耐乾旱，不甚耐炎熱。怕澇、忌強光，宜半陰環境，適生於疏鬆而富含腐殖質、稍帶酸性的沙壤土。

春季管理　春季宜置於陽光充足處，3～4 月間正是孕蕾時期，應多施肥，少澆水，日常可用淘米水或腐熟液肥。開花時停

肥，少澆水。盆土用腐葉土和粗沙配製，由於葉狀莖柔軟，盆栽應設立支架，使之直立而勻稱。生長過程中要不斷修剪整形，待枝條長到適當高度時需要打頂。每個枝條開花兩年後逐漸老化，應從基部剪除，促使基部發出新枝。繁殖以春季扦插為主，用葉狀枝扦插，插穗長約 7～8 公分，放陰處晾 2 天再插入濕沙中，可不澆水，保持 20℃左右的溫度，約 1 月可生根，但要 3 年才能開花。嫁接繁殖可提早開花，砧木可用三棱箭。

夏季管理　日常管理不宜過陰或過肥，否則會引起徒長，影響開花，若莖葉發黃，往往是陽光過強所致，夏季放在半陰處。注意降溫。雨天要防積水和雨淋，夏季氣溫在 35℃以上植株生長停滯，可早晚在植株上噴水，花後應暫停 7～10 天不施肥，注意土壤不太乾、太濕，以稍乾為好。夏季栽培場所如通風不良，則易罹蚜蟲及蚧殼蟲的危害。

秋季管理　秋季宜置於陽光充足處，減少澆水，促使花芽分化，同時增施磷、鉀肥。令箭荷花的變態莖易倒伏，應及時設立支架，以防折斷。

冬季管理　冬季進入溫室或室內養護，注意保溫加溫，溫度不宜低於 8℃，少澆水，停施肥，多見陽光，保證通風透氣。

蟹爪（*Zygocactus truncactus*）俗名仙人花、錦上花、蟹爪蘭。仙人掌科、蟹爪蘭屬。原產南美巴西東部熱帶森林中。花期 2～4 月。

多年生肉質附生性常綠多漿植物。喜

溫暖、濕潤、半陰環境，不耐寒，喜肥沃、排水良好的微酸性沙壤土。

春季管理　成熟的植株每2年於春季換一次盆。盆土用碎細後的富含腐殖質的塘泥，也可用腐葉土與沙土等量配製，不易板結，排水良好。由於枝條多而下垂，須設立支架。春季2～3天澆一次水；生長期每10天左右施一次腐熟液肥，不宜太濃，春季以氮肥為主。雖然蟹爪蘭喜濕，但因其砧木喜乾，因而澆水時應掌握「寧乾勿濕，不乾不澆，澆則澆透」的原則。蟹爪蘭開花後有5～6週的休眠期，應控制水肥。生長適溫為20～26℃，春季修剪在花謝後，應及時從殘花下的3～4片莖節處短截，同時疏去部分老莖和過密的莖節，以利於通風。蟹爪蘭在生長過程中，有時從一個節片的頂端會長出4～5個新枝，應及時疏去1～2個，還應適當疏花，以促進花型整齊，開花旺盛。蟹爪蘭成型後，平時要經常進行疏枝，將過長枝、過密枝、突出枝以及病蟲枝剪除。扦插可於3～4月進行，選帶有紅色條紋的莖節扦插最好。嫁接宜選取生長壯實肥厚的仙人掌作砧木，5月初嫁接較好。

夏季管理　盛夏直射陽光會灼傷植株，引起莖葉萎黃，以致死亡，所以夏季必須遮陰，並注意通風。進入夏季以後蟹爪蘭完全進入休眠期，每2天澆一次水，並經常在葉面噴水。

夏季不宜施肥，容易引起腐爛。蟹爪蘭還要避開雨淋，當暴雨侵襲時，蟹爪蘭極易爛莖掉節，因此蟹爪蘭夏季不能放在室外，以防大雨澆淋。常發生腐爛病、葉枯病為害，用50%克菌

丹可濕性粉劑 800 倍液噴灑。蟲害有紅蜘蛛，用 25%的倍樂霸可濕性粉劑 2000 倍液噴殺。

秋季管理　蟹爪蘭為短日照植物，如需要在國慶節開花，可以採用短日照處理，在 8 月初進行遮光，每天下午 4 時至次日上午 8 時用黑布遮光，或放入不透光的室內，至 9 月下旬開始出現小花蕾。秋季應多施含磷、鉀的肥料，施肥應在盆土稍乾時進行。

冬季管理　冬季不宜多澆水，保持濕潤即可，一般 4～5 天澆 1 次；越冬的溫度要求在 5℃以上，適溫 10～15℃，置於室內向陽處。

蘆薈（*Aloe vera var.chinensis*）俗名中華蘆薈、油蔥、草蘆薈、龍角。百合科、蘆薈屬。原產非洲南部、地中海地區、印度等地。花期 12 月。

多年生常綠肉質草本植物。性強健，生長迅速，喜溫暖、濕潤和陽光充足的環境，也耐半陰，不耐寒，在 5℃左右停止生長，0℃時生命過程出現障礙，低於 0℃會出現凍傷。生長最適溫度 15～30℃，濕度為 45%～80%。在肥沃、疏鬆、排水良好的沙壤土上生長良好。

春季管理　蘆薈盆栽基質要求具有一定蓄水保水能力、較好的保肥性和透氣性，盆土宜用腐葉土和粗沙配製，蘆薈生長較快，每年春季出室時應結合分株翻盆換土 1 次。分株可於春季將過密母株的側芽進行分植；扦插春、夏都可進行，插條長 10～15 公分，去除基部葉片，放置一天後再插，20 天後可生根。春季澆水須充分，生長期每兩週施一次液肥。

夏季管理　在高溫、炎熱、強輻射的夏季應注意遮陰、通風，最好搬放於半陰處，注意不能使植株缺水，盛夏要每天澆水，但最好在日落之後進行，應盡量避免雨淋。

秋季管理　入秋後要控制澆水，逐漸減少澆水量和澆水次數，除了雨天之外，一般情況下可 3～5 天澆一次水。秋季氣溫在 20～28℃，濕度在 75%～85%時，蘆薈易生根，扦插易成活。扦插可利用其吸枝、吸芽、頂芽、側芽進行。

冬季管理　冬季需要充足光照，要求土壤不積水，空氣不過分潮濕。進入花期，應注意保溫。冬季氣溫低，蘆薈生長緩慢，溫度低至 5℃以下就幾乎停止生長，會使葉尖、葉面出現黑色斑點，溫度低至零度就會凍死。在有霜凍的地方要用透明的薄膜蓋好，採取保溫增溫措施，確保安全過冬。同時由於冬季室溫低，蘆薈生長受到抑制，要盡量少澆水或不澆水；使盆土保持乾燥。一般可 15～20 天澆 1 次。澆水後及時鬆土，深 1.5～2 公分為好。如空氣太乾燥，可葉面噴水，一則除塵，二期可減少葉面的水分蒸發，使葉片保持青翠。冬天澆水則要選在中午時進行，澆水量要少；冬季不節制澆水是造成盆栽蘆薈爛根死亡和衰弱的重要原因，應引起充分注意。

家庭盆栽蘆薈，不僅可以美化居室，還可用作藥物治病和美容護膚，但要利用新鮮的蘆薈才

能得到最好的效果。

龍舌蘭（*Agave americana*）俗名龍舌掌、番麻。龍舌蘭科、龍舌蘭屬。原產北美洲南部及墨西哥。

多年生常綠大型草本。喜溫暖、乾燥及陽光充足環境。稍耐寒，越冬溫度要求0℃以上。生長適溫15～25℃。適生於排水良好的肥沃沙壤土。

春季管理　早春換盆。培養土用泥炭土或腐葉土、園土與粗沙混合配製。土中預埋有機肥料作基肥。施肥可用有機肥料或多元復合肥，每1～2個月施用1次，能使植株發育良好，氮肥稍多可促使葉色美觀。日照充足生育旺盛，盆栽室內觀賞，最好不要連續超過一個月，並置於光線明亮處，避免長期置於光線陰暗處造成徒長或生機減弱。性耐旱而生長緩慢，灌水量不宜多，切忌根部滯水不退。常用分株法繁殖。在春季換盆時連根切取母株蘗苗分栽即可。

夏季管理　對於葉片帶斑紋的品種，夏季遇烈日時適當給予遮陰，葉片才會鮮艷；性喜高溫乾燥，生育適溫22～30℃。夏季增加澆水和噴水次數以保持葉片翠綠。常發生葉斑病、炭疽病和灰霉病為害，可用50%退菌特可濕性粉劑1000倍液噴灑。蟲害有蚧殼蟲，用40%的氧化樂果乳油1000倍液噴殺。

秋季管理　入秋後生長緩慢，控制澆水，停止施肥，保持盆土乾燥。

冬季管理　耐乾旱，冬季要減少澆水，以盆土稍乾為宜。耐瘠薄，及時剪去基部枯萎的老葉。當溫度過低時，宜移至室內養護，其餘時間可在戶外栽培。

成株應剪除基部老葉，促進萌發新葉，使植株長高。

綠之鈴（*Senecio rowleyanus*）俗名翡翠珠、綠串珠。菊科、千里光屬。原產非洲西南部的乾旱地區。花期秋季。

多年生肉質植物。喜溫暖和冬暖夏涼的環境，生長適溫為 14～28℃，稍耐寒，冬季能耐 0℃以上低溫，但最好保持在 10℃以上，在略蔭及通風良好的環境中生長發育最佳。

春季管理　綠之鈴根系淺，植株既細小又不耐濕，如盆深大、土多，長期處於潮濕狀態，易爛根，故春季栽植時宜選用淺小的花盆。盆土可選用含腐殖質較多的腐葉土與河沙按 6：4 的比例混合，配成既疏鬆肥沃又透氣透水的培養土。種植時可在盆底墊一層碎硬塑料泡沫塊，增強透氣排水，以防爛根。日常澆水不宜多，一般盆土見乾 1／3 後再澆水；春季為生長期，每半月追施稀薄肥 1 次。春季可進行扦插繁殖，剪取 4～5 節的莖蔓橫埋於沙土中，在適溫 15～24℃下，約 2～3 週即可發根。

夏季管理　夏季悶熱潮濕，應加強通風降溫管理，避開強光直射，否則植株極易腐爛；同時植株不耐水濕，種植處應避雨淋。盛夏高溫時節植株呈半休眠狀態，應保持盆土乾燥，並轉移至陰涼通風處養護，否則植株極易腐爛，應常向地面灑水降溫，不宜施肥。澆水以向葉蔓噴水為主，澆水為輔，以微潤為度，見盆土乾時可澆些水，澆至見盆底出水即止。「寧乾勿濕」是種植成敗的關鍵。

秋季管理　秋季置於散射光充足處，避免中午前後陽光直曬。扦插繁殖也可在此時進行，從較長的莖蔓上剪取 8～12 公分長、最好帶有氣生根的莖蔓，剪掉下部的珠形葉，斜插於素培養土中，置通風良好的蔭處，常噴水使土微潤而不濕，20 天左右可生根長新葉。秋季追施一次磷鉀肥，一般噴 0.2%的磷酸二氫鉀溶液即可。

冬季管理　冬季溫度低，不宜施肥，澆水約半個月左右見盆土乾時才能進行。要將其置於室內靠近窗戶又能接受斜射光的地方，只要室溫保持在 0℃以上，便能安全越冬。

生石花（*Lithops pseudotruncatella*）俗名石頭花、牛蹄。番杏科生石花屬。原產南非和西南非洲的熱帶沙漠地區。花期秋季。

肉質多年生植物。喜冬暖夏涼、乾燥及陽光充足環境。生長適溫 20～24℃，夏季高溫呈半休眠狀態。不耐寒，越冬溫度必須保持在 12℃以上。要求疏鬆的沙壤土。

春季管理　植株根系很深，宜選用深盆種植，且在盆底多墊石礫和碎瓦，以利排水，盆土要求含石灰質豐富，並排水透氣良好，可用腐葉土 3 份、石灰質材料 2 份、沙子 2 份配成。新栽植株不宜立即澆水，最好放置 3～5 天後再澆水。以後可每隔 3～5 天澆一次水，春季可追施稀薄肥水，但注意肥水不能沾污肉質葉片。生長適溫為 15～28℃，促其生長。這時，從球形葉的中央部分開始長出新的球體（有時能生長兩個以上），而老的球狀葉則逐漸萎縮，這就是蛻皮生長和分裂繁殖頭數的過程。此間切忌直接往植株上噴水，以防傷口感染。常用播種繁殖。4～5

月盆播，由於種子十分細小，需與細沙混拌後一起撒播，播後淺覆土，並採取浸盆法澆水，使水從盆底小孔滲透盆土，不宜直接澆水，以免沖走種子。播後約半個月時間出苗。苗期管理注意盆土切忌過濕，以防小苗腐爛。

夏季管理　夏季高溫植株休眠，此時要稍加遮陰並節制澆水、停止施肥，以防止腐爛。盆土表面覆蓋一層白色沙礫，可降低土溫，有利於根系生長。及時通風，並適當遮陰，使溫度保持在 25～30℃左右，為植株創造良好的休眠條件。雨季到來時，要進一步減少澆水。雨季過後，再增加澆水量並施以復合肥料，為休眠後的植株孕育增補養分。主要發生葉斑病和葉腐病為害，可用 65%代森鋅可濕性粉劑 600 倍液噴灑。有螞蟻和根結線蟲為害，用套盆隔水栽培，防止螞蟻為害，用換土方法防止根結線蟲，也可在盆土中撒施少量呋喃丹顆粒用以殺滅根結線蟲。

秋季管理　入秋可將澆水量逐步恢復到春季的水平，促其開花。花後氣溫開始下降，應及時撤掉遮陰簾，以提高室溫和光照強度。花後嚴格控制澆水，以盆土偏乾為宜。

冬季管理　冬季應控制澆水，使盆土偏乾，澆水略有不慎就會導致植株腐爛；冬季，只需將其置於陽光充足處，適當澆水，保持較乾燥的生長環境即可。當室溫下降到 8～10℃時，需採取防寒、保溫措施，使夜間溫度維持在 8℃以上。

緋牡丹（*Gymnocalycium mihanovichii*）俗名紅牡丹、紅球。仙人掌科、裸萼球屬。原產玻利維亞、巴拉圭等地。花期夏季。

性強健，栽培容易。喜溫暖，不耐

寒，生長適溫 15～30℃，低於 10℃易受冷害和凍害。要求肥沃疏鬆、排水良好的沙質壤土，喜乾燥通風及陽光充足的環境。

春季管理　由於球體沒有葉綠素，自身無法進行光合作用生產營養物質，必須嫁接才能生長良好。通常在春季或初夏用緋牡丹球與量天尺（三棱箭）嫁接，癒合快，成活率高。

每年春季的 4～5 月換盆一次，換盆時要對根系進行修剪。只保留原根的 1／3～1／2，以促發新根，稍晾後，栽入裝有新培養土的花盆內，培養土用泥炭土、園土、粗沙等份配成，並摻少量有機肥料作基肥。

春季生長旺盛期每半月施一次腐熟的餅肥。

夏季管理　5～10 月生長旺盛期可充分澆水，保持適當的空氣濕度，並每半月施薄肥一次。

高溫季節可以在早晨澆水，至傍晚盆土乾時再補澆一次。夏季應稍遮陰並注意通風，其他季節要滿足充足的陽光照射，使球體越曬越艷，而在蔭蔽處生長的植株顏色晦暗無光澤，但在炎熱的夏季強光下仍需適當遮蔭，以免強烈的陽光灼傷球體，並加強通風。空氣乾燥時還要向植株噴水，以防止因高溫乾燥和通風不良引起的紅蜘蛛危害。生長期每 15 天施一次腐熟的稀薄液肥，澆水做到乾透澆透，避免盆土長期積水而引起的砧木腐爛，並給予適當的空氣濕度，以使球體色彩清新滋潤。

秋季管理　秋後減少澆水，盆土寧乾勿濕，並逐漸停止追肥，以免球體生長勢減弱，降低耐寒力。

冬季管理　冬季放在室內光照充足處養護，溫度要保持在 10℃以上，低溫時應控制澆水，使盆土稍乾，停止施肥，以防根部腐爛。冬季如果光照不足，還應補充光照，這樣才能保持球體色彩鮮艷。

長壽花（*Kalanchoe blossfeldiana*）俗名壽星花、日本海棠、矮伽藍菜。景天科、伽藍菜屬。原產非洲馬達加斯加的熱帶地區。花期春秋兩季開花，且花期長達50多天。

多年生常綠多肉植物。喜溫暖、向陽及略乾燥的環境。生長適溫15～25℃，越冬溫度需5℃以上。對光照要求不甚嚴格，稍耐陰，但在光照充足的條件下生長開花最好。

春季管理　植株易老化，可通過修剪或扦插繁殖新苗來更新老的植株。培養土選用腐葉土4份、園土4份、河沙2份混合配製。應放置於日照充分的場所養護。澆水掌握「濕則不澆，乾則澆透」的原則，幼苗應多次摘心，促進多分枝，以求枝茂花繁。長壽花有向光性，要經常調換花盆方向，使植株均勻受光，生長勻稱。生長旺盛期及時摘心，促使多分枝，使冠形更加豐滿美觀。待花謝後，應及時剪掉殘花，節省養分，使下次花開得更好。扦插繁殖為主，枝插或葉插均可。春季剪取10公分長的帶葉枝條或帶柄的成熟葉片，稍陰乾後插入盆內，每盆3～5枚，保持適度濕潤，約20天左右生根出芽。

夏季管理　耐旱性較強，忌盆土積水，尤其夏季，若盆土過濕會導致植株長勢衰弱，甚至造成根莖腐爛。不耐高溫，高於30℃生長遲緩，進入半休眠狀態，應將其放在蔭棚下通風處，少澆水，停止施肥，使

其安全度過高溫期。6 月上中旬光照過強時則應放在半陰處，只讓其接受上午的光照，否則光照過強葉色會變為紫紅而降低觀賞價值。主要有白粉病和葉枯病為害，用 65%代森鋅可濕性粉劑 600 倍液噴灑。蟲害有蚧殼蟲和蚜蟲，可用 40%樂果乳油 1500 倍液噴殺。

秋季管理　到了 9 月可接受全光照，促進花芽分化，增強越冬能力。每 2 週追肥 1 次，多施磷、鉀肥，少施氮肥，以促進開花。深秋時則每 7 天澆一次水，既利於延長花期，也利於提高越冬能力。秋季氣溫開始下降，對水分的要求也逐漸降低，澆水間隔時間又要逐漸加大。秋季也可扦插繁殖。

冬季管理　冬季低溫時要嚴格控制水分。若盆土過濕會導致植株長勢衰弱，甚至造成根莖腐爛。冬季要求充足的光照，如長期光照不足，會使葉片脫落，花色暗淡，失去觀賞價值。因此，冬季應將花放在陽光直射的地方，並注意調換盆花的方向，使植株受光均勻，冠形豐滿勻稱。冬季夜間的溫度應保持在 10℃以上，白天 15～18℃，溫度過低花期推遲，0℃以下會受到凍害。

石蓮花（*Echeveria speacockii*）俗名寶石花、蓮花掌。景天科、石蓮花屬。原產墨西哥。

常綠多肉植物。喜溫暖乾燥和陽光充足，也能耐半陰，但怕烈日暴曬，不耐寒，生長適溫 12～18℃，越冬溫度不宜低於 8℃。在略乾燥及通風良好的環境中生長最佳。要求排水好的沙質壤土。

春季管理　石蓮花每年春天換盆，換盆時施一點基肥，盆土可用腐葉土加沙壤土，也可用等量的泥炭土、園土、粗沙混合配製，並在盆底多墊碎瓦片，使其排水良好。上盆種植初期，先放置遮蔭處養護半個月，再移至光照充足處管理。澆水不宜多，以保持土壤潤而不濕為度，但不能積水，一般 4～5 天澆一次水為好。春季也是繁殖的季節，一般用分株和葉插法繁殖。

分株，結合換盆從老莖上切割側生的小植株，直接插入沙床即可；葉插，採取充實成熟的葉片，葉片掰下待傷口曬乾後平埋或淺插入沙中，不可多澆水，保持略潮濕，很快在葉片的切口處萌生出小的子株。

夏季管理　夏季不施肥。以乾燥環境為宜，不需多澆水，如澆水過多，使盆土過濕，莖葉易徒長；通風欠佳，會導致植株葉片發黃脫落，降低觀賞效果。盛夏高溫時，可少量噴水，切忌陣雨澆淋。

生長期每月施肥一次，以保持葉片翠綠，不可肥過多，以免莖葉徒長。生長期喜光，應放置在室內光線明亮處，每天保持有 4～6 小時的光照，並注意通風。

秋季管理　忌施濃肥，否則易引起肥害。秋季每 3～5 天澆一次水。

冬季管理　冬季放置在室內向陽處，才能生長良好。如長期放置在室內陰暗處，會引起莖葉徒長，葉片瘦弱且易脫落。冬季低溫條件下，要節制澆水，可每半個月澆 1 次，若水分過多，根部易腐爛死亡。另外，可每 10 天左右用與室溫接近的清水洗一次葉片，保持葉面清潔，提高觀賞價值。冬季氣溫低，植株停止生長，應暫停施肥。

仙人筆（*Senecio articulatus*）俗名七寶樹。菊科、千里光屬。原產南非乾旱地區。花期冬春季。

小型多年生多肉草本植物。喜溫暖，既不耐寒，也不耐熱，冬季越冬溫度需8℃以上，而夏季遇高溫休眠。喜陽光，也耐半陰，在室內散射光條件下也能生長良好。要求排水良好的沙壤土。

春季管理　培養土用腐葉土和河沙等量混合。植株耐乾旱，澆水宜少不宜多；耐瘠薄，勿需追肥也能正常生長，施肥過多反而會造成植株徒長而降低觀賞價值。每月施肥1次，為了避免植株生長過快，除加施2～3次磷鉀肥以外，盆土濕度要嚴格控制，以稍乾燥為宜。栽培過程中，以散射光條件下生長最好。常用扦插繁殖，5～6月從母株莖節處剪取枝段，稍晾後插入素沙土中，保持沙土微潮，10天左右即可生根。

夏季管理　夏季高溫時，植株處於半休眠狀態，必須少澆水，否則莖部極易腐爛。夏季在涼爽條件下，莖葉繼續生長。保持盆土微濕即可。夏季濕熱條件下易發生莖腐，應特別加以防範；此外，還應控制水肥，防止徒長。

秋季管理　秋季對生長過密過長的莖段進行一次整形修剪，保持株形勻稱。每月施肥1次，為了避免植株生長過快，除加施2～3次磷鉀肥以外，盆土濕度也要嚴格控制，以稍乾微潤為好。

冬季管理　冬季應移入室內向陽處越冬，

溫度保持在12℃以上為宜。休眠期控制澆水，使盆土稍偏乾燥，一般4～5天澆一次水，以利於增強耐寒性。

白檀（*Chamaecereus silvestrii*）金牛掌、葫蘆拳。仙人掌科、白檀屬。原產阿根廷西部山地。花期4～5月。

多年生肉質植物。性強健，栽培容易，喜陽光充足、通風良好、乾燥、溫暖環境。稍耐寒，比較耐乾旱和半陰，忌水濕、高溫和強光暴曬；在疏鬆、肥沃和排水良好的沙壤土上生長較好。生長適溫為15～25℃，冬季休眠期溫度最好不低於5℃，冬季溫度在0℃時枝莖發紅，稍顯疲軟，5℃以上即可緩慢生長。

春季管理　每年春季換盆，盆栽用土可以用腐葉土、培養土和粗沙等量混合配製。生長期保持盆土濕潤，每月施肥一次，生長季節需充分澆水。

夏季管理　繁殖有扦插、嫁接、分株等方式，以生長期進行為宜。用量天尺為砧木，從母株上選取生長健壯、顏色純綠、莖粗1公分的分枝，將底部削平，將白檀短莖緊貼在砧木切口上，並用細線紮緊，在室溫25℃條件下，接後7～10天解除捆綁，繼續養護半個月，如果接口完好，接穗生長正常，說明嫁接成活，可轉入正常管理。盛夏高溫時節，需適當遮陽並注意通風，以預防紅蜘蛛危害。

秋季管理　秋季也可進行繁殖，白檀極易孳生仔球，可摘取仔球扦插，成活率高。也可在秋季將仔球嫁接在量天尺上，生長良好。

冬季管理　白檀雖然可耐1～2℃低溫，但冬季最好放置在室溫不低於5℃的室內養護。在冬季低溫休眠期，宜保持盆土乾燥，若盆土過於潮濕，在低溫環境下易引起砧木的腐爛。

虎尾蘭（*Sansevieria trifasciata*）俗名千歲蘭、虎皮蘭、虎尾掌。龍舌蘭科、虎尾蘭屬。原產墨西哥。

多年生草本植物。稍耐寒，不耐暑熱，冬季室溫不低於8℃仍能緩慢生長，3℃以下葉片受凍，生長適溫20～28℃，耐蔭性很強，怕陽光暴曬，對栽培土質要求不嚴，抗旱能力強。

春季管理　每年春天都要進行換盆，換盆土壤用腐葉土或泥炭土加1／3河沙配成較好。只要疏鬆，排水透氣性好即可。一般在春天結合換盆進行分株繁殖，將整個植株倒出，去掉土壤，露出根莖，將根狀莖切斷，並使每段根莖上有2～3枚成熟葉片，然後分別上盆種植。一年後可發出4～5個新葉叢。春天還可以進行葉插繁殖：將成熟的葉片從基部剪下，按5～10公分一段橫切，每一小段為一插穗，插入以素沙或蛭石為基質的插床上。保持微濕，並適當遮陰，在20℃左右的氣溫條件下，一個月後可從切口處長出不定芽和不定根。隨後長出一段地下葡匐莖，然後再從葡匐莖上抽出新葉，這樣就成為一個新植株，即可上盆。

夏季管理　夏季應加強通風降溫，儘管其喜較強光線，但因為夏天陽光灼熱，暴曬後

葉片會出現黃斑。如果放置在室外養護，則應採取遮蔭措施或放置在蔭棚下，否則易造成日灼病。生長期間，每月施一次肥，以復合肥為最佳；如果春天換盆時施入了底肥，則不需要追肥。由於其抗旱能力較強，在生長季節以保持基質濕潤即可。夏季高溫時期，應暫停施肥。

秋季管理　秋季的管理與夏季管理差不多，只是到了晚秋要適量減少澆水和施肥。

冬季管理　虎尾蘭是南方植物，儘管稍耐寒，但冬季最低溫度不能低於 5℃，否則其葉片會受冷凍害而萎蔫。生長適溫為：夜間溫度 18～21℃、白天氣溫 24～30℃，越冬溫度不應低於 10℃，因此，在較寒冷的地方養護虎尾蘭要進溫室，還要控制澆水，保持盆土乾燥，這樣可增強虎尾蘭的抗寒力。

量天尺（*Hylocereus undatus*）俗名三棱箭、三角柱、霸王花、劍花。仙人掌科、量天尺屬。原產美洲熱帶和亞熱帶地區。花期 5～9 月晚間開花。

攀援植物，有附生習性，喜溫暖濕潤，陽光不太強的生長環境，適生於富含腐殖質，排水良好的微酸性沙壤土，能耐 5℃低溫。

春季管理　栽培用土可用腐葉土和沙等量配製，內加適量漚製過的餅肥末或雞鴨糞。每 10 天可施一次腐熟的稀釋餅肥水。宜置於半陰環境。扦插 4～9 月均可進行。

夏季管理　生長迅速且粗壯，管理粗放。夏季生長期必須充分澆水和噴水。每半月施肥 1 次。南方露地作攀援性圍籬綠化時，需經常修剪，以利莖節分布均勻，開花更盛。栽培過程中過

於蔭蔽，會引起葉狀莖徒長，並影響開花。

秋季管理　秋季對生長過密過長的莖段進行一次整形修剪。保持株形勻稱。增施 2～3 次磷鉀肥，盆栽時盆土濕度要嚴格控制，以稍乾燥為宜。

冬季管理　冬季要求陽光充足，在盆土保持乾燥的條件下能耐 5℃的低溫，室內越冬保持在 10℃以上為宜。南方只要在沒有霜凍的地區可露地種植。多用於嫁接其他多漿植物的砧木。冬季控制澆水並停止施肥。

巨鷲玉（*Ferocatus ho`rridus*）俗名魚鈎球。仙人掌科、強刺球屬。原產墨西哥。花期春、夏季。

性強健，喜陽光充足、溫暖、乾燥的環境。較耐寒，耐乾旱，怕水濕，耐半陰。在肥沃、排水良好的石灰質沙壤土上生長良好，在溫暖而晝夜溫差較大時生長最旺盛。

春季管理　春季 4～5 月可播種繁殖，在室內盆播，發芽適溫 20～25℃，播種後 8～10 天發芽，幼苗生長較快。嫁接苗和老株常每年春季換盆 1 次，盆栽土用園土、腐葉土、粗沙各 1 份，另加少量石灰質材料配製，盆底可放些腐熟的雞糞作基肥。

夏季管理　栽植場所要注意通風，生長期充分澆水，每月施肥一次，盛夏高溫時要將植株放在半陰處或適當遮蔭，但遮光時間不能太長，否則刺色暗淡而缺乏光澤。夏季要節制澆水，加強通風。可採用嫁接法繁殖，在生長季節將球體上部的生長點切除，以促生仔球，待仔球長至約 1 公分時，切下用量天尺進行

嫁接。接後10～15天即可癒合，成苗率高。成株不易出仔球，故應抓緊小苗階段嫁接繁殖。嫁接2年後，切下落地栽培，否則球體下部表皮很快老化。仔球也可進行扦插繁殖，但要求球體生長得更大一點再切下扦插，這樣便於插後管理和發根。

秋季管理　本種刺座上常分泌糖液，易使螞蟻危害和引發煤污病，可用毛筆蘸清水洗刷刺座附近。

冬季管理　冬季溫度最低不能低於5℃以下，若保證溫度在15℃以上，球體可不休眠而繼續生長；溫度過低會造成球體表皮的老化，影響觀賞價值。冬季要注意保持盆土乾燥。

布紋球（*Euphorbia obesa*）俗名阿貝沙、晃玉。大戟科、大戟屬。原產南非溫暖、乾燥的亞熱帶地區。

喜陽光充足、溫暖乾燥的環境，不耐潮濕，不耐寒。栽培要求用排水良好的沙壤土。

春季管理　布紋球一般栽培5～6年後球體容易老化，色彩暗淡，需播種更新。因其為雌雄異株植物，欲收取種子，栽培時必須雌雄植株搭配，開花時進行人工授粉，種子成熟必須及時採收，以免彈射散落。播種後15～20天發芽，但生長緩慢。可用霸王鞭嫁接布紋球幼苗，生長較快。性喜溫暖和陽光充足，過度潮濕和陰暗會造成莖下部出現褐斑。春季幼苗換盆時，培養土要求用排水良好的素沙土，土壤中稍加一些多元復合肥顆粒。

栽培過程中，要少搬動以免損傷球體，否則傷口易流出白色乳汁，造成結斑腐爛。盆栽幼苗稍乾燥為好，春季生長期可適當澆水，忌過分潮濕。

夏季管理 夏季高溫時盡量保持乾燥為宜。夏季增加澆水和噴水次數以保持植株翠綠。有時發生莖腐病，可用 0.01%～0.02%鏈霉素噴灑。蟲害有蚧殼蟲和紅蜘蛛，可用 40%氧化樂果乳油 1500 倍液噴殺。

秋季管理 入秋後生長緩慢，應控制澆水，減少施肥，保持盆土乾燥。

冬季管理 冬季放入室內養護，應節制澆水、停止施肥。低溫時盡量保持乾燥為好。室溫控制在 10～15℃為好。

金琥（*Echinocactus grusonii*）俗名象牙球、金刺球。仙人掌科、金琥屬。原產墨西哥中部乾旱沙漠及半沙漠地區。花期 6～10 月。

喜溫暖、空氣潮濕和光照充足的環境。性強健，耐乾旱，生長適溫 20～25℃，冬季溫度宜保持在 8～10℃。在肥沃、含石灰質及沙礫的壤土中生長迅速。盛夏陽光太強時需適度遮陰。

春季管理 春季到初夏，是植株生長期，可適當澆水，經常保持盆土濕潤，應置於光線充足處。一定要有直射光，缺少光照，球體長得細長而不圓滿，且針刺少而細短。盆栽常用腐葉土 2 份、園土 1 份，稍加礱糠灰混合使用，若盆底放少量骨粉或蛋殼粉作基肥則更佳。生長期每半月追施 1 次薄肥，以磷肥為好；應增加空氣濕度，可使球體和刺的顏色更為鮮美。注意澆水或施肥時不要濺落到球體上。

繁殖方法以生長季節切除球頂部生長點，促生子球，待其長大後扦插或嫁接，嫁接一般用量天尺作砧木。

夏季管理　夏季氣溫 35℃以上植株進入休眠狀態，因此在夏季酷暑季節光照特強時，需適當遮蔭，否則刺的顏色會變淡，且暴曬下球體易被灼傷。溫度在 30℃左右時，增加空氣濕度和追施磷肥，可使球體和刺的顏色更鮮美；晝夜溫差大，能有效防止球體皮層老化；盛夏季節，由於天熱盆土易乾，應注意澆水，不要使盆土過乾，基本停止施肥。

秋季管理　到秋季恢復正常水肥供應，每月追施一次腐熟餅肥水。

冬季管理　冬季也應置室內陽光充足處。溫度在 8～10℃左右球體基本停止生長。冬季休眠時期更應嚴格控制澆水量，保持盆土乾燥，避免因澆水過多而爛根以及使球體表面產生水鏽斑，可以用塑料袋將球體罩起來，以達到增加空氣濕度的效果。

般若（*Astrophytum ornatum*）俗名美麗星球。仙人掌科、星球屬。原產墨西哥及美國南部。

適應性較強，喜溫暖、乾燥及陽光充足環境，比較耐寒冷與半陰，耐乾旱。生長適溫 20～25℃，冬季適溫 7～10℃。栽培要求用排水良好、含石灰質的沙壤土。

春季管理　一般 2～3 年換一次盆。培養土可用壤土、腐葉土、粗砂等量混合，並摻少量石灰質材料。根系較淺，不宜深栽。在盆底多墊瓦片，以利排水。生長期要陽光充足和適度澆水。般若生長較快，每月施肥 1 次。以播種繁殖為主，在 6～7 月份盆播，約一週左右出苗。也可將老化的球體切頂，促其生仔球後切下扦插或嫁接。

夏季管理　盛夏要遮陰，注意通風，6～10 月份適度增加澆水，每月追施薄肥 1 次，但不宜大水大肥。有時發生炭疽病和褐斑病為害，可用 75%百菌清可濕性粉劑 800 倍液噴灑。蟲害有蚧殼蟲和紅蜘蛛，用 40%氧化樂果乳油 1000 倍液噴殺。

秋季管理　經過春季和夏季的生長，秋季生長明顯轉緩，要控水，增施磷鉀肥。若色彩不好，球體或多或少有萎縮現象，大多是根腐問題，要馬上拔出來檢查，如發現根部腐爛，可把植株托出，挖掉腐爛部分，消毒後陰乾一週，用沙扦插，待生根後再行盆栽。

冬季管理　冬季有休眠期，這時要控制澆水，僅保持盆土有潮氣即可，以提高其抗寒能力，並加強光照。

松霞（*Mammillaria prolifera*）俗名銀松玉、黃毛球、鹿茸球、最小丸。仙人掌科、乳突球屬。原產墨西哥。

為多年生肉質草本。喜陽光充足、溫暖、乾燥而稍有濕潤的環境，耐乾旱，怕強光。要求用腐殖質豐富、排水良好的肥沃沙壤土栽種。生長適溫 15～22℃，稍耐寒，冬季溫度不低於 5℃。

春季管理　春季是松霞的繁殖季節，常用播種和嫁接繁殖。播種，以春季 4～5 月室內盆播為主，發芽適溫 20～24℃，播後約 8～10 天發芽，實生苗生長快。嫁接以 5～6 月為好，用量天尺作砧木，接穗可用 2 年生實生苗或 2～3 年生截頂後萌生的子球均可，嫁接球生長更佳。老株每 3～4 年在早春結合換盆進行分株繁殖，松霞易生仔球，但仔球與母株沒有明顯的大小差

異，仔球在母株上就已長出了根系，這樣就形成了叢生植株，過分擁擠時需及時分株，分株一般用手掰開分成幾叢，分別上盆栽植即可，盆土可用腐葉土 2 份、粗砂 1 份配製。小仔球進行扦插，用掰下的仔球直接插在沙床上，也極易生根。

夏季管理　生長期保持稍乾燥為好，可適當澆水，但盆土不能過濕和積水，否則植株根系容易腐爛，所以宜用淺盆栽植。盛夏應適當遮陰，以保持長勢旺盛。但若長期光線不足，開花就少，花色不鮮艷，黃刺暗淡無光不挺拔，觀賞效果欠佳。酷暑時處於半休眠狀態，應避免過熱和過濕，以通風、涼爽為好。

秋季管理　播種出來的實生苗在秋季進行分栽。全年施肥 3～4 次，以春、秋季為主。

冬季管理　冬季休眠，宜放室內養護，保持盆土乾燥，少澆水或不澆水，並停止施肥。冬季室內溫度不低於 10℃。

山影拳（*Cereus peruvianus var. monst.*）俗名仙人山、山影、山影掌。仙人掌科、天輪柱屬。原產南美阿根廷、巴西、烏拉圭。花期 5～7 月。喜陽光充足，但也能耐半陰，較耐旱，忌積水，稍耐寒，適生於肥沃疏鬆，通透性好的沙壤土。

春季管理　栽培用土要摻入 1／3 的粗沙，以便疏鬆透氣。每年春季換盆，生長季節可放在向陽、通風良好的地方，3 天澆一次水，不必施肥。肥水過大，不僅容易腐爛，而且還會徒長，破壞整株形狀。因此平時保持盆土稍乾燥，使之生長緩慢。山影拳栽培容易，生長迅速，掌塊小時，每年換盆，加入疏鬆園土，

每週澆水 2～3 次。若光線不足，植物生長細長，影響姿態。生長期需充足陽光，春季進行扦插，先切取老株上向側方生長的突出部分，切下後晾幾天，切口稍萎縮後再插，插後不要澆水，盆土太乾時可噴點水，保持稍有潮潤，生根容易。也可嫁接繁殖。

夏季管理　夏季要注意通風，避開直射陽光，經常噴水以增加空氣溫度。盛夏稍加遮陰，盆土稍乾些，使生長速度減慢，保持優美

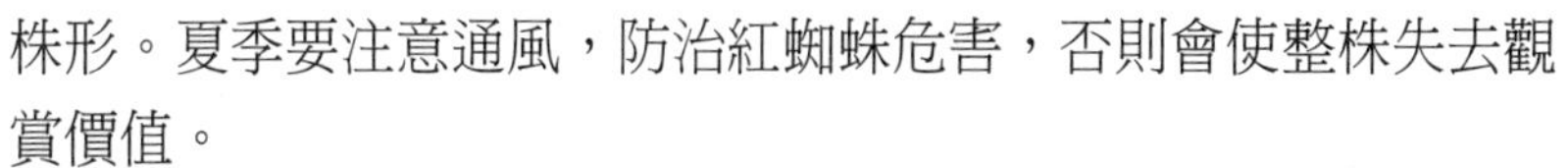

株形。夏季要注意通風，防治紅蜘蛛危害，否則會使整株失去觀賞價值。

秋季管理　秋後控制少澆水，增施 2～3 次磷鉀肥，盆栽時盆土濕度要嚴格控制，盆土偏乾些可增加耐寒力。秋季也可扦插繁殖。

冬季管理　冬季保持室溫在 10℃左右，溫度不低於 5℃。這時要保持盆土稍乾燥，控制澆水，僅保持盆土有潮氣即可，以提高其抗寒能力。

虎刺梅（*Euphorbia milii var. splendens*）俗名鐵海棠、麒麟刺。大戟科、大戟屬。原產非洲馬達加斯加。花期 3～12 月。

多年生灌木狀多肉植物。喜溫暖、濕潤、光照充足，不耐寒，冬季如保持 15℃以上室溫則開花不斷。低於 10℃時，葉片會脫落而進入休眠期，這時要節制澆水，保持盆土乾燥。適生於排水良好、疏鬆

肥沃的微酸性土壤，耐乾旱和瘠薄，怕水漬。

春季管理　整個生長季節都可扦插，但春夏之交扦插成活最好；扦插時要選取生長充實枝條，從頂端向下約10公分處剪下，插穗剪取時有白色乳汁流出，可在剪口塗抹草木灰後在陰處放置幾天再插，插後澆透水，以後插土宜稍乾燥，約一月左右生根。由於虎刺梅生長快，每年春季可換盆1次，盆土用沙土和堆肥（或腐葉土）配製。換盆時要進行修剪，也可在6～7月份修剪，促發側枝，花多開於側枝頂端。還可用攀紮製作成盆景。

春秋兩季生長期要適當澆水，一般在盆土乾時再澆，以2～3天澆一次為宜，春季生長季節每2週施一次稀薄餅肥水，孕蕾期增施1～2次磷肥則花多、色艷。

夏季管理　夏季宜每天澆一次水，但盆土不宜過濕，否則易造成落花爛根；盆土也不可過乾，否則易引起葉片脫落，影響其正常生長。生長期要求光照充足，花期更是如此，在陽光處花色特別鮮艷，陽光不足時花色暗淡，長期蔭蔽則不開花。必須恰當地修剪，因為主枝太長，開花就少，即在6～7月將過長的和不整齊的枝剪短。一般在枝條的剪口下，即能發出2個分枝，當枝條長到5～6公分時，就能開花。在開花期要多施磷鉀肥，則開花更茂盛。如果磷鉀肥缺少時，一個枝頂只開2～4朵花；磷鉀肥充足時，一個枝頂能開6～8朵花。氣濕超過32℃時，植物生長停滯，應控制澆水、暫停施肥。

秋季管理　秋季生長期需有充足水分供應，根據「不乾不澆，澆則澆透」的原則，酌情澆水。通常每隔 3～4 天澆水一次，即盆土稍乾後再澆，切不可澆大水。

冬季管理　冬季氣溫低，植株進入休眠期，應保持盆土乾燥。一般每隔半月澆水 1 次，盆土處於微潤即可。只要適當抑制頂端生長優勢，如切頂、針刺等，就能抽生更多的小枝，形成豐滿的株形。

十二卷（*Haworthia fasiata*）俗名錦雞尾、雞舌掌。百合科、十二卷屬。原產南非亞熱帶地區。

多年生肉質植物。性喜溫暖和光照充足、乾燥的環境。耐乾旱，不耐寒，耐半陰，忌水濕，宜用疏鬆肥沃、排水良好的沙壤土栽培，生長適漸 15～18℃。

春季管理　盆土用腐葉土摻沙土 20%混合而成，施入少量基肥，每 2 年換 1 次盆，分株繁殖早春結合換盆，將過密的株叢從盆中倒出進行分株，因根系較淺，換盆後的植株先放陰處，並節制澆水，等長出新根後，方可給予正常管理。每週澆水 2～3 次，10～20 天施一次稀薄液肥。在室內長期散射光的條件下生長良好，是一類非常理想的小型盆栽花卉。

夏季管理　夏季有一段休眠

期，應節制澆水，停止施肥，並放於疏蔭處安全度夏。有時發生根腐病和褐斑病為害，可用65%代森鋅可濕性粉劑1500倍液噴灑。蟲害有粉虱、蚧殼蟲等，可用40%的氧化樂果乳油1500倍液噴殺。

秋季管理　澆水要適量，偏乾效果較好，過濕根系易腐爛。根系腐爛的苗株要及時取出，修去腐爛部分，剪口塗上草木灰，略曬乾後植入沙床，噴少量水，經過一段時間養護，仍可發出新根。平常養護時，只須光照即可。

冬季管理　冬季溫度低、要嚴格控制澆水，使盆土保持乾燥為好，5℃時進入休眠期。

金鈕(*Aporocactus flagelliformis*)俗名鼠尾掌、仙人鞭。仙人掌科、鼠尾掌屬。原產墨西哥及中美洲。花期4～5月。

多年生肉質植物。喜溫暖、乾燥和陽光充足的環境，忌強光直射。不耐寒，能耐半陰和乾旱，要求排水良好的肥沃土壤，生長適溫白天為21～24℃，夜間為18～21℃，越冬溫度不低於10℃。

春季管理　繁殖簡易，常在春季剪取頂端充實的變態莖進行扦插，以15公分的長度為宜，待剪口稍乾燥後插在沙床上，插後約50～60天生根，成活率高。也可於4～7月份以直立或柱狀的仙人掌為砧木，以金鈕頂端10公分的變態莖為接穗進行嫁接，約50天後可以癒合成活。

盆栽用土必須疏鬆肥沃、透水良好，用腐葉土、沙土及壤土等量混合，下層施入腐熟餅肥拌等量沙土作基肥。每3年換盆1

次。生長季節需充足水分，但忌積水。

夏季管理　夏季生長期需要較多的水分，並保持較高的空氣濕度，但土壤不宜過濕，在半陰和空氣濕潤的條件下生長良好，因此在夏秋高溫階段應適當遮蔭，防止日光灼傷變態莖，導致變態莖水分蒸發過快而呈萎縮狀態；除充分澆水外，還可經常噴水。每月可澆施稀薄的液肥一次。易受到紅蜘蛛危害，被害部位呈黃褐色，因此應特別注意通風，最好放在室外，並遮蔭、降溫。

秋季管理　入秋後要控制澆水，逐漸減少澆水量和澆水次數，除了陰雨天之外，一般情況下可 3～5 天澆一次水。

冬季管理　冬季置於室內養護，保持 10℃以上的室溫，需充足的陽光照射。盆栽土壤冬季減少澆水量，注意保持稍呈濕潤，不要完全乾透。

燕子掌（*Crassula portulacea*）俗名厚葉景天。景天科、青鎖龍屬。原產南非。

多年生常綠多肉植物。喜溫暖乾燥、陽光充足環境，也能耐半陰，在室內散射光條件下生長良好。忌強光直射，炎夏暴曬易發生日灼病。耐乾旱但不耐嚴寒，喜排水良好、疏鬆肥沃的沙壤土。生長適溫為 22～27℃，冬季溫度不低於 7℃。

春季管理　每年早春需換盆，並注意整形修剪，保持株形豐滿。生長季節剪取生長充實的嫩枝，稍曬乾後插於沙土中，20～30 天可生根。葉插可在 4 月上旬進行，結合整形修剪，取下過密的葉片進行扦插，取下葉片後約需一夜時間曬乾傷口，第二天扦插，扦插時將葉片葉柄端向下斜插入土中1/3，扦插後澆足水以土壤濕潤但不積水為宜，拉上遮陽網遮蔭。玉樹葉插極易生根，只要管理得當，95%的葉片均可生根發芽，成苗率極高。插好後，每天進行一次噴霧，以保持床土濕潤，但水不可過多，多則葉片易腐爛。燕子掌生長較快，為保持其株形豐滿，肥水不宜過多，每月施肥一次即可。

夏季管理　生長期注意澆水，每週2～3次，長期缺水乾旱會使葉片失去光澤或脫落，也要注意不能積水，7～8月的高溫多濕季節要嚴格控制澆水。室外栽培時，雨後要及時排水，以免根部積水造成爛根死亡。夏季通風不好或過度缺水也會引起葉片變黃脫落，因此應注意遮光和通風，防止日灼。夏季氣溫達35℃以上進入半休眠狀態時，應控制澆水。生長旺季只施2～3次薄肥即可。

秋季管理　入秋後要節制澆水，注意保持空氣流通，但盆土也不能過乾，否則易引起落葉。

冬季管理　冬季室溫維持在7～10℃，溫度過低會造成落葉。減少澆水次數，以免爛根，保持盆土稍乾燥就可安全越冬。

神刀（*Crassula falcata*）俗名尖刀。景天科、青鎖龍屬。原產南非。

肉質半灌木。性強健，喜溫暖乾燥和半陰環境，不耐寒，耐乾旱和怕水濕。在室內條件下生長良好。喜排水良好的肥沃壤土。

春季管理　盆土用火燒土灰、腐葉土、粗沙等量配製。室內盆栽不需多澆水，保持稍潮即可。神刀適應性強，特別耐乾旱，盆栽在生長期不需多澆水，保持土壤有潮氣即行。每月施肥1次。繁殖可取莖段扦插，也可葉插，將葉片切成4公分長的段塊，曬乾後平放在潮潤的沙土上，生根出芽容易。此外，還可進行播種繁殖。

夏季管理　夏季高溫可從室內移到室外，選擇通風和遮陰處養護。如植物生長過高，應設支架或摘心修剪，壓低株形。主要有灰霉病為害，可用50%甲基托布津可濕性粉劑500倍液噴灑。蟲害有粉虱，用40%的氧化樂果乳油1000倍液噴殺。

秋季管理　植株生長過高時需摘心壓低，分枝過多或過於傾斜、稠密的枝條應疏剪。追施2～3次磷鉀肥，盆栽時盆土濕度要嚴格控制，盆土偏乾些可增加植株的耐寒力。

冬季管理　冬季應放室內養護，溫度不低於10℃，不超過12℃，並保持盆土乾燥。

吊金錢（*Ceropegia woodii*）俗名愛之蔓、鴿蔓生。蘿摩科、吊燈花屬。原產南非。花期夏、秋季。

蔓生草本多肉植物。喜溫暖向陽、氣候濕潤的環境，抗逆性甚強，耐乾旱，不澆水能生活多日，但忌漬水和高溫；喜光照較好環境，也耐半陰。栽培要求用疏鬆肥沃、排水良好的沙壤土。生長適溫18～25℃。

春季管理　春季可進行扦插繁殖。在春季室溫18℃左右時扦插，用成熟葉片 1～3 對帶莖枝作插穗，平放於濕潤沙土上，在半陰和溫暖環境下 10 天可發根。吊金錢常用塑料吊盆種植，培養土宜選用含腐殖質較多、疏鬆肥沃的微酸性沙壤土，可用腐葉土與菜園土等量混合後，再加少量的河沙或鋸木屑即可。喜生於稍濕潤的土中，亦耐旱。但不可因其耐旱而長期不澆水，如發現梢葉萎蔫，則是缺水的信號，應趕快澆水。盆土宜半乾半濕，間乾間濕，春季 4～5 天澆水 1 次，澆水過多常處於濕潤甚至漬水狀態易爛根。春、夏、秋三季均可置於有較好散射光處培養。

種植後每長 4～6 節摘心 1 次，使之從兩側葉腋長出分枝，達到株形豐滿的目的。半月左右將花盆轉動 180 度，使之受光均勻，防止偏向生長。早春結合翻盆換土，可將莖蔓重剪或全剪，從中選健壯者剪成 10～20 公分長的插穗，插於培養土中，每盆 8～10 株，成活率高。還可將較大的塊根，分切為 2～3 塊，切口塗抹草木灰稍加攤晾待切口收乾後，再種植於盆中，也可長出新蔓，但不可切得過小，每小塊須有芽眼 2 個以上。

盆栽每隔 1～2 年於早春換一次盆，換盆時盆底先墊少量小石子或碎瓦片，再放少量骨粉或長效有機肥作基肥，然後再放進培養土進行栽植。

夏季管理　夏季如超過 32℃生長停滯，烈日暴曬下會出現大量黃葉，應注意遮蔭，但也不能過陰或完全不見陽光，否則生長細弱。吊金錢喜乾燥，怕水濕，盛夏多在葉面噴水以降溫，但盆土仍以稍乾燥為宜。室外栽培雨季要置於淋不著雨的地方，室內栽培夏季 2～3 天澆一次水，生長旺季每兩週施一次稀薄液肥。

秋季管理　澆水要注意適量，以經常保持盆土均勻濕潤為好。從秋季到翌年春季可多見陽光，秋季生長迅速，每隔半月也

需追施稀薄液肥 1 次。秋涼入室以保溫。

冬季管理　溫室栽培或冬季入室，應將其置於室內陽光充足處，以保證葉色鮮艷。冬季 8℃以下開始落葉枯蔓，但可在室外以塊根越冬，翌春再從其小塊根上長出新蔓，保持室溫 10℃以上可不掉葉。冬季要控制澆水，10～15 天澆 1 次，保持土壤偏乾些。

霸王鞭（*Euphorbia neriifolia*）俗名玉麒麟、麒麟掌。大戟科、大戟屬。原產印度東部乾旱炎熱、陽光充足的地區。花期春季。

喜溫暖氣候，要求陽光充足，宜濕度較高的空氣環境和偏乾的土壤，耐乾旱炎熱，但不耐寒。冬季需放到室內向陽處，溫度維持在 10～12℃，溫度太低易造成葉片脫落而休眠。

春季管理　春季後逐漸增加澆水量，但以不過量為妥，澆水宜少不宜多，生長季節 3～5 天澆一次水，但應經常噴水，以保持葉片清新和嬌嫩。生長季節其生長速度快，在其長到一定高度時要剪頂低壓，促發側枝。春季可進行換盆。

夏季管理　於 5～8 月間，剪取粗壯充實、長約 5～10 公分的莖段進行扦插。剪口會有白色乳汁流出，可在剪口塗抹草木灰或爐灰，攤晾數日，待傷口乾燥幾天後，插入沙中，否則會立即腐爛。置於半陰處，不澆水，保持稍潮濕，即可成活。生長期也不必另外施肥。

秋季管理　夏秋盡量放在透光度 60%的蔭棚下，也可放在樹下適當遮蔭，若陽光過強，葉片發黃，會影響生長。1～2 年視情況換盆一次。換盆宜在10月間進行，換盆時對根系進行修剪，若根系的傷口過大，可用多菌靈液蘸塗傷口，殺菌消毒，待陰乾（約2～3天）後再栽。如剪根傷口嚴重，10天內不澆水，以免爛根。

冬季管理　休眠期應節制澆水，盡量保持盆土稍乾一點，一般不必施肥。性喜溫暖，不耐寒，一般在10月中旬入室，喜光，但畏強光暴曬，冬季要求維持10～12℃以上的溫度，並保持盆土乾燥，室溫在15℃時，還照常生長，低於15℃則進入冬眠狀態，溫度低於10℃，易出現落葉。

花牡丹（*Ariocarpus furfuraceus*）俗名岩牡丹、七星牡丹。仙人掌科、岩牡丹屬。原產墨西哥北部。花期夏季。

生長較慢。喜空氣流通、溫暖、乾燥和陽光充足環境，不耐寒，耐乾旱和半陰，不耐水濕；宜疏鬆肥沃、排水透氣性好的石灰質土壤。生長適溫白天為18～25℃，夜間為10～13℃，冬季溫度不得低於8℃。

春季管理　盆栽岩牡丹採用深盆，有利岩牡丹直根生長，盆土用粗沙、園土、腐葉土摻少量骨粉配製。每年春季換一次盆，由於屬直根系，栽培要用深盆，多墊碎瓦片，以利於其根部生長發育。換盆時注意不要損傷根部，否則易造成腐爛。生長季節需陽光充足、空氣流通、充分澆水並噴水，但盆內不能積水或過濕，每半月施肥1次。

夏季管理　常在春夏間用播種和嫁接繁殖。播種，在5～6月進行，採用室內盆播，發芽適溫20～25℃，播後7～10天發芽。嫁接可加快生長速度，在5～6月進行最宜，用量天尺作砧木，岩牡丹播種苗作接穗，接後半個月即癒合成活。

秋季管理　秋季為生長階段，仍需充分澆水並噴水，保持空氣流通。

冬季管理　冬季要求溫涼，減少澆水，移入室內陽光充足處，保持盆土乾燥，平時不需施肥。

雷神（*Agave potatorum var. verschaffeltii*）俗名棱葉龍舌蘭。龍舌蘭科、龍舌蘭屬。原產墨西哥中南部。

喜陽光充足、氣候乾旱，生長適溫15～25℃。適應性強，較耐寒，略耐陰，怕水澇。要求土層深厚，較有肥力的土壤。

春季管理　雷神生長較慢，盆土用園土、腐葉土、粗沙等量配製。因其生長緩慢，不用經常換盆。當根頸部生長分蘗較多時，應即時換盆，並疏去一些老根，以利生長。不宜放在室外栽培，喜充足而柔和的陽光。植株耐旱力強，水分應適當控制，生長期每半月澆透1次，應待盆土乾透後再澆下一次。若盆內積水，常引起葉片發黃，根部腐爛。

生長過程中，若長期光線不足，會導致葉片變長、先端色刺暗淡，影響觀賞效果。每月施肥1次。

夏季管理　性喜高溫乾燥，但夏季中午應適當給予遮陰，增加澆水和噴水次數，可以保持葉片翠綠。常發生葉斑病、炭疽病和灰霉病為害，可用50%的退菌特可濕性粉劑1000倍液噴灑。蟲害有蚧殼蟲，用25%的撲虱靈可濕性粉劑2000倍液噴

殺。

秋季管理　入秋後，雷神生長緩慢，應控制澆水，停止施肥，盆土保持乾燥，否則低溫濕潤對植株生長極為不利。

冬季管理　冬季需保持溫度在 5℃以上。耐乾旱，冬季要減少澆水，以盆土稍乾為宜。耐瘠薄，及時剪去基部枯萎的老葉。當溫度過低時，宜移至室內養護，其餘時間可在戶外栽培。成株應剪除基部老葉，促進萌發新葉，使植株長高。

水晶掌（*Haworthia cymbiformis var. transluucens*）俗名寶草、庫氏十二卷、銀波錦。百合科、十二卷屬。原產南非亞熱帶地區。

多年生常綠肉質植物。性喜溫暖而濕潤的氣候，耐半陰，忌炎熱，較耐乾旱，不耐寒。栽培宜用排水良好的肥沃沙壤土。生長適溫為 20～25℃。

春季管理　繁殖多用分株。春季結合換盆，將生長過密的株叢切割或用手掰成 2～3 株，分別上盆，放較蔭蔽處，保持盆土微濕即可成活。但需注意新上盆的植株澆水不能太多，否則易造成根系腐爛，且宜選用較小的淺盆栽植。盆土可用沙壤土或以沙土為主，加少量腐葉土。平時擺放在室內光線明亮處培養，可使葉色翠綠透明，由於其肉質葉片貯藏有較多水分，所以平時澆水不宜太勤，生長旺季一般 2～3 天澆一次水，以保持盆土濕潤為好。施肥宜淡，忌施濃肥，生長旺季約每 1 月施一次稀薄液肥，即能滿足其生長需要。注意澆水和施肥時都不能沾污葉片，否則容易造成腐爛。每年春季換一次土，但不需要年年更換大盆。

夏季管理　若受到陽光暴曬，肉質葉片就會由綠色變成淺紅色，葉面失去透明度，大大降低觀賞價值。若氣溫超過 32℃並通風不良時，嫩葉常易腐爛，因此，應經常向四周噴水防暑降溫。高溫炎熱季節植株呈半休眠狀態，要注意減少澆水並放於疏蔭處安全度夏。

秋季管理　平時澆水要適量，偏乾效果較好，過濕根系易腐爛。根系腐爛的苗株要及時取出，修去腐爛部分，略曬乾後塗上草木灰，植入沙床，噴少量水，經過養護一段時間，仍可發出新根。平常養護時，光照給予半陰即可。

冬季管理　冬季置於光照充足的向陽處培養，室溫不能低於 10℃，此時更要注意少澆水。

佛手掌（*Glottiphyllum uncatum*）俗名卷曲舌葉花。番杏科、舌葉花屬。原產非洲南部。花期春、夏季。

性喜溫暖濕潤，陽光充足，也能耐半陰；畏酷暑，耐乾旱，不耐寒，生長適溫 18～22℃，超過 32℃則生長遲緩，高溫潮濕易引起腐爛。對土壤要求不嚴，以排水良好的疏鬆沙壤土為宜。

春季管理　每隔 1～2 年換一次盆，但用盆不宜過大，最好把栽培 2 年以上的植株進行分株，使植株得到更新，這樣有利於促使新抽生的葉片肥厚清翠。若多年不分株則植株生長不良，葉片瘦弱。盆栽可用沙土 3 份加園土 1 份混勻作培養土。春季可施 2～3 次腐熟的稀薄液肥，施液肥時不要淋灑在葉面上。澆水不宜過多，以保持盆土稍濕潤為好。如果肥水太多，易導致植株徒長，出現畸形。繁殖多用分株和扦插。分株可於早春結合換盆進行。扦插也多在春季進行，用利刀切割 4～5 片生長在一起的葉片為一叢，切口稍曬乾後插入素沙土中，放半陰處，澆少量水保持盆土微濕，約一個月後即能生根成活。

夏季管理　夏季植株呈半休眠狀態，此時應放於陰涼通風處，並節制澆水。

秋季管理　秋季可施 2～3 次腐熟的稀薄液肥，施液肥時不要淋灑在葉面上。澆水不宜過多，以保持盆土稍濕潤為好。如果肥水太多，生長季節易導致植株徒長，出現畸形。

冬季管理　冬季應停肥控水，避免造成爛根。越冬期間室溫不能低於 10℃。

球蘭（*Hoya carnosa*）俗名櫻花葛、蠟蘭、玉繡球。蘿藦科、球蘭屬。原產中國南方及澳洲等地。花期 5～9 月。

多年生常綠藤本多肉植物。喜高溫、高濕、半陰環境，宜陽光充足也能耐半陰，適宜稍乾土壤。不耐寒，冬季氣溫應不低於 10℃，每日有 3～4 小時充足陽光方能開花，光照不足地區常盆栽觀葉。

春季管理　栽植宜選用高筒盆，用腐葉土與河沙等量混合，另加少量骨粉作基肥。也可用腐殖土、苔蘚等作基質，將其栽入用多孔容器製成的吊籃、吊盆內，一般盆栽可放在室內有明亮散射光處，光照不能過強。幼齡植株宜早摘心，促使分枝，並設支架讓其攀附生長。每年 4 月換一次盆，換盆時剪去部分老根，去除1／3的陳土，增添新的培養土，以利植株健壯生長。春季進行分株繁殖，可結合換盆進行。

夏季管理　夏季是生長季節，應放置在半陰環境下生長。除正常澆水保持盆土稍濕潤外，還需經常向葉面上噴灑清水，以保持較高的空氣濕度，方能生長良好。生長旺季每1～2個月施一次稀薄液肥。夏季還可以選取半木質化枝條作插穗進行扦插繁殖，也可用芽插。澆水不能過多，否則易引起根系腐爛。對已著生花蕾和正在開花的植株，不能隨意移動花盆，不然易引起落蕾落花。

秋季管理　秋季需保持較高空氣濕度。花謝之後要任其自然凋落，不能將花莖剪掉，只能摘除花朵及花梗，而不可損壞花序總梗。因為來年的花芽大都還會在同一處萌發，若將其剪除就會影響翌年開花的數量。這一點也正是許多培養球蘭不開花或開花很少的一個原因。

冬季管理　除華南溫暖地區外，盆栽需溫室越冬，最低溫度應保持10℃以上。冬季的澆水量要減少。

金晃（*Eriocactus Leninghausii*）俗名金冠。仙人掌科金晃屬。原產巴西南部。

多年生肉質草本植物。喜溫暖、乾燥和陽光充足的環境，耐乾旱和半陰，較耐寒，但冬季溫度不能低於5℃。喜肥沃、排水良好的沙壤土。

春季管理　盆土要求疏鬆、肥沃的腐葉土和粗沙等量混合，保持一定濕度。生長期要求陽光充足，但避免強光直射，生長期要掌握光照強度，光照過強或遮陰過長均會影響其金黃細刺的光度，從而降低觀賞價值。春夏季每月施薄肥1次。播種、扦插、嫁接均可繁殖，一般家庭採用扦插繁殖，即把母株上萌發的仔球剝下，插於沙土中，生根較快。嫁接在5～6月份進行，砧木用量天尺，接穗用仔球，方法同其他多漿類植物。

夏季管理　可噴水，以增加空氣濕度和降低溫度。主要有根腐病、炭疽病為害，可用70%甲基托布津可濕性粉劑1000倍液噴灑。蟲害有紅蜘蛛，用克蟎1000倍液噴殺。

秋季管理　秋後控制少澆水，盆土偏乾些以增加耐寒力。增施2～3次磷鉀肥。

冬季管理　冬季不宜施肥，並保持盆土乾燥。

推理文學經典巨著，中文版正式授權

名偵探明智小五郎與怪盜的挑戰與鬥智

名偵探柯南、金田一都讚嘆不已

日本推理小說鼻祖—江戶川亂步

1894年10月21日出生於日本三重縣名張〈現在的名張市〉。本名平井太郎。
就讀於早稻田大學時就曾經閱讀許多英、美的推理小說。
畢業之後曾經任職於貿易公司，也曾經擔任舊書商、新聞記者等各種工作。
1923年4月，在『新青年』中發表「二錢銅幣」。
筆名江戶川亂步是根據推理小說的始祖艾德嘉·亞藍波而取的。
後來致力於創作許多推理小說。
1936年配合「少年俱樂部」的要求所寫的『怪盜二十面相』極受人歡迎，
陸續發表『少年偵探團』、『妖怪博士』共26集……等
適合少年、少女閱讀的作品。

1～3集　定價300元　試閱特價189元

一億人閱讀的暢銷書！

4 ～ 26 集　定價300元　特價230元

品冠文化出版社

地址：臺北市北投區
致遠一路二段十二巷一號
電話：〈02〉28233123
郵政劃撥：19346241